纵论电动汽车和化学蓄电

——杨裕生院士文集

杨裕生　著

科学出版社

北　京

内 容 简 介

新能源产业和新能源汽车产业列入国家“十二五”七大战略性新兴产业，化学电源是这两个产业的核心部分。本文集以化学电源技术的现状和发展前景为依据，对我国电动汽车的发展路线作了实事求是的分析，提出了相应的建议，特别是从安全性和经济效益出发，深入比较了各种化学电源在电动汽车和可再生能源两个领域中蓄电的作用。本文集收纳了著者近几年 64 篇文章、报告、访谈录，分为发展电动汽车的战略意义、燃料电池电动汽车、电动汽车的发展路线、动力电池及材料、可再生能源与规模蓄电等五部分。

本文集可供电动汽车和新能源领域的企业管理、工程和科技人员参考，也可供各级政府的工业、发展改革、科学技术等管理部门人员参考。

图书在版编目(CIP)数据

纵论电动汽车和化学蓄电——杨裕生院士文集/杨裕生著. —北京: 科学出版社, 2012

ISBN 978-7-03-035625-3

Ⅰ. ①纵… Ⅱ. ①杨… Ⅲ. ①电动汽车-文集②再生能源-发电-文集 Ⅳ. ①U469.72-53②TM61-53

中国版本图书馆 CIP 数据核字(2012) 第 224954 号

责任编辑: 汪 操 / 责任校对: 张怡君

责任印制: 徐晓晨 / 封面设计: 耕者设计工作室

科学出版社出版

北京东黄城根北街 16 号

邮政编码: 100717

http://www.sciencep.com

北京九州迅驰传媒文化有限公司 印刷

科学出版社发行 各地新华书店经销

*

2012 年 9 月第 一 版 开本: B5 (720 × 1000)

2021 年 7 月第四次印刷 印张: 15 1/2

字数: 297 000

定价: 98.00 元

(如有印装质量问题，我社负责调换)

序

作为国家“十二五”七大战略性新兴产业之一，“新能源汽车”吹响了汽车动力源革命的号角，为缓解我国紧迫的石油危机和燃油汽车所导致的城市大气污染危机指明了方向，其历史与现实意义重大。近期，由于事关各方的既有利益（例如大小汽车企业）和潜在利益（例如充电、换电垄断）以及立场观点不同，加上新生事物与传统观念的矛盾，而且电动汽车是多学科交叉的系统工程，涉及领域有：机械、电工、电子、化学、材料、能源、环境、市政、交通、经济、财政等，各领域之间相互沟通理解不够，所以电动汽车产业化进程的初期遇到争议、质疑，甚至唱衰、抵制也不足为奇。争议的激烈程度有时甚至达到了论战的水平。杨裕生先生一贯积极坦率地发表自己的看法，敢于进言，敢于评论，敢于反驳，堪称是论战中的一位勇敢善战的战士，这种精神值得大家钦佩。此次出版的文集收纳了他的 64 篇文章、报告、访谈录，展示了他的观点，有利于各种观点的人士了解和思考。如果争议中的各方注意摆事实讲道理并且倾听对方的观点，就有可能得到更好的结论。

采用铅酸电池的小型低速短程电动汽车，在旅游观光区、工厂区以及郊区农村都有市场，有的城市也已经可以作为私家车上路。价格低廉，无需政府补贴，厂商和用户都满意，已经产业化。但是，当前在政府管理部门争议很大。杨先生积极表达自己大力推介的意见，是本文集中最突出的主题。

汽车小（微）型化或轻型化可以节约能源，已是石油涨价形势下的全球传统汽车和电动汽车市场发展趋势之一，现在世界各国政府都在竞相鼓励。只因传统观念和部分国人的炫富心态作祟，对汽车小型化强烈反对，认为不体面。他们中的一小部分，不惜让尚不富有的中国成为外国生产的奢侈豪华汽车最畅销的市场！

在电动汽车续驶里程方面，据统计，80%的私家车日常行驶里程不超过 80 公里（甚至不超过 50 公里），而使用当前水平的蓄电池（包括铅酸电池）和夜间民用电网谷电所提供的小功率慢充电 5 至 7 小时就可以满足次日之用电量。有的用户担心续驶里程短和充电难，而这可由车载的增程式发电机发电延长续驶里程。按此配置的蓄电池数量最合理，既避免了由于车载过多的蓄电池而导致的成本提高和每公里能耗增多，又不必依赖充电站。所以，政府应让不同需求的用户和市场决定续驶里程，不作硬性统一规定才是最合理的。

相对于上述汽车小型化和短里程的争论而言，“低速汽车”遭遇的反对意见更是强烈。反对者最大的理由是低速小轿车在城市道路上影响交通！但是，“不影响城市交通的汽车速度”界限应当依据城市的交通现状实事求是地裁定。在当前和可预见的将来，拥堵的城市里，小轿车可以开到 100 公里/小时的时间和距离有多长？有必要为此而限制达不到此标准的小轿车吗？另一方面，低速汽车的速度也不是不能提高的，如果配上超级电容器，按需在短时间内提高速度是完全可能的。

通过以上三段落对“小型”、“短程”和“低速”的简短分析可以看出，电动汽车动力源的解决对策不应只盯住蓄电池一项，还应该拓宽视野，从电动汽车动力源的多样性（增程式发电机和超级电容器也是候选的辅助动力源），以及汽车性能需求的多重性来全盘解决。还应看到，蓄电池的安全和成本问题相对于比能量和比功率而言更为重要！选择蓄电池时，除了锂离子电池之外，安全而廉价的铅酸电池也有可能在当前亟需的电动汽车（包括保有量最大的私家小轿车）的产业化中扮演一个适当的角色。铅酸电池的污染问题不在于技术难度，而在于政府对其生产和回收的严格管理。

自从 14 年前杨先生转到化学电源研究以来，我与杨先生之间的接触和了解逐渐加深。尤其是两年前共同参加国家发改委委托中国工程院和中国科学院牵头开展的“新能源汽车产业‘十二五’发展战略研究”以来，我们在从电动汽车动力源的角度研究电动汽车的产业化道路方面的讨论更加深入，虽然看问题的方式不尽相同，但颇有同感。这是我乐于应邀为此书写序的原因之一。

田昭武

前　言

我国经济的高速发展，带来的能源和环境问题日渐突出。我国汽车年产量已连续两年跃升至 1800 万辆以上，石油对外依存度高于 56%。城市严重的空气污染，有一大半是由大量燃油车行驶造成的。所以，发展电动车是提高能源安全、改善城市空气质量的必要措施，并且越来越迫切。

“十五”国家“863”计划电动车专项实施以来，电动车技术取得了显著的成绩。但是，选择何种电动车作为产业的优先发展目标，在我国有着不同的出发点和认识。有的被燃料电池过度宣扬的优点所迷惑，特别青睐于燃料电池电动车；有的看重发挥已有汽车生产设备的作用，极力推崇混合动力车。前者曾受美国声势的影响，后者现有日本经验的鼓舞。“十一五”燃料电池电动车稍有降温后，混合动力车逐渐成为重点，唯因高功率电池和机件制造水平等因素的制约，节油率不高。

发展可再生能源是减缓化石燃料耗尽、减少二氧化碳排放的必由之路，风能、太阳能发电能力正在我国迅速增长。风能、太阳能发电固有的不稳定性，给其输送和使用造成了困难，而发展规模蓄电技术的呼吁早几年未能引起重视。随着几个“风电三峡”的建设，风电的不稳定性对电网的冲击将加剧，夜间“谷电”容量过剩将日渐突出（我国北方风场夜间风大），电网平稳化的任务加重。现在“临阵磨枪”，各方都倍感被动。

我本非电化学家，由于多种因素的综合，66 岁才转到化学电源研究方面来。在与蓄电池打交道的 14 年中，由于军内外需求的紧迫性和高指标，逐渐认识到化学电源是一项高技术，规模蓄电尤具复杂性和难度，深感我国必须面对现实，使劲追赶国际水平。我认为，我国现有的动力电池既有可用性而又有局限性，必须在大力提高其性能的同时，扬长避短地合理加以使用。所以，与汽车和电力专家急于做出高水平电动车和储能系统的视角不同，我是在对电池技术的现状及其发展途径有所认识的基础上，着重考虑在当前电动车和规模蓄电的发展中如何更好地发挥电池的作用。

我认为，我国电动车的发展路线应是“以大力发展纯电动的微小型、低速、短程乘用车为突破口，逐步提高水平；以‘纯电驱动’的增程式大中型公共客车和中高档乘用车为主要过渡车种；打牢基础，向新一代纯电动车方向跨越式发展”。同时，利用夜间“谷电”（实际上主要是风电和核电而不是煤电）给电动汽车充电，国家节省油料，电网削峰填谷，大气污染减轻，用户节省开支，真是一举多得。

铅酸电池优点突出，古老而益壮，仍是每一台内燃机的启动部件，现代社会时时刻刻离不开它，因而应该公正地对待它，而不能因为铅的污染没有很好治理而就不发展，甚至存有偏见。我认为，要充分发挥铅酸电池在电动车和规模蓄电中的作用，要以新技术武装我国的铅酸电池工业，提高电池性能，同时切实解决铅的污染问题。

我国对规模蓄电技术研发投入太少、太迟，在需求急迫的形势下，照走国外技术路子似乎还赶不上使用需求，创新就更来不及了！但是我认为，既应不排斥外国先进技术，也应该大力自主创新，不要都走外国的“独木桥”。当然，创新是艰难的，还可能要有个坐冷板凳的过程，甚至遭遇失败，但是，就因为如此，更应抓紧时间急起直追。为了增强电动技术产业和规模蓄电工程今后持续发展的后劲，要特别加强研究比能量更高、寿命更长的安全电池，尤其要研发有自主知识产权的电池新体系、新材料。我一再呼吁，政府要进一步加大经费支持，有关的大企业要舍得投入，科技人员则要迎难而上，埋头苦干，实实在在地搞些创新。

国内外化学电源技术的飞速进步，业内外对电动车和规模蓄电发展的意见分歧，促使我鼓起勇气参与了有关问题的讨论，写了些文章发表于报刊；又承蒙会议热情邀请做些报告，报刊记者登门访谈，使我有机会反复介绍观点和思路，并在认真听取别人发言后进行交流，加深了对一些问题（如动力电池的阶梯使用等）的理解。

本文集收纳了 64 篇文章、报告、访谈录，分为五部分，每部分以时间为序排列，以便于各方人士集中参考。由于根基不深，谬误在所难免，深盼指正，预致谢忱。

2012 年 7 月 9 日，国务院印发的《节能与新能源汽车产业发展规划(2012—2020年)》正式公布了，与 4 月 16 日发布的提要和透露的初稿相比，有了重要改动，最主要的变化是明确到 2020 年纯电动汽车和插电式混合动力汽车年生产能力达 200 万辆，同时删除了非插电式混合动力汽车产量占乘用车年产销量 50%的指标。但是，本文集的文章一再推介的增程式汽车和小型低速短程汽车，未在规划中出现，令人遗憾。不过我相信，技术进步和市场发展将是无法抗拒的力量，让历史去检验吧！

中国科学院院士、厦门大学原校长田昭武教授是我国电化学界德高望重的前辈，十几年来一贯热情鼓励和帮助我从事电化学工作，这次又不顾 86 岁高龄和盛夏炎热，欣然为本文集作序，给了我莫大的荣誉和支持。谨此向田老师致以衷心的感谢。感谢张浩博士和程杰博士在选集出版中付出的辛勤劳动。

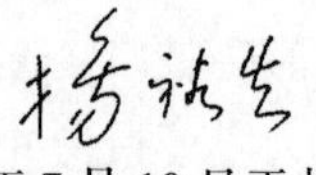

2012 年 7 月 10 日于北京

目 录

第四部分　动力电池及材料

第五部分　可再生能源与规模蓄电

附　录

第一部分

发展电动汽车的战略意义

大力发展纯电动汽车*

2006年，我国电动汽车的研发取得了长足进步，不仅是“十五”电动汽车重大科技专项通过验收，而且各地也不断传出电动车研制、生产的新消息。比如，无锡安源汽车有限公司与澳大利亚BCI公司合作成功研制出混合动力客车；山东中通客车公司的混合电动客车下线；一汽和东风的混合动力客车获国家汽车产品公告并投放市场；东风、长安、奇瑞和一汽纷纷宣布混合动力轿车陆续投放市场等。在2006年，我国第一批纯电动轿车取得了产品准入公告。

一、纯电动汽车优点明显

我国一直很重视清洁、高效汽车技术的开发。电动汽车被列入国家“863”重大专项后，在整车开发方面主要有燃料电池汽车、混合动力汽车、纯电动汽车3种技术。

相对于混合动力汽车和燃料电池汽车，纯电动汽车有自身的优势。纯电动汽车以电动机代替燃油机，噪声低、无污染，电动机、油料及传动系统少占的空间和重量可用以补偿电池的需求；且因使用单一的电能源，电控系统相比混合电动车大为简化，降低了成本，也可补偿电池的部分价格。而且，纯电动车的电池在夜间利用电网的廉价“谷电”进行充电，可以平抑电网的峰谷差。对车主而言，利用分时计价的廉价“谷电”，也许花2~3元电费就能省下50元的油费。总之，对国家、电网、环境、用户，都是利益多多。所以应该大力发展纯电动车和以纯电动为主要运行模式的“电–油混合电动车”。

目前，有的企业已经开始尝试，如：咸阳威力克能源有限公司用磷酸铁锂锂离子动力电池在北京科技大学的协作下装成了纯电动小轿车；博信电池(上海)有限公司用生产的锌–空气电池研制成纯电动客车并向其他公司成组地提供多种纯电动车的电源。还有，解放军某部队与上海交通大学合作研究了电–油双动力技术，并且应用到了电动车上。

业内人士现在普遍估计，燃料电池汽车能成气候至少是10~15年后。而在纯电动汽车方面，由于二次动力电池进展不断，纯电动汽车虽未得到重大科技专项的资助，但却有“柳成荫”之势。现在应给这些即将成荫之“柳”补浇些“水”。

---

* 本文原载于《经济日报》，2007年2月14日。

二、解决几个认识问题

发展电动汽车应该解决几个认识问题。

电动车电池应以安全为第一位。电动车所用的电池，必须将安全性放在诸指标的首位，其次才是比能量、寿命、价格等其他因素所形成的综合性能。锌-空气电池和以磷酸铁锂为正极的锂离子动力电池，无疑在现有的各类、各种动力电池中处于优势地位。应该不失时机地充分利用我国这两种电池目前的良好基础和势头，给予及时支持和政策鼓励，使之加速发展。

重新认识纯电动汽车的适用范围和电能储量。目前阶段可以如此设想：我国城市电动交通车的动力可以锌-空气电池为主，定点更换电池或电极材料，每个城市组建一个或几个电池或电极材料的再生工厂，各为若干条公交线配套服务；城市内使用的轿车则可主要使用以磷酸铁锂为正极的锂离子动力电池，如果电池重约150公斤，蓄电15kWh，续驶150公里，那么对大部分用户是足够了，而整车重量不见得比燃油车重多少。只是最初的车价可能要贵一些，但随着电池价格下降和车产量的增大，价格会不断降低。我认为，按照现有燃油车的指标(续驶里程、加速到100公里/小时所需时间、最高时速等)，全面要求城市内使用的纯电动汽车是不合理的，尤其是在纯电动汽车推广应用的初期阶段，而且这样要求也是不必要的。

三、建立相关政策

国家政策对纯电动汽车的发展十分重要。有关部门可以早日建立起对于纯电动汽车企业的配套优惠政策，让企业能对纯电动汽车及其关键部件的生产放心大胆地投入。应该普及电费的分时计价并拉开峰-谷电价的差距，让消费者从油-电差价中得到足够的实惠以鼓起其购买纯电动汽车的欲望。最初阶段纯电动汽车的车价可能要比燃油车贵，可以通过向购车人发放政府补贴的办法解决一部分(或免去购车税)，购车人用油-电差价自己消化一部分。政府补贴纯电动汽车的车价应该是可行的，因为肯定可以从城市空气环境改善、减少用油等方面获得更大的直接或间接补偿。

电动车与可再生能源蓄电的发展之路*

我国经济快速发展，能源和环境问题“火爆”，石油价格上涨，更显“火上加油”。正如本次会议的通知所说：“大力发展风电和光伏电成为重要的战略决策。积极研发和推广电动车对节省石油和减轻环境污染有重大意义。储能电池与动力电池及相关材料的研究、开发和产业化是战略焦点。”

本文讨论当前纯电动车和可再生能源蓄电及相关电池的发展之路。

一、发展纯电动车

在当前四类电动车（①“油–电混合电动车”；②外充电式（plug-in）混合电动车”；③纯电动车；④燃料电池电动车）中，应跨越式优先选择发展纯电动车。

1. 大力发展纯电动车的理由：噪声低；无污染；结构最简单，使用、维修方便；完全替代“石油能源”。如每辆车 2 千瓦充电 5 小时，10 度电行驶百公里，50 万辆车每日共可替代汽油 5000 吨，一年 180 万吨！电池在夜间利用廉价“谷电”充电，可以平抑电网的峰谷差，解决当地电网调峰问题，50 万辆纯电动车即可消耗 100 万千瓦的“谷电”。

2. 要重新认识纯电动汽车。过去，动力电池的比能量低，认为纯电动汽车只能用作特种车辆，在较小区域内行驶。如今，动力电池技术进步，性价比不断提高，其大发展已不存在近期难以克服的技术问题、材料来源问题和价格过高的问题。有种要求是不合理的——按照现有燃油车的指标（续驶里程 600 公里以上、加速到 100 公里/小时所需时间、最高时速等）全面要求城市内使用纯电动汽车，而且这样要求也是不必要的（尤其是在纯电动汽车推广应用的初期阶段）。

3. 电动车动力电池的功能指标和经济指标：①安全性，安全第一；②比能量；③比功率；④寿命；⑤价格；⑥能量转换效率。

锂离子动力电池和锌–空气电池，在现有的各类、各种动力电池中处于优势地位。

电动车在近、中期依靠不了燃料电池：价格昂贵，没有市场；铂的资源不够用；寿命不够长；能量转换效率低；氢的来源和储运有问题。远期，要看燃料电池技术如何发展。

---

* 本报告发表在《第二届中国储能与动力电池及其关键材料学术研讨与技术交流会》，成都，2007 年 11 月。

4. 磷酸铁锂电池的综合性能最好：安全性高，不用昂贵的原料，不含有害元素。已克服了电导率低、密度不高的缺点，重量比能量可达 100Wh/kg。

锂离子电池电动车，昂贵吗？充电 1000Wh<0.5 元，驶 7 公里，比用油省 3 元。28~30 万公里共可省 12 万元，电池差价可以找回。何况油价还在上涨。

5. 扶植纯电动车的政策：国家政策对纯电动汽车的发展十分重要。建立对于纯电动汽车企业的配套优惠政策。要普及电费的分时计价并拉开峰谷电价的差距，探索多种方便用户的充电方式。向购车人发放政府补贴。

二、可再生能源蓄电和电网调峰——储能电池

1. 可再生能源与蓄电——太阳能是可再生能源之源

水、风、光发电，1 千瓦每年减排 CO_2 2000kg。

水能发电技术成熟，将充分开发利用—目前唯一可规模开发，但总量有限，4.02 亿千瓦。

风能发电，陆上离地面 10 米技术可开发量约 3 亿千瓦；陆上 70 米高度及海上的风能资源很大。

风力、太阳能、潮汐和波浪发电，发电能力无法恒定，难用，例如风力发电，电压不稳，功率不稳，频率不稳，相位不稳，发电与用电不同步，并网增加调峰负担。

必须有大规模蓄电装置与之配套运行。

2. 规模蓄电方法的评说

评价的因素：①能量转换效率；②能量转换成本；③资源支撑能力；④安全性。要综合比较“高效储能”：通过变换—储能—再发电的循环过程，使能量利用取得最佳经济效益和社会效益。

储能的直接经济效益（E），决定于放出单位能量的投资（C）、储能—放能循环寿命（L）、储能—放能循环的转换效率（T）:$E=L\cdot T/C$。

抽（扬）水蓄能电站、压缩空气储能、超级电容器、钠硫熔融电池等各有优缺点。

综合性能高的蓄电器有：①循环寿命长的铅酸电池；②有自主知识产权的流液电池；③安全的锂离子电池。

3. 铅酸电池没有过时

每辆汽车都有一块用作启动电源：不间断电源，电动自行车等已广泛使用。

优点：①价格低（按每 Wh 计）；②安全、可靠；③比功率高（350W/kg）；④废电池易回收再生；⑤生产工艺成熟、较简单。有一万安时以上的大型产品。

铅蓄电池“不老”！利用新技术，其比能量低、循环寿命短、充电时发生酸雾、生产中可能有铅污染环境等缺点在不断克服中。日本已有循环寿命 4500 次的铅蓄电池

（70%DOD）。

4. 液流电池前景好

全钒液流电池发展最快，优点有：①大规模蓄电——储罐没有尺寸限制；②安全，可深度放电；③有很大的充放电速率；④长寿命，高可靠性；⑤无排放，噪声小；⑥启动快，充、放电切换只需要毫秒；⑦选址不受地域限制，1~2 年可建成，运行和维持费低。但有三个缺点：①正极、负极电解液交叉污染；②要用价贵的离子交换膜；③两份溶液，体积大，平均之后比能量低。此外，专利权在外国人手里。

新的 Zn-Ni 单液流电池——创新体系，克服了液流电池三缺点，电堆、系统均简化。

三、结束语

1. 配合风能发电，大力发展蓄电技术：①立足铅酸蓄电池，提高性能，正确使用；②多种技术并举，竞争中发展。

2. 发展用途很广的液流电池：与分布式发电的发展趋势相适应。

3. 纯电动车优点突出，优先大力发展安全、高比能的磷酸铁锂动力电池。

4. 建议国家电网公司扩展业务——充电服务-动力电池-电动车；
——电网运行-储能电池-风电上网。

“电动技术产业”将为中国带来跨越式发展机遇*

2008年北京奥运会和残奥会胜利闭幕了！我国自主研发的595辆多种新能源车辆在会上成功运行200多万公里，为我国政府承诺“科技奥运”、“绿色奥运”的圆满实现，作出了重要贡献。在这些纯电动车、混合电动车和燃料电池电动车中，有50辆纯电动大客车（京华客车厂）配以中信国安盟固利公司提供的锰酸锂为正极的动力型锂离子电池，5辆纯电动高级指挥车（山东中通客车厂）中有咸阳威力克能源有限公司用北大先行科技产业有限公司生产的磷酸亚铁锂为正极的动力型锂离子电池。此外，杭州、上海等城市的公交线上也有以锂离子电池为动力的纯电动车行驶。这充分说明，以锰酸锂和磷酸亚铁锂为正极的动力型锂离子电池是安全的，我国有多家企业已经掌握了单体100Ah以上大容量电池的制作、串并联和充放电管理技术，水平已基本上与国外不相上下。

电池价格虽在降低，但仍较贵。不过，电动大客车行驶1公里耗电约1千瓦时，电费只几角，远低于燃油车的3元油费，特别是以磷酸亚铁锂为正极的动力型锂离子电池，充放电循环寿命长，全寿命周期的油–电差价完全可以抵偿较高的电池购置费（续行150公里的电池约50~60万元）而有节余，何况还可省下燃油发动机的大部分成本。目前我国能源和环境问题突出。大量节油、代油，是我国能源和环保领域长期而重要的使命。研发和推广纯电动车，对节省石油和减轻环境污染意义重大，并且十分迫切。大力发展纯电动车，以电代油，是节省用油、减轻城镇空气污染、降低噪声的有效途径，这在我国已有广泛性的共识。

随着我国核电（其发电功率日夜恒定）的不断发展和几个“风电三峡”的建成（我国风场夜间风大），“谷电”卖不出去的形势更为严峻，电网调峰任务加重。如利用5000万千瓦“谷电”（实际上是风电和核电）为纯电动车充电，就可供给1千万辆轿车和100万辆公交车。这既能为电网“分散调峰”5000万千瓦，又可发挥现有供电系统的作用而节省1~2千亿元的抽水蓄能电站建设费用，每年还可省下7000万吨燃油。

当然，生产大量车用动力电池绝非易事，每年生产几百万辆纯电动车也绝非小事！而千万辆电动车夜间同时充电，更是十分壮观的大工程。以每年生产500万辆纯电动汽车为核心，总产值将以万亿元计；每年维持几千万辆纯电动汽车运行，总产值也将

---

* 本文原载于《新材料产业》，2008年12月第1页。

以千亿元计。这将是国民经济中相当庞大的产业群，可以称为“电动技术产业”。由安全性高、寿命长的大容量动力型锂离子电池成批装车行驶成功，可以预期以纯电动车为核心的“电动技术产业”在不久的将来将在我国蓬勃兴起。

盼望有远见、有魄力的公、私企业家，抓住机遇，积极参与以纯电动车为核心的“电动技术产业”发展；盼望政府科技、发改等部门，尽快出台鼓励纯电动车（包括微、小型纯电动轿车）的政策和有力措施，更好地起到引领作用，促进中国的“电动技术产业”早日蓬勃兴起。

以纯电动车为核心的“电动技术产业”正在兴起*

一、我国动力型锂离子电池进展迅速

《新材料产业》：2008 北京奥运会倡导“绿色奥运”环保理念，为新能源汽车的发展提供了良好的契机，也带动了动力电池的发展。请问在此次奥运会上哪些电池的应用效果最好？

杨裕生：在亮相于奥运场馆的 595 辆纯电动车、混合电动车和燃料电池电动车中，由北京理工大学孙逢春教授牵头开发的纯电动客车最有特色，因为这是首次成批量以锂离子电池作为能源的大客车在国际活动场合使用，而且性能甚佳，空调制冷效果也好。其中，50 辆纯电动大客车（京华客车厂）配以盟固利公司提供的锰酸锂为正极的动力型锂离子电池，5 辆纯电动高级指挥车（山东中通客车厂）中有北大先行–威力克公司提供的磷酸亚铁锂为正极的动力型锂离子电池。每辆车的电池质量约在 1.5 吨左右，这充分说明，以锰酸锂和磷酸亚铁锂为正极的动力型锂离子电池是安全的，单体 100Ah 以上大容量电池的制作、串并联和充放电管理技术已经掌握。

在北京奥运会之前，咸阳威力克能源有限公司用北大先行公司生产的磷酸亚铁锂，小批量生产的 120 安时动力型锂离子电池通过了安全试验，装成的大客车至 2007 年年底已安全行驶 5000 公里，电池性能未见明显衰减，比能量约 100Wh/kg，充电一次可行驶 180 公里，因而获准为 2008 年北京奥运会服务。这是该公司继 2006 年研制成功 55 安时动力型锂离子电池、装成一辆纯电动小轿车、充电一次可行驶 210 多公里、充放电 500 次后容量只衰减了 1.53%（预计循环寿命可达 2000 次）之后，取得的又一个重大成果。磷酸亚铁锂动力型锂离子电池技术一年上一个台阶，脚根站稳已不容再置疑了，而且达到了如此高的水平，真是值得庆贺的大喜事。

我国有多家电池企业具有类似的能力，说明我国动力电池技术已进步到了一个基本上与国外不相上下的新水平。我们为我国安全性高、寿命长的大容量动力型锂离子电池装车行驶成功而欢呼！

二、我国发展电动车十分必要而且迫切

《新材料产业》：您一向关注电动车的发展。请您谈谈您的出发点。

杨裕生：我国经济快速发展，能源和环境问题突出。2006 年我国进口石油 1.4 亿

---

* 本文是记者木易对中国工程院院士杨裕生的专访，原载于《新材料产业》2008 年 12 月第 13 页。

吨,由于国际油价上涨，我国多支出了 70 亿美元！汽车用掉成品油 9000 万吨。2007 年我国汽车销售总量达 879 万辆，乘用车 630 万辆，其中轿车为 470 万辆，汽车用油将比 2006 年更多；2007 年我国净进口油品已超过 1.59 亿吨，原油对外依存度达到 46%。而且 2007 年国际油价涨幅更大，下半年总在 90~100 美元之间徘徊，今年又攀升至每桶 147 美元，近来虽因金融危机才大幅度回落，但并未改变我国缺油的处境。大量节油、代油，是我国能源和环保领域长期而重要的使命。

城市十分严重的空气污染，有一大半是由大量燃油车行驶造成的。所以，发展电动车是改善城市空气质量的最有效措施。

“十五”国家“863”计划电动车专项实施以来，在电动车技术上取得了显著的进展。但是，在选择何种电动车作为优先发展的目标的问题上，在我国科技界和工程界有着不同的认识，由不同的认识衍生出了不同的政策，相应地产生或将要产生不同的后果。

三、发展纯电动车应是我国最优选择

《新材料产业》：那么，您认为应该优先发展何种电动车呢？

杨裕生：电动车最主要的关键是电源，其实质是电池及其相关材料和配套设施的研究、开发和产业化。当前，有四种电动车：①“油-电”混合电动车，电池的电来自车上的燃油，车在城内、短途行驶时用电，郊外、长途直接用油；②外充电式（plug-in）混合电动车，又称“电-油”混合电动车，其电池由市电充电后可行驶 40 左右公里，然后用油行驶，也可用油给电池充电；③燃料电池电动车，以氢气作为燃料电池的燃料，发电给汽车提供动力，需并联动力型电池或超级电容器以提高功率；④纯电动车，完全由蓄电池供给电能，车停后蓄电池用市电充电。

应该优先发展何种电动车呢？

日本的“油-电”混合电动轿车“Prius”销去美国，也销来中国，买价比在美国昂贵得多（曾卖到 80 万元人民币一辆），性价比不高，销路并不畅。“Prius”用的电池是动力型氢-镍电池，这是日本的强项，日本要千方百计加以利用。但是，由于氢-镍电池比能量不够高（约 60Wh/kg），如用它装成纯电动轿车，则重量太大。于是在不得已情况下，出现了这种还是完全用油的过渡性车种。美国热衷的“plug-in”混合电动车，有人称为“电-油”混合电动车，比“Prius”油-电混合电动车耗油量少些，在一定的时期内，可能会与纯电动车并存发展，这是因为美欧等国家的传统汽车产业和燃油供应体系庞大而完善，大企业的利益所在，岂肯轻易割舍而转型大搞纯电动车（我国的大汽车企业似乎也受感染，热衷于混合电动车）；再加上目前动力电池的比能量还不能满足长途行驶的要求，所以这种过渡性车种在一定时期内还有一定的生存空间。但要指出的是，在车上燃油发电的经济效益是低的，对环境是不利的。燃料电池电动车曾被美国总统布什作为“氢经济”论的“法宝”大肆鼓吹过。不过几年后的2006年2月他已改变腔调，承认燃料电池电动车“不是近期的解决方法，也不是中期的解决方法，而确实是远期的方法。”目前无论中外，燃料电池电动车成为表现本国有此技术能力的“黄金宝剑”——贵重而又鲜亮，中看而不中用。

我与多位院士曾联名上书，建议将我国电动车的发展重点不要放在燃料电池电动车上，也呼吁过加大力度支持纯电动车的发展，理由一是纯电动车不用油，100万辆轿车每日共可替代汽油一万吨；理由二是结构最简单，无油路、水路和气路，使用、维修方便，全费用（车价＋能源价）很有优势；理由三是电池可在夜间利用廉价“谷电”和现成的线路进行充电，替电网“分散调峰”，既推销了“谷电”，又可节省大量建设抽水蓄能电站的经费；理由四是燃料电池电动车10~20年内指靠不上，我在《“氢经济”论的降温与电动车的发展》一文（载于2006年10月9日《科学时报》）中列举过多种原因。最近我又查对了铂的全球年产量，2006年为200吨（我国年产仅约4吨，进口约40吨），2007年为220吨，主要用于化工业的催化剂和打制首饰。而每5万辆燃料电池电动小轿车约需用1吨白金，仅就这项稀有而昂贵的资源而论，在燃料电池新催化剂技术没有根本性的突破之前，燃料电池电动车是无法大力发展的。与铂的资源形成鲜明的对照，我国锂的资源相当丰富。此外，海水中还含有大量的锂。

回过头来再看以磷酸亚铁锂为正极的动力型锂离子电池，它的安全性高，充放电寿命长，环境友好，不用稀贵材料，能量转换效率高。如今，动力电池技术已进步到了一个与国外基本上不相上下的新水平，性价比不断提高，每千瓦时的售价已降至4000元以下，而且随着隔膜的国产化和磷酸亚铁锂的大批量生产，电池的价格还将下降，其大发展已不存技术问题、材料来源问题和价格过高的问题，我国纯电动汽车完全能够大踏步发展了，大量以电代油的时刻已经指日可待。我国不该走日、美大力发展混合电动车的道路，可将它当着过渡性、辅助性车种适当发展，供给那些经常长途行驶的少数用户，而应跨越式地优先发展一次充电可行驶150~200公里左右的纯电动车！

我国的电动自行车发展十分迅速，2007年共生产了1900万辆，年底保有量达7000万辆，大部分以铅酸电池为能源，外形有向电动摩托车“高攀”的趋势，重量和速度也有超过40公斤和20公里/小时规定的倾向，容易引发交通事故。如果运作得当，以动力型锂离子电池为能源，生产真正的电动摩托车，按摩托车进行管理；同时严格修订和执行电动自行车的标准，发展电力助动车。这样一来，既适合我国小康社会的不同消费水平，又有利于交通安全，并可消除燃油摩托车的严重空气污染，对以电代油的贡献也很可观。

四、以“谷电”代油，实践科学发展观

《新材料产业》：电动技术产业主要依靠电能的支撑。也有人提出，我国发电用煤为主，仍是一个有污染的产业，况且我国电力供应紧张，能够供纯电动车发展吗？您是如何看待这个问题的？

杨裕生：电的问题我看大可不必担心。我国发电装机容量正迅速增长，2007 年一年就增加了 1 亿千瓦，年底已达 7.13 亿千瓦，用不了多久就可达 8 亿千瓦。问题在于用什么时间段的电给电动车充电。“谷电”如以一半计，夜间“赋闲”的一半机组就有 4 亿千瓦。随着我国核电（其发电功率日夜恒定）的不断发展和几个“风电三峡”的建成（我国风场夜间风大），“谷电”卖不出去的形势更为严峻，电网调峰的任务日益加重。如利用 5000 万千瓦“谷电”（实际上用的是风电和核电，不像煤电造成污染）为电动车充电，就可供给 1 千万辆轿车和 100 万辆公交车。建设十三陵抽水蓄能电站 80 万千瓦花用 37.31 亿元，每千瓦合 4664 元，如建 5000 万千瓦抽水蓄能电站就需 2000 多亿人民币。可以肯定地说，利用现有供电系统为电动车充电，“分散调峰”5000 万千瓦，所需增加的充电设施远用不了 1000 亿元。无怪呼国家电网公司对发展电动车表现出越来越大的兴趣了。

以“谷电”代油，可代多少油？每辆轿车充电 7 小时(23 时~次日 6 时)平均要 14 千瓦时电能，白天可行驶 100 多公里，至少可顶替 10 升汽油，而且电费只有油费的五分之一至十分之一。每辆公交车充电 7 小时平均要 200 度电能，白天可行驶 200 公里，可顶替 100 升油，两项每天各顶替 10 万吨油，一年 7000 万吨，而且是成品油，不是原油！我国保有的汽车将来如有几千万辆是不用油的纯电动车，一年可少用多大数量的油啊！再加上数量极大的电动自行车和电动摩托车，更是锦上添花。

所以，以“谷电”代油，是实践科学发展观的具体行动。

五、各方应大力促进“电动技术产业”

《新材料产业》：您提出了“电动技术产业”的新产业名称，并预期它的兴起。能否请您具体一些说说“电动技术产业”？

杨裕生：我在 2008 年中国工程院第九次院士大会的能源与矿业工程学部学术报告会上，做了题为“以‘谷电代油’，大力发展纯电动车”的报告，畅想了电动车及其相关产业发展的美妙前景。这里进一步明确“电动技术产业”及其五大门类。“电动技术产业”就是以电动汽车的生产、运行为核心的高技术产业群，其内容可划分为五大门类：

（1）电动车类：包括电动车、电动机、电控系统的生产与维修等；

（2）动力电池类：包括动力电池、电源管理、能量回收等；

（3）电池材料类：包括正极材料、负极材料、电解液、膜及其原料等；

（4）电池回收类：包括电池回收、电池复用、资源再生等；

（5）供电设施类：包括供电设施、充电体系、充电服务等。

以每年生产 500 万辆纯电动汽车为核心，总产值将以万亿元计；每年维持几千万辆纯电动汽车运行，总产值也将以千亿元计。盼望有远见、有魄力的公、私企业家，抓住机遇，积极参与以纯电动车为核心的"电动技术产业"发展；盼望政府科技、发改等部门，尽快出台鼓励纯电动车（包括节电效果很好的微型、小型纯电动轿车）的政策和有力措施，更好地起到引领作用，促进中国的"电动技术产业"早日蓬勃兴起。

动力电池是"电动技术产业"的核心产品。政府的科技部门近两年提高了对动力电池支持的比例，不失为亡羊补牢之举。但是，为了增强"电动技术产业"今后持续发展的"后劲"，要特别加强研究比能量更高、寿命更长的安全动力电池，尤其要研发有自主知识产权的新材料、新电池体系。政府要进一步加大这方面的经费支持，有关的大企业也要改变观念、舍得投入，科技人员则要迎难而上、埋头苦干、实实在在地搞些创新。

发展电动车刻不容缓　节能是一个长远国策*

由金融界网站携手联合证券主办的“中国能源变革及投资机会论坛”5月15日在北京汉华国际饭店举行。会上，中国工程院院士杨裕生表示，现在发展电动车刻不容缓。这不仅可以减少二氧化碳的排放、减轻城市的空气污染，另一方面可以减少石油的消耗量，减轻我国的石油的对外依存度。

在谈到如何发展电动车产业时，他认为客车、轿车、自行车、摩托车都应该电动化。但最需优先发展的是纯电动车，因为它可以最大限度地减少石油的消耗，而且纯电动车的结构简单利于大力发展。我国纯电动车应先做微四轮车、小四轮车、电动摩托车，要先小后大，先易后难，先低后高。

杨裕生表示，节能不是一个短期的问题，而是一个长远的国策。首先必须从理念上改变，不能模仿美国，包括欧洲的生活方式。应该以节约能源为荣，以浪费能源为耻。虽然生活耗能在全世界属于最低的一类，但是随着人民生活水平的提高，生活的耗能会逐步提高的。如果我们消费能源的概念都按照美国那样浪费能源，再多的煤，再多的油都满足不了中国13亿、将来15亿人口的需要。

我国纯电动车，应先做微四轮车、小四轮车、电动摩托车，要先小后大，先易后难，先低后高。

---

* 本文由《中国电动车网》编辑，原载于《金融界》网站，2009年5月15日。

第二部分

燃料电池电动汽车

关于我国燃料电池汽车事业发展的信*

尊敬的温总理：您好！

我们是从事能源工作的科技人员（院士），现就我国燃料电池汽车事业的发展，郑重地向政府提出建议。

（一）

我国研究燃料电池在车辆上的应用，起始于 1999 年，当时，在北京市政府的支持下，清华大学电动车辆研究室分别将富源公司和绿能公司的燃料电池装在一辆电动游览车和一辆中巴上，进行了探索性研究。接着，2001 年国家“863 计划”电动汽车重大专项开始实施，国家投入 8 个多亿，带动企业投入共 20 多个亿，发展以纯电池、燃料电池、混合动力三种动力的电动车，国拨经费安排以燃料电池汽车为主。历经五年，专项结束，取得了很大进展，研制出了各种类型的多台样车，这在中国汽车的发展史上具有历史意义，也引起世界的关注。另外，在 UNDP 和 GEF 支持下，中国燃料电池公共汽车示范项目也在实施之中。

美国总统布什执政（尤其是“9·11”事件）后，把研发燃料电池汽车提高到了能源安全和国家经济安全的位置，同时提出建立“氢经济”的口号，制定了实现氢经济的路线图。“氢经济”也被我国一些人大为鼓吹，有的媒体参与渲染，甚至有人认为氢燃料电池汽车在未来几年内就能产业化，是我国汽车的跨越式发展，就能解决我国能源结构、能源安全和环境污染问题了。最近上海有人提出燃料电池轿车“百千万”计划（2008 年达到 100 台，2010 年达到 1000 台，2015 年达到 10000 台），更显“温度”越来越高。可是，今年 2 月布什公开宣称，氢能燃料电池汽车不是近期的事，也不是中期的事，而是远期的事。与当年响应“氢经济”的热闹场面形成鲜明对照的是，国内对布什此次讲话的反应十分冷淡。但是，布什态度的大转变，是很值得人们深思的。

以什么样的指导思想、怎么样来发展我国的燃料电池汽车，目前很该注意。

（二）

对燃料电池投资最多的是日本，美国第二，欧洲第三。实际上现时的欧洲更关注的是先进柴油机、清洁柴油和不会增加二氧化碳排放总量的生物柴油技术。至于美国，

---

* 此信由杨裕生起草，经院士们修改、签字后上呈。

布什虽然极力鼓动“氢经济”，但是按其国力衡量，政府在这方面的资金投入并不很多。对此我们要有一个清醒的、实事求是的认识，不能跟着炒作“氢经济”，否则，将会起到误导和浪费有限经费的消极作用。

燃料电池车辆要迈入商业化生产阶段还有很长的路要走。目前，我国燃料电池的寿命太短（不足 1500 小时），对温度、空气湿度和含硫气体等的适应能力很差，可靠性有待提高；主要材料用量大而贵（其中，进口质子交换膜每平米数百美元）；氢的储存尚无好办法（金属氢化物储氢率太低，高压罐储氢耗能太高，安全上也有问题）；充氢的基础设施投资巨大；车辆价格高，无法进入市场；氢气制备消耗一次能源太高，通过燃料电池转化为电能的总效率低。这些问题都要通过艰苦、长期的科技进步，反复验证改进，才能解决。

目前国外燃料电池汽车的价格太高，燃料电池小客车约几十万美元/辆，大客车价格为 250~300 万美元/辆；国内如生产，价格也不会太低。如此高价格的燃料电池汽车，政府机构可能是唯一的用户，因此燃料电池汽车的生产、使用，都要全靠公款支撑。

主要的燃料电池制造公司——巴拉德公司连年亏本，股票价下跌，2003 年财政年度亏损 1.251 亿美元，2004 年财政年度亏损 1.754 亿美元。该公司甚至有意向卖给我国，实行危机的转嫁。试想，如果能在短期内转亏为盈，他们会乐意出卖自己吗?

2005 年 1 月 20 日 *AUTOWEEK* 杂志一篇题为“丰田公司的专家声称，大容量氢能燃料电池汽车至少离我们 25 年”（Toyota Expert Says High-Volume, Hydrogen-Powered Fuel Cell Cars At Least 25 Years Away）文章报道：“丰田公司的先进技术组的全国经理 Bill Reinert 说，除非燃料电池堆和氢存储系统的成本降低有所突破，否则燃料电池车辆最早也要到 2030 年才能大量生产。”这与布什总统今年 2 月的谈话调门很接近。

可见，按照我国的经济实力和工业技术水平，在近期和中期内不能依靠氢能和燃料电池车解决交通运输的排放和能源问题。

（三）

在汽车领域，作为公共交通的大客车上应用燃料电池，也许会比私人小轿车早，因为大客车对价格的可接受程度，要比小轿车高，而且由于车辆行驶线路固定，支持城市大客车运行的加氢站，数量无需建设很多。因此，我们赞同在北京、上海等极少数超大城市的部分公交线上进行长期的试运行，以考验性能、发现问题为主要目标。进行考验性能的试运行，无论是小轿车，还是公共交通的大客车，车辆数量均不需太多，绝不必花几十亿搞什么“百千万”计划。

“十一五”“863”计划已经开始，科技部将投入十几亿实施“节能与新能源汽车”重大项目计划。我们建议，这个计划的经费安排不要再以氢燃料电池为主了。氢能燃料电池的研究要作长期的打算，细水长流，切切实实地解决关键材料和关键科学技术问题，特别是将提高环境适应性、提高可靠性、大幅度延长寿命和研究低成本材料及另部件作为重点，而不要急于“汽车换代”，更不要急于打算扩大批量生产。

“节能与新能源汽车”重大项目计划，应以近期和中期能起“份额”作用的一两个清洁和节能汽车车种及其相关技术为重点，以便早日真正地、大规模地发挥“节能与新能源”的作用。

其他各种在近 5~10 年左右能发挥显著作用的清洁和节能车种，在综合交通体系中也应优化配置，发挥其所长，国家科研经费要给以恰当的、不低于对氢燃料电池的支持。

此致

敬礼！

倪维斗 中国工程院能源与矿业工程学部
杨裕生 中国工程院能源与矿业工程学部
徐旭常 中国工程院能源与矿业工程学部
郑绵平 中国工程院能源与矿业工程学部
韩英铎 中国工程院能源与矿业工程学部
潘　垣 中国工程院能源与矿业工程学部
黄其励 中国工程院能源与矿业工程学部
汪　耕 中国科学院技术科学部
蔡睿贤 中国科学院技术科学部
饶芳权 中国工程院机械与运载工程学部

2006 年 6 月 14 日

“氢经济”论的降温与电动车的发展*

——也谈中国燃料电池汽车驶向何方？

“为什么在外国人吹捧地球上没有天然资源的‘氢’的时候，我们有些人偏偏会跟风跟得那么紧？为什么在布什改弦易辙之后，却又一改‘跟风’的习惯，与当年响应‘氢经济’的热闹场面形成鲜明对照，对布什今年2月讲话的反应十分冷淡。”

“我不是说，凡是美国总统的讲话我们都要转述，也不是说我们的媒体都要报道。但是利用他几年前的讲话曾经大做文章者‘们’，现今是有责任向受过他们宣传和影响的大众客观地介绍布什的新调门了，这样才能免除因利害关系而故意保持沉默，甚至继续误导群众之嫌。”

“在北京、上海等极少数超大城市的个别公交线上进行燃料电池公交车的长期试运行是可以的，但应主要以考验我国自行研制车辆的性能、发现问题为目标。”

“能量转换效率的巨大差距，意味着建立于以电解水制氢为主要基础上的‘氢经济’是不‘经济’的！”

“姑且不论所谓‘氢经济’在经济学上怎样解释，也不论经济学家们对它是否认可，但是至少人们似乎亏待了给人类作出过而且仍在作出极为巨大贡献的煤炭和石油，不曾提个什么‘煤经济’、‘油经济’的新口号！也没有给同是二次能源的电力提个什么‘电经济’的美名！”

《科学时报》2006年9月4日头版头条刊载了记者郑千里和张巧玲题为《中国燃料电池汽车驶向何方？》的文章，就大连两辆燃料电池观光车试运行，发表了长篇评论和专家访谈，并且间接引述了美国总统布什今年2月对燃料电池汽车发展前景的推断。读来不禁与布什几年前的“氢经济”论联想起来，颇有感触。

一、“氢经济”论在我国的阴影

美国总统布什执政（尤其是“9·11”事件）后，把研发燃料电池汽车提高到了能源安全和国家经济安全的位置，同时提出建立“氢经济”的口号，制定了实现氢经济的路线图。“氢经济”也被我国一些人大为鼓吹，有的媒体参与渲染，甚至有人认为氢燃料电池汽车在未来几年内就能产业化，推动我国汽车的跨越式发展，就能解决我国能源结构、能源安全和环境污染问题了。于是，“氢经济”论在我国的“热度”不亚于它的“出生地”，并集中反映在燃料电池汽车的研制热情和政府部门对其投入的相对强度上。

---

* 本文原载于《科学时报》，2006年10月9日，其中“我国发展燃料电池汽车应先打稳基础”又由《中国科学院院刊》摘选登载。

姑且不论所谓"氢经济"在经济学上怎样解释，也不论经济学家们对它是否认可，但是至少人们似乎亏待了给人类作出过而且仍在作出极为巨大贡献的煤炭和石油，不曾提个什么"煤经济"、"油经济"的新口号！也没有给同是二次能源的电力提个什么"电经济"的美名！为什么在外国人吹捧地球上没有天然资源的"氢"的时候，我们有些人偏偏会跟风跟得那么紧？为什么在布什改弦易辙之后，却又一改"跟风"的习惯，与当年响应"氢经济"的热闹场面形成鲜明对照，对布什今年2月讲话的反应十分冷淡。不仅如此，而且前些时传闻此起彼伏，譬如，"十一五""863"计划仍将氢燃料电池汽车作为"节能与新能源汽车"重大项目的重点，"十一五"国家将对氢燃料电池汽车投入5个多亿，上海将实行燃料电池轿车"百千万"计划（2008年达到100台，2010年达到1000台，2015年达到10000台）等。

我国的"节能与新能源汽车"当前应该如何发展？长远又该怎么样做？以什么样的指导思想、怎样来发展我国的燃料电池汽车，看来仍与"氢经济"的阴影不无关系。

二、布什变调，外企降温

记者郑千里和张巧玲的文章，引述的美国总统布什对燃料电池汽车发展前景的推断，是今年2月布什关于车用燃油出路的谈话的一部分。布什在这次谈话中对车用能源提了三条解决办法，一是油电混合动力车，二是使用乙醇-汽油混合燃料，这两段他都用了较长的篇幅，在说到第三个解决办法氢能燃料电池时，他简明扼要地说："这不是近期的解决办法，也不是中期的解决办法，而确实是远期的解决办法。"与前几年美国总统"氢经济"的论调对比，这不能不认为是他观念的大转变。燃料电池汽车何时可以为大众接受而大量使用，影响的因素很多，对其推测本来可以百家争鸣，"变调"也不是羞耻，但这说明他对此事有了新的认识，而且改变调门也需要勇气。

时过7个月，《科学时报》做了一件其他人士、报刊也应该做而至今没有做的事。我不是说，凡是美国总统的讲话我们都要转述，也不是说我们的媒体都要报道。但是利用他几年前的讲话曾经大做文章者"们"，现今是有责任向受过他们宣传和影响的大众客观地介绍布什的新调门的，这样才能免除因有某些利害关系而故意保持沉默，甚至继续误导群众之嫌。

不仅外国政治家变了调，外国的企业家降温降得更早。还记得，1999年初各大汽车公司争先恐后地宣布定于2003年或2004年实现PEMFC电动车商业化生产，"竞争"十分激烈，丰田公司就是其中的一家。但是，2005年1月20日*AUTOWEEK*杂志一篇题为《丰田公司的专家声称，大容量氢能燃料电池汽车至少离我们25年》（*Toyota Expert Says High-Volume, Hydrogen-Powered Fuel Cell Cars At Least 25 Years Away*）的文章报道，丰田公司的先进技术组的全国经理Bill Reinert说："除非燃料电池堆和氢存储系统的成本降低有所突破，否则燃料电池车辆最早也要到2030年才能大量生产。”

加拿大巴拉德公司的燃料电池开发可说是执全球之牛耳，美、德、日等国11家汽车公司曾采用巴拉德公司的燃料电池装配电动车。1998年3月巴拉德公司的燃料电池公交车投入运行，功率200kW，更是风光一时。但是，这几年巴拉德公司连年亏本，股票价下跌，2003年财政年度亏损1.251亿美元，2004年财政年度亏损1.754亿美元。曾有传闻，该公司有意向出售。试想，如果能在短期内转亏为盈，他们会乐意出售自己吗？

三、我国发展燃料电池汽车应先打稳基础*

2001年国家“863”计划电动汽车重大专项开始实施，国家投入8个多亿，带动企业投入共20多个亿，发展以纯电池、燃料电池、混合动力三种动力的电动车，国拨经费安排以燃料电池汽车为主。历经五年，专项结束，取得了很大进展，研制出了各种类型的多台样车，成绩不小。

但是，五年的实践也充分暴露出燃料电池的先天不足，燃料电池车辆要迈入商业化生产阶段还有很长的路要走。由于基础研究薄弱，目前我国燃料电池的寿命太短（不足1500小时），对温度、空气湿度和含硫气体等的适应能力很差，可靠性有待提高；主要材料用量大而贵（其中，进口质子交换膜每平方米数百美元）；氢的储存尚无好办法（金属氢化物储氢率太低，高压罐储氢耗能太高，安全上也有问题），充氢基础设施投资巨大；车辆价格高，无法进入市场；氢气制备消耗一次能源太高，通过燃料电池转化为电能的总效率低。这些问题都要通过艰苦、长期的科技进步，反复的验证改进，才能解决。

目前国外燃料电池汽车的价格太高，燃料电池小客车大约为100万美元/辆，大客车价格约为200万美元/辆；国内如生产，价格也不会太低。如此高价格的燃料电池汽车，政府机构可能是唯一的用户，因此目前燃料电池汽车的生产、使用，都要全靠公款支撑。可见，按照我国的经济实力和工业技术水平，在近期和中期内不可能依靠氢能和燃料电池车解决排放和能源问题。

当然，在北京、上海等极少数超大城市的个别公交线上进行燃料电池公交车的长期试运行是可以的，但应主要以考验我国自行研制车辆的性能、发现问题为目标。进行考验性能的试运行，无论是小轿车，还是公共交通的大客车，车辆数量均不需太多，绝不必花几十亿搞什么“百千万”计划。

氢能技术和燃料电池汽车技术要作艰苦、长期的科技进步，当然需要投入。看来，现在国家科技部真的下了狠劲了。“863”计划先进能源技术领域2006年度计划指南中，

---

* 本部分系由《中国科学院院刊》摘引，载于2006年第21卷6期444–445页。

氢能与燃料电池技术专题年度经费预算定为 7500 万元。"863"计划新材料技术领域 2006 年度计划指南中，燃料电池材料关键技术的年度经费预算又有 750 万元，相信"十一五"后几年内还会有经费支持。再加上自然科学基金和"973"计划等的支持，如此坚持四五个五年计划，氢能技术和燃料电池技术的发展一定大有可为。

四、近期我国电动车发展之我见

"十一五""863"计划已经开始，科技部将投入十几亿实施"节能与新能源汽车"重大项目计划。

我完全赞同最近倪维斗等十位院士的联名建议：

"这个计划的经费安排不要再以氢燃料电池为主了。氢能燃料电池的研究要作长期的打算，细水长流，切切实实地解决关键材料和关键科学技术问题，特别是将提高环境适应性、提高可靠性、大幅度延长寿命和研究低成本材料及零部件作为重点，而不要急于'汽车换代'，更不要急于打算扩大批量生产。

'节能与新能源汽车'重大项目计划，应以近期和中期能起'份额'作用的汽车车种（两个左右）及其相关技术为重点，以便早日真正地、大规模地发挥'节能与新能源'的作用。

其他各种在近 5~10 年左右能发挥显著作用的清洁和节能车种，在综合交通体系中也应优化配置，发挥其所长，国家科研经费要给以恰当的、不低于对氢燃料电池汽车的支持。"

除此以外，我想补充的是，纯电动汽车及混合动力车都要用蓄电池，目前多种电源正处于并驾齐驱的发展中，铅酸电池、镍氢电池、锂离子电池、金属空气电池，各有问题，也各有特色。这些电池的共同特点是"充电—放电"循环的能量转换效率高达 60%~80%，比目前燃料电池中"电—电解水制氢—电"循环的能量转换总效率 35%左右要高出一倍左右。不言而喻，能量转换效率的巨大差距，意味着建立于以电解水制氢为主要基础上的"氢经济"是不"经济"的！因此，一，希望热心于氢能技术和燃料电池技术的人们时刻不忘目前这能量转换效率的巨大差距，找出特别廉价的制氢途径，研制出发电效率特别高的燃料电池来。二，建议国家科技部像支持燃料电池一样加大对蓄电技术研究的投入，大力推进蓄电技术发展，持续地提高比能量、安全性、比功率、性价比；应该让它们（也包括燃料电池在内）在公平的竞争中加速技术的进步，为解决我国能源问题各自作出尽可能大的贡献。

从美国政府停止支持燃料电池电动车研发说起*

——写在“十二五”发展计划制订之际

今年5月，奥巴马政府的能源部长正式宣布，政府停止支持燃料电池电动车的研发。8月奥巴马宣布，拨款24亿美元支持美国48个项目发展“下一代电池和电动车”生产，其中用于电池及其材料生产的为 15 亿美元。细观其内容，燃料电池及其电动车真的未给一美元。这似乎也同时给诞生于美国的“氢经济论”，正式画了个休止符。

质子交换膜燃料电池的化学原理简单，燃料易得，绝无污染，比能量高，极易使初识者对它产生非常美好的印象和强烈的吸引力。在实验室里按文献资料和买来的材料装配一个原理性电池，难度并不大，而且一旦发出了电流，就更能使人为之着迷。但是，如想认真地搞工程化（而不是“形象工程”），越做就越会感到问题复杂，更毋论产业化了。

2006 年，在“十一五”电动车发展计划制订中，我与中国工程院和中国科学院共10位院士曾联名上书，建议我国电动车的发展重点不要放在燃料电池电动车上，理由是节能减排 10~20 年内指靠不上燃料电池电动车。我在《“氢经济” 论的降温与电动车的发展》一文中也列举过多种原因，如价格昂贵，市场太小；系统复杂，维护困难；材料欠佳，寿命不长；氢的储运有难题；电—氢—电转换效率低（氢气的主要制备方法是水的电解，100度电电解水得到的氢气在燃料电池中发电，只能得到30度电）。同年，我在《中国科学院院刊》（载于2006年第21卷第6期444页）著文，提出燃料电池要加强基础研究，不要急于大搞一年就“换一代”的整车。但是，像许多人的努力一样，效果极微。还可再用事实说话：由我国政府、全球环境基金、联合国开发计划署共同支持的3辆奔驰燃料电池电动公交车，在北京商业化示范运行一年（原定两年）、用坏了6台燃料电池发动机后无以为继，而于2008年中不得已提前一年悄然停驶，花费数千万不了了之，而燃料电池电动公交车的外国制造商却获得了宝贵的运行数据打道回国了。

虽然由于巧合的其他因素，“燃料电池电动车百、千、万计划”取消了，但实际的热度并未减退多少。2010年上海世博会要搞 100 辆燃料电池场内电动车，70 辆燃料电池电动轿车（含奥运会上的那20辆），总共170辆，是2008年北京奥运会的8.5倍!

---

* 本文原载于《科学时报》，2009年10月23日。

燃料电池电动车曾被美国前总统布什作为“氢经济”论的“法宝”大肆鼓吹过。不过几年后的2006年2月他已改变了腔调，承认燃料电池电动车“不是近期的解决方法，也不是中期的解决方法，而确实是远期的方法。”在布什第二任总统任期的后3年里，“氢经济”论在美国已渐气息奄奄，燃料电池的研发重点已转向了基础性研究。现在，奥巴马终于动真格的了。我希望，这可以作为我们制订“十二五”电动车发展计划的一个借鉴。

我查对了铂的全球年产量，2006年为200吨，2007年为220吨；我国年产仅约4吨，进口约40吨，主要用于化学工业和打制首饰。而每5万辆燃料电池电动小轿车至少需用1吨白金，仅就这项稀有而昂贵的铂资源而论，如何支撑得起燃料电池电动车的产业化？可见，在替代铂的新催化剂技术没有根本性的突破之前，燃料电池电动车是无法大发展的。何况氢是二次能源，要消耗一次能源才能制得，燃料电池发电的能量总转换效率并不高。如果不将研究重点转向扎扎实实的基础研究，燃料电池电动车是不是大规模节能减排的“远期”方法，还得走着瞧。

解读“863”计划电动汽车（一期）指南*

2010 年 10 月国家科技部发布了“‘863’计划电动汽车关键技术与系统集成（一期）重大项目课题申请指南”（以下简称“（一期）指南”），该指南共设置 31 个课题方向，77 个课题，国拨经费控制额 7.38 亿元。31 个课题方向分为 3 类，第一类——混合动力汽车产业化技术研发类，第二类——纯电驱动技术攻关类，第三类——下一代纯电驱动前瞻技术研究类。

从总体上讲，“（一期）指南”已淡化了“三纵三横”的提法，首次明确了电动车的混合动力和纯电驱动两大类别的分类方法，而将燃料电池汽车归入于纯电驱动类，并定位于“下一代纯电驱动前瞻技术研究”范围，字面理解已不再是当前产业化的研制对象了，这是首先应该肯定的进步。此外，电动车终于“正名”了，这次没有再被称为“新能源车”。

在 7.38 亿元总经费中，混合动力汽车产业化技术研发类 11 个课题（中度混合 6 个、深度混合 5 个），每个课题 1500 万元；而纯电动、插电、增程等轿车、商用车的研发与产业化技术攻关类 17 个课题，平均每个课题 1082 万元，单项经费平均数后者只为前者的 72.1%。为什么相差悬殊？难道是纯电动、插电、增程等轿车、商用车的研发与产业化容易些吗？

“（一期）指南”中将动力电池、电容器、材料产业化技术攻关列了三个课题方向（方向 8–10），经费 6000 万，占总经费的 8.13%。即使加上整车课题配套的电池经费也不过 20%左右。与奥巴马最初 24 亿美元计划中动力电池、电容器、材料 15 亿所占比例的 62.5%相比，简直是小巫见大巫！动力电池是电动车的核心部件，也是我国当前电动车发展的瓶颈，必须加大对动力电池、电容器、材料产业化技术攻关的支持，应将其经费的比重提高到 40%~50%的水平。

电池的自动化生产设备和检测设备，是提高电池生产水平的重要基础。不能再靠花大钱重复购买外国设备，而必须大力发展我国自己的电池生产设备，这是应该在下一期指南中补上的。

“（一期）指南”将燃料电池汽车定位于“下一代纯电驱动前瞻技术研究”范围，但在经费分配上，燃料电池汽车及其相关技术共 1.55 亿元，占 7.38 亿元的 21%。对比

---

* 本文原载于《科学时报》，2010 年 12 月 6 日，附注：《小木虫》以“杨裕生院士谈电动汽车，矛头直指燃料电池”为题，全文转发了本文。

奥巴马政府于2009年8月发布的电动车和电池支持计划，24亿美元中本无燃料电池和燃料电池电动车的项目，后经有关人士的活动，国会增拨了将近2亿美元。即使如此，在这26亿美元总支持费中，燃料电池和燃料电池电动车的比例也只有7.6%。而“（一期）指南”中，燃料电池及燃料电池轿车等共21%。可见，我国对其偏好的程度与10年前相比“不减当年”。

近5年多来，国内外许多专家和政界人士（包括“氢经济”论的鼓吹者、美国前总统小布什）一再指出，燃料电池电动车不是10~15年内能够产业化并在节能减排中起到一定作用的车种。归纳其原因可有五条：①价格贵，市场难接受；②氢气难储运；③系统复杂，难维护；④寿命不够长；⑤铂的资源不够用。尤其这第5条最为致命，一辆客车的燃料电池用铂约200克，5千辆车要用铂一吨；一辆小轿车用铂约20克，一吨铂只够5万辆轿车用。我国年产铂只约4吨，远不够化工企业和首饰使用，即使全用来造车，与我国现年产1500万辆车相比，也是杯水车薪，更不用说未来的汽车产量还会继续增长了，因而是没有实用价值的技术。这其中已没有什么高深的科技问题，而是常人都能算清楚的浅显易懂的常识。但是，“（一期）指南”中的课题方向29“下一代燃料电池系统研究与开发”，用4000万的巨款设2个课题（相当于2个小“973”的经费了），研究“低铂”催化剂的燃料电池系统。铂应低到何种程度，考核指标中没有明确；如果铂低了，抗CO等杂气中毒的能力和电池的寿命等考核指标中也不做具体要求——这是一个很大的漏洞。如果真想将燃料电池电动车作为我国未来的主干汽车来发展，就应该集中目标研究非铂催化剂这一基础性难题，而且这种催化剂既不含“低铂”、也不含资源同样稀少的钯、钌等贵金属，而是矿产资源有足够储量的元素。这是一个很有难度的课题，可选个三五家基础深厚的团队从不同路线研究，准备用5年，甚至10年去攻关。每个课题也不必2000万，而可仿照课题方向23“下一代电池技术研究与开发”，每个课题500万先做3年，进行考核、选优。这样，用一半的钱就可以取得更好的效果。

课题方向26“燃料电池轿车动力系统平台与整车动力系统技术平台”，课题1个，整车课题3个，总经费4400万，要求“形成轿车批量制造能力，开展示范运行”。但不知当前燃料电池轿车批量制造能力的作用是什么，批量轿车的市场何在？看来，几年前上海流产的“百、千、万计划”又将换一副面孔“复活”了！

课题方向27“燃料电池客车动力系统技术平台与整车研发”，课题1个，整车课题1个，总经费2500万，也要求“研制燃料电池城市客车示范样车，建立批量生产制造能力，进行燃料电池客车的小规模示范运行”。用没有实用前景的高铂燃料电池装车作小规模示范运行，又有多大实际意义？

课题方向28“面向示范和产品验证的燃料电池系统开发”，课题2个，总经费4000

万（2 个课题自筹经费不低于 8000 万），要求“推进燃料电池的工程实用化，建立材料与部件小批量生产线”，所提车用燃料电池系统的指标不算低。但是，花 1.2 亿做的还是高铂燃料电池，而且为了达到指南规定的指标，铂用量甚至可能要用得更多！

2009 年 10 月 23 日《科学时报》发表了我的题为“从美国政府停止支持燃料电池电动车研发说起——写在“十二五”发展计划制订之际”的文章。文章全面论述了燃料电池电动车发展中的问题，其中有一段针对演示运行的话正有时效，摘录如下：“我在《中国科学院院刊》（载于 2006 年第 21 卷第 6 期 444 页）著文，提出燃料电池要加强基础研究，不要急于大搞一年就“换一代”的整车。但是，像许多人的努力一样，效果极微。还可再用事实说话：由我国政府、全球环境基金、联合国开发计划署共同支持的 3 辆奔驰燃料电池电动公交车，在北京商业化示范运行一年（原定两年），用坏了 6 台燃料电池发动机后无以为继，而于 2008 年中不得已提前一年悄然停驶，花费数千万不了了之，而燃料电池电动公交车的外国制造商却获得了宝贵的运行数据打道回国了。”

花掉了人民币数千万，经验没有求实总结，教训没有认真吸取，没有给出一个负责的交代。紧接着的北京奥运会和上海的世博会，燃料电池电动车的演示规模、运行范围一个比一个大，现在又有什么必要还用高铂催化剂燃料电池、再花若干亿人民币搞小规模的演示呢？这还算得上是前瞻技术研究吗？

说白了，燃料电池汽车只是增程式纯电驱动方式中的一种。增程式纯电驱动即在车上装有发电机（燃料电池或内燃机发电机），行驶中发电，与蓄电池一起给电动机供电，从而增加电动汽车的行驶里程。有了过去燃料电池汽车的研发基础，特别是近来我国以汽（柴）油机发电的增程式纯电驱动车技术迅速发展，未来全新的、不用铂作催化剂的燃料电池研制成功后，研制真正有生命力的燃料电池轿车、客车，就是水到渠成的事。也就是说，“（一期）指南”中要以现有高铂作催化剂的燃料电池去装配的客车和轿车，放到 10 年之后用真正有实用前景的燃料电池去做，为时也不晚！

现在，我国电动车的发展路线正在形成中，虽然意见还不尽一致，但是对最终的归属似乎已有共识，那就是燃料电池电动车。根据这人云亦云的模糊概念，氢经济论的信徒们找到了降温的冰袋和自我安慰剂，燃料电池的热心研究者们大部分不甘心长期寂寞而退场了，少部分研究者坚持不渝地在探讨新的技术路线（包括低铂燃料电池和非贵金属催化剂燃料电池等），还有极少数人利用这模糊的概念“固守”高铂燃料电池电动车的阵地，提出似是而非的说词，变换着花样从国家拿钱，而且得到了足够的支持和方便。这个现状能继续维持下去吗？显然不应该！

为了避免重蹈高铂燃料电池电动车多劳而少功的覆辙，我们现在十分有必要明确回答如下问题：什么样的燃料电池电动车才能担当未来电动车的主力？什么样的燃料电池在未来电动车中真有实用价值？低铂燃料电池如果要担当未来汽车动力的主角，铂要低到何种程度？未来铂的年产量中有多少可以用于低铂燃料电池电动车，能支持多大规模的低铂燃料电池电动车生产？非铂（非贵金属）催化剂车用燃料电池应该放在什么样的位置加以发展？目前继续大力发展、生产、演示高铂燃料电池电动车的价值和必要性何在？

“863”计划电动汽车关键技术与系统集成（一期）重大项目课题申请书正在申报中，上述问题是有关燃料电池课题申报书的立题依据，申报者对于其中有关的问题也应该有深入的思考和确当的认识。因此，建议在有关燃料电池课题的评审中，要将申报者对上述有关问题的呈述作为评判打分的重要依据。

人们都希望国家的科研经费——这是人民的血汗——要用得合理，要能最有力地推动我国的科技发展。这次科技部发布的只是电动车专项的“（一期）指南”，大头还在后头呢！我们将拭目以待，继续跟踪解读，也希望各方人士，尤其是科技部及其专家们一起来讨论或阐明观点！

第三部分

电动汽车的发展路线

回答《中国高新技术产业导报》记者关于电动车发展方面的问题*

1. 据了解，上汽、一汽、东风等国内十大车企近日联合成立了电动汽车产业联盟，意在联手攻克节能与新能源汽车产业化过程中遇到的种种难关。您对此有何评价？

国内十大车企是同行，更是竞争对手。

第一，他们成立电动汽车产业联盟（而不是新能源汽车产业联盟），联手攻克电动汽车产业化过程中遇到的种种难关（而不是联手攻克节能与新能源汽车产业化过程中遇到的种种难关），这有积极作用的一面。第二，政府和舆论界要鼓励电动汽车产业联盟在推行电动汽车产业发展中发挥积极作用，同时要关注电动汽车产业联盟避免产生消极作用，例如，垄断现象、集体干扰政府政策等。第三，既然他们是竞争对手，电动汽车产业联盟成员间就存在利害关系，难免互存“戒心”或“保留”，所以，电动汽车产业联盟的实际效果尚待观察。

2. 有观点认为新能源汽车研发说到底是关键零部件研发，主要解决“三横”问题，仅仅车企联合而不与关键零部件建设结合起来是很危险的。您怎么看待？

新能源汽车的面很广，是科技部为了管理的需要而提出的“大杂烩”专项。

汽车如用新的气源、油源，可以省下汽油、柴油，有意义；但是就动力技术而言均属内燃机范围，无所谓要解决“三横”问题。

“三横”是“十五”期间电动车专项中的概念，与用气源、油源的汽车无关。至于电动车的“三横”，可以像比亚迪、万向那样搞“大而全”，“三横”可全在企业内部解决；也可由整车企业主动与关键零部件企业建立商业联系，两条路必走一条。所以，车企与关键零部件建设结合，是迟早必行的事，大可不必担心；只要按规矩办事，迟一点也不致有大“危险”。

3. 有观点认为目前的电动汽车热潮是一场绿色的泡沫，制约电动汽车产业化的诸多难题并没有解决，泡沫散尽一切还将从头开始。您怎么看待？

制约电动汽车产业化的问题是有，有的还比较难解决。但是，电动汽车是节能、减排的必由之路，再多、再难的问题也一定要解决，也一定能解决。

电动汽车热潮还未真正到来，绝对不是“一场绿色的泡沫”，只是媒体上可能是热

---

* 本文是2009年8月中国工程院院士杨裕生对《中国高新技术产业导报》汽车版编辑、记者于丹关于电动车发展方面的几个问题的回答。

闹了一点而已！

4. 在目前尚无一种高性价比的电池能够同时满足新能源汽车产业化的性能与成本需要的情况下，我们应该如何发展新能源汽车？

“目前尚无一种高性价比的电池能够同时满足新能源汽车产业化的性能与成本需要”的说法是不准确的。其一，我认为，电池只与“新能源汽车”中的电动汽车有关，不要含混地说新能源汽车。其二，我认为，目前的动力电池基本能够满足电动汽车产业化的性能与成本需要。铅酸电池与超级电容器并联，在“双充式”电动车（见本报2009年8月17日）中就用得很好，电池价格不算高，超级电容器需再花点钱。目前锂离子电池价格是高一些，尚需政府对电动汽车用锂离子电池的生产给予足够的优惠、补贴；但是从节油、减排的社会效益考虑，政府给予优惠、补贴是应该的、合算的，这也给锂离子电池的发展创造了一个良性循环的历史阶段。随着大批量生产、成品率提高、材料的国产化的进程，锂离子动力电池一定会有降价的空间。

所以，锂离子电池不是制约电动汽车产业化的瓶颈。

至于“我们应该如何发展新能源汽车”，我认为：一、要集中优势资金于动力电池的高水平产业化，不要再“撒胡椒面”，更不要再把钱花在几十年后才可能发挥节油、减排作用的燃料电池电动车上。奥巴马政府最近用24亿美元支持企业发展电动车，其中15亿美元（约合100亿人民币）支持电池及其材料的生产发展，而在燃料电池电动车上1美分也没有。二、要更新观念，要按电动车的特点来要求和发展电动车，而不要受缚于传统的燃油车观念。这在上次采访中已经谈过了。三、要优先发展适合大众购买力的微型、小型纯电动车，最为节油、减排，充电一次行驶150公里左右就能满足大多数人的需要。四、要大力支持“双充式”电动车的产业化，“双充式”电动车的节油率高达50%，可用廉价的铅酸电池，而用锂离子电池则可减轻重量，且因电池用量不大，车价增加也不多。

评奥巴马的“下一代”电池和电动车计划*

美国总统奥巴马近日宣布了用 24 亿美元支持企业发展“下一代”电池和电动车计划，要求企业按 1:1 的比例配套 24 亿美元，发展 8 类、48 个科研生产项目。

其中，15 亿美元资助美国的电池及其配件制造者以提高电池的循环容量，包括电池及其材料的制造 8 项共 12.47 亿美元，先进电池配件的制造 10 项共 2.35 亿美元；先进锂离子电池的再生 1 项 950 万美元。

5 亿美元资助电动力系统的制造者，电动机、电路系统及其他动力系统器件，包括电力驱动装置的制造 7 项共 4.651 亿美元，电动车下游器件的制造 3 项共 3230 万美元。

4 亿美元用来购买 7 千余辆全电动车和“插电式”（plug-in）电动车，在多个地点做演示验证，研究并评估它们的性能，建立充电系统，并教育、培训出先进电动车领域的专业人才支撑该行业的发展，包括先进车辆电气化 4 项共 2.152 亿美元，交通部门电气化 1 项 2220 万美元，先进车辆电气化 + 交通部门电动化 3 项共 7050 万美元，先进电动车教育计划 10 项共 3910 万美元。

由上可见，该计划有如下特点：

1. 规模宏大——能源部资助 24 亿美元，加上企业配套 24 亿美元，共约合人民币 330 亿元。

2. 重点突出——主要是纯电动车，也有“插电式”混合动力车和增程式电动车，没有油-电混合动力车和燃料电池电动车。

3. 配套整齐——电池及其配件制造；电动机、电路系统及其他动力系统器件；数千辆电动车演示验证，建立充电系统，并进行教育、培训，一应俱全。

4. 直接支持最强的企业。

一、关于资助“下一代电池”

“下一代电池”及其材料的制造 8 项共金额 12.47 亿美元，详见表 1：

由表 1 可见，“下一代电池”有如下特点：

1. 以锂离子电池为主；

---

* 本文原载于《央视网》，2009 年 09 月 16 日，由大宝编辑。

表 1

申请人	资助（百万美元）	项目内容
Johnson Controls	299.2	生产镍-钴-金属电池和电池组，并为混合和纯电动车生产隔膜（由合作伙伴Entek公司生产）
A123 Systems, Inc.	249.1	制造纳米磷酸亚铁锂正极材料及其电极涂片；制备电池器件与模块，为混合和纯电动车组装完整的电池组系统
KD ABG MI, LLC(Dow Kokam)	161	为混合和纯电动车生产氧化锰正极/石墨负极锂离子电池
Compact Powe Inc. (on behalf of LG Chem, Ltd.)	151.4	应用锰基正极材料和独特的隔膜为通用汽车的Volt电动车生产聚合物锂离子电池
EnerDel, Inc.	118.5	为混合和纯电动车生产锂离子电池和电池组。主要的技术包括尖晶石锰酸锂作正极、钛酸锂作负极的高功率锂电池；以及尖晶石锰酸锂作正极与无定型碳组成的高比能量锂电池
General Motors Corporation	105.9	为通用汽车的Volt生产高能量密度电池组，器件将会由LG Chem或其他供应商提供
Saft America, Inc.	95.5	为工业、农业用车及军用领域生产锂电池器件、模块及电池组主要包括镍钴基锂电池材料和磷酸亚铁锂
Exide Technologies With Axion Power International	34.3	应用铅-碳电极技术生产先进的铅酸电池，满足微混和中混用电需求
East Penn Manufacturing Co.	32.5	生产超电池（铅酸电池同超级电容器结合）满足微混和中混用电需求

2. 锂离子电池正极用镍–钴–金属、纳米磷酸亚铁锂、氧化锰；

3. 锂离子电池中包含高比能量电池、聚合物电池、尖晶石锰酸锂作正极–钛酸锂作负极的高功率电池；

4. 同时支持 2 家公司生产先进的铅酸电池或超电池（铅酸电池同超级电容器结合），将有 150 年历史的铅酸电池列为“下一代电池”，可见其技术含量；

5. 没有氢–镍电池。

二、关于资助先进电池配件的制造

10 项总金额共 2.35 亿美元，详见表 2。

由上可见，先进电池配件有如下特点：

1. 资助 2 家为锂离子电池生产镍钴基正极材料，总金额近 6000 万美元；将镍钴基材料用于正极，值得注意；

2. Celgard 隔膜生产虽已很成熟，仍从电动车需求的角度给与最高的单项资助金额近 5000 万美元；

3. 突出了资助圆柱形铝壳的生产，可以认为动力电池的圆柱外形很受重视；

4. 安排了为超电容器生产高能量密度的纳米碳，金额近2100万美元，进一步反映出对先进的铅酸电池中铅–碳电极技术的重视。

表2

申请人	资助（百万美元）	项目内容
Celgard, LLC, a subsidiary of Polypore	49.2	为锂离子电池生产聚合物隔膜
Toda America, Inc.	35	为锂离子电池生产镍钴基正极材料
Chemetall Foote Corp.	28.4	生产电池业可用的碳酸锂和氢氧化锂
Honeywell International Inc.	27.3	为锂离子电池生产电解质盐（六氟磷酸锂（$LiPF_6$））
BASF Catalysts, LLC	24.6	为锂离子电池生产镍钴基正极材料
EnerG2, Inc.	21	为超电容器生产高能量密度的纳米碳
Novolyte Technologies, Inc.	20.6	为锂离子电池生产电解液
FutureFuel Chemical Company	12.6	为锂离子电池生产高温石墨化的前躯体负极材料
Pyrotek, Inc.	11.3	为锂离子电池生产碳粉负极材料
H&T Waterbury DBA Bouffard Metal Goods	5	为圆柱形器件生产精细的铝壳包装

三、关于资助电动车辆的制造

“先进车辆电气化”有如下特点：

1. 纯电动车最多，计有5500辆：

① 续航里程为100英里的尼桑电动车，5000辆；

② 续航里程为100英里的先进电池电动卡车，400辆(车重12100磅)；

③ 100辆电动运输车，包括“Ampere型”(福特运输型概念车)、“Faraday型”(福特F150电动车)、厢式货车以及“Newton” 中型卡车。

2. “插入式”混合动力车1373辆：

① 220辆先进的乘用车和小货车；

② 由378辆卡车和穿梭巴士组成的车队（车重8501~19500磅）；

③ 150辆“插入式”混合动力车，包括130辆福特Escape混合动力车和20辆福特E450 厢式货车；

④ 125辆Volt “插入式”混合动力车提供给电子器件公司，500辆“插入式” Volt混合动力车提供给消费者。

3. 增程式电动车(EREVs)：制造数百辆雪佛兰Volt EREVs。此种车我们称为“双充式”电动车，即行驶前先用市电将电池充电，行驶中由车载发电机不断给电池充电，故行驶里程长。由于车载发电机配用的内燃机功率小，又在平稳的最佳状态下运行，故节油率可达 50%左右。

4. 该计划中没有燃料电池电动车，说明“氢经济”论至少已暂告退席。

5. 该计划中也没有 Prius 式的油–电混合动力车，表明十分重视节油率。

四、结论

1. 美国政府如此大手笔支持“下一代”电池和电动车发展，表明它下定了决心，企图抢占全世界电池和电动车发展的领先地位。

2. 美国政府的计划目标明确，是以纯电动车作为“下一代电动车”发展的首要车种；“插入式”混合动力车和增程式电动车放在第二、第三位，以切实解决节油、减排问题。

3. 美国政府的计划认为，“下一代电池”以锂离子电池为主，同时也重视以铅酸电池为基础的超电池。

4. 美国政府的计划直接支持最强的企业，充分发挥这些企业强大研发力量的作用。但这与我国政府根据我国企业目前科技力量的实际状况而强调的产—学—研结合，并不矛盾。

关于我国电动汽车的技术发展路线的建议*

尊敬的温总理：您好！

您 2009 年 11 月 3 日在首都科技界大会的讲话中指出："新能源汽车已成为全球汽车工业发展方向……当前紧迫的任务是，通过技术经济、市场需求和经济效益三个方面的充分论证，尽快确定技术路线和市场推进措施，推动新能源汽车工业的跨越发展。"

我们四位是中国工程院院士，长期关注新能源汽车发展，深感责任重大和任务紧迫，从技术、市场和效益三方面经过反复讨论写出了《关于我国电动汽车的技术发展路线的建议》。考虑到您的时间太宝贵，在寄出全文的同时，在信后附上简短摘要。特此呈阅，并盼批示。

敬礼！

杨裕生 陈清泉 陈立泉 郑绵平

2010 年 2 月 5 日

附件：关于我国电动汽车的技术发展路线建议（摘要）

新能源汽车的主体是纯电动汽车。大力发展纯电动汽车，既是保证我国能源安全的战略措施，也是我国汽车工业实现跨越式发展的重大机遇。电动汽车可分为燃料电池电动汽车(FCEV)、油电混合电动汽车(HEV)和纯电动汽车（BEV）三类。

由于氢气的生产、储存和运输等问题尚未解决，加之氢燃料电池本身的系统复杂性、寿命不够长、加氢站基础设施的建设难度和铂资源的有限性以及居高不下的成本，应用在电动汽车上还需要漫长的研发过程。油电混合电动汽车分为串联式、并联式和混联式。目前占世界 HEV 市场 90%以上的丰田公司和本田公司产品都是混联式混合动力车，有内燃机和电机驱动两套动力系统，它不需要外充电，电池的电来自制动和怠速回收的电能，在车辆起动和爬坡时提供辅助功率。普锐斯为其代表。HEV 全用油，省油不多（平均节油率 10%~15%）。由于有两套动力系统，价格不低。结构复杂，加工要求高，适合于内燃机工业先进国家的汽车电动化初级阶段，以维持其现有强大内

---

* 本文是 2010 年 2 月中国工程院院士杨裕生、陈清泉、陈立泉、郑绵平给温家宝总理的信，并附有《关于我国电动汽车的技术发展路线建议》的摘要，该摘要后于 2010 年 3 月 29 日载于《科学时报》。

燃机工业的生产秩序，也是我国某些汽车企业企图效仿的“两步走”发展路线的车种。纯电动汽车只用电，不用油，蓄电池用市电充电。节油率高，粗略估计 1000 万辆纯电动轿车，一年可少用2000万吨油。本身是“零排放”车，即使使用煤电，二氧化碳排放量也比汽油车低一半；电池可用“谷电”，也可用风电、光伏电等“绿电”，有利于电网平衡。充电式混合电动汽车（PHEV）和“增程式”电动汽车(EREV)也需要外充电，在市内可用纯电动汽车模式运行60~80公里，在我国绝大多数大城市运行都不必用一滴油。长距离行驶使用汽油，PHEV 节油率可达 30%，EREV 更高达 50%以上。

从汽车工业发展的角度考虑，混合动力技术的高度复杂是对我国在核心技术上一直远远落后的汽车工业的巨大挑战！在现有的内燃机技术和以内燃机基础上发展起来的混合动力技术竞争中，我们几乎没有赶上世界先进汽车厂商的可能。油电混合动力汽车可以是政策允许下的企业行为，国家可根据节油率的大小给予合理的补贴，这是过渡的策略性安排。只有完全摒弃内燃机技术的纯电动汽车才会给我们汽车产业带来难得的机遇，我国应该“一步走”，即发展纯电动汽车应该成为我国的战略选择。

我国有发展纯电动汽车的资源优势、技术优势和市场优势。

锂离子电池和稀土永磁材料是发展纯电动汽车的基础，我国是锂资源和稀土资源大国。锂离子电池产业水平中日韩处于第一阵营，美欧产业基础相对薄弱。整车总体水平：日美欧处于第一阵营，我国在整车技术水平方面总体还有差距。纯电动客车我国有明显优势，纯电动微型、轻型轿车我国在综合性价比方面有一定优势，产业优势明显。这两个技术优势对形成新的战略产业十分重要。我国老百姓对于汽车舒适度的要求远没有欧美人那么挑剔和奢侈，大多数人对于私家车期望的只是能够挡风遮雨、以车代步就可以了，这为我国有优势的纯电动微型、轻型轿车提供了大市场。

与传统汽车工业已经成熟的发达国家相比，我国发展纯电动汽车的商业壁垒要小得多，传统汽车工业的不发达正好是我们发展新型锂离子电池电动汽车交通模式的优势所在，可以更容易地轻装上阵。

瑞麒 Mi–EV 纯电动汽车一次充电续驶里程 120~150 公里，百公里耗电 8 到 10 千瓦时，每百公里只需 6 块钱（如夜间充电，仅需 2 元许），考虑电池折旧费 26 元/次(按 13KWh 电池组，3 元/Wh，充放寿命 1500 次计算)以后，瑞麒 Mi–EV 运行成本也只有 32 元/百公里。而同级别传统汽车(7L/100km)的汽油费 46 元。可见，微型纯电动汽车是有市场吸引力的。

纯电动公交车锂离子电池 180kWh(3000 元/kWh，总价为 54 万元)，续驶里程 150 公里。循环寿命 1500 次，可驶 22.5 万公里，每公里电池折旧费为 2.4 元。每公里电费 0.72 元，则平均每公里的能源费约为 3.1 元。内燃机公交车 100 公里耗油约 45 升，油费约 300 元，合 3 元/公里，与纯电动公交车的能源费持平。

上述计算表明，纯电动汽车电池组的寿命对其经济效益起决定作用。

发展电动汽车是系统工程，要做到三好：好的产品、好的基础设施、好的商业模式。为此要注意以下几点：

1. 观念要更新，政策要先行。发展纯电动汽车是事关国家能源安全和汽车产业革命的国家战略。面对西方国家的高度重视，我们的优势正在逐渐消失。不要老是紧跟欧美日，不要满足于与外国合资，不要总是引进人家的落后技术。不能以燃油车的指标要求纯电动车,应根据我们的国情，发展民族汽车工业。要制定鼓励纯电动汽车和限制燃油汽车的一系列政策。

2. 优先发展微型、小型纯电动车（含低速车）。电池容量小，安全性高，价格低廉，耗电少，可用220V的家用市电在夜间完成充电。

3. 组建电动汽车运营公司，实行电池租赁。可以由国内几家石油公司、电网公司、国家投资公司、银行、电池企业和汽车公司等利益相关方联合，组成几个电动汽车运营公司。其任务类似于现在的加油站，从事与电动汽车相关基础设施的建设、管理和运营。车主买车不买电池，而向运营公司租赁/换用电池，只需支付电费和适当的服务费。将电动汽车用户的初期投资和风险由国家和运营公司承担。加大电网峰–谷差价，鼓励用“谷电”充电。电动汽车形成分布式储电系统。

4. 尽快制定锂离子电池模块和电动汽车主要元器件国家标准。

重要建议：

建议国家投入20亿元设立锂离子动力电池研发专项。

锂离子动力电池就好比是中东的石油！电动汽车的关键是锂离子动力电池，而电池的关键是成本和安全。

专项的任务：

1. 用5年时间全面提升我国锂离子动力电池的技术水平，完善锂离子电池产业链（包括锂资源勘查和锂盐提取技术），实现隔膜和电解质锂盐等关键材料国产化，攻克电池模块成组技术，提高电池安全性和一致性，电池组的寿命达到1500次，电池成本降低50%。

2. 开展原创性研究，全面提升动力电池的研发能力，为5~10年后的纯电动汽车动力电池提供具有自主知识产权的核心技术，逐步实现纯电动汽车的总体拥有成本低于内燃机汽车，续驶里程逼近内燃机汽车。

关于我国电动汽车的技术发展路线建议（全文）*

杨裕生　陈清泉　陈立泉　郑绵平

2009 年 11 月 3 日，温家宝总理在北京对科技界的报告会上说：“新能源汽车已成为全球汽车工业发展方向。世界主要国家为保障能源安全，都在加快新能源汽车研发和市场开拓的步伐。中国经过近 10 年的自主研发和示范运行，在这个领域与世界先进水平的差距大大缩小。当前紧迫的任务是，通过技术经济、市场需求和经济效益三个方面的充分论证，尽快确定技术路线和市场推进措施，推动新能源汽车工业的跨越发展。”领会温总理的 3 句话：①发展新能源汽车很必要，要加快研发和市场开拓的步伐；②中国研发的水平不低；③当前要进行技术经济、市场需求和经济效益论证，确定技术路线。

新能源汽车的主体是纯电动汽车。发展纯电动车的作用有三：①保障国家能源安全——原油对外依存度已达 52%，2009 年我国汽车年销售超过 1300 万辆，汽车增多，石油更紧；②减少二氧化碳排放，缓解温室效应——1 亿吨油产生 CO_2 约 3 亿吨，同时，城市空气污染的 50%来自汽车，发展纯电动车减轻城市空气污染；③我国电网有大量的低谷电，大力发展风电又急需储电装置，纯电动汽车形成分布式储能系统，能够解决电能储存难题。应刻不容缓地把发展纯电动汽车作为国策，已不必置疑。

本文对我国电动汽车发展的技术路线，发表我们的意见。

一、我国应优先发展何种电动汽车？

电动汽车可分为燃料电池电动汽车、混合电动汽车、纯电动汽车 3 类。

1. 燃料电池电动汽车（FCEV）

燃料电池电动汽车以氢气作为质子交换膜燃料电池发电的燃料，为汽车电动机提供电能，需并联动力型电池或超级电容器以满足起动和爬坡时所需的功率。由于氢气的生产、储存和运输等问题尚未解决，加之氢燃料电池本身的系统复杂性、寿命不够长、氢基础设施的建设难度大、铂资源的有限性以及成本居高不下，应用在电动汽车

---

* 本文是中国工程院院士杨裕生、陈清泉、陈立泉、郑绵平给温家宝总理的信中所附《关于我国电动汽车的技术发展路线建议》的全文。后应《新材料产业》杂志的邀请，本文发表于其 2010 年 3 月刊中。

上还需经历漫长的研发过程。

2. 混合电动汽车

混合电动汽车分为串联式、并联式和混联式，目前已商业化的是混联式油-电混合动力汽车（HEV），它不需要外充电。

油–电混合动力汽车（HEV）以日本的普锐斯为代表，有内燃机和电机驱动两套动力系统，各有变速机构，两套机构通过行星轮式齿轮机构结合在一起，从而综合调节内燃机与电动机之间的转速关系（见图1）。此车所需电池组的容量小，电动机动力系统只在车辆起动和爬坡时提供辅助功率，电池的电来自车上的内燃机发电和制动回收的电能，故全用油，省油不多（平均节油率可达10%~15%）；结构复杂，加工要求高，价格不低，适合于内燃机工业先进国家的汽车电动化初级阶段，以维持其现有强大内燃机工业的生产秩序，也是我国某些汽车企业企图效仿的“两步走”发展路线的车种。

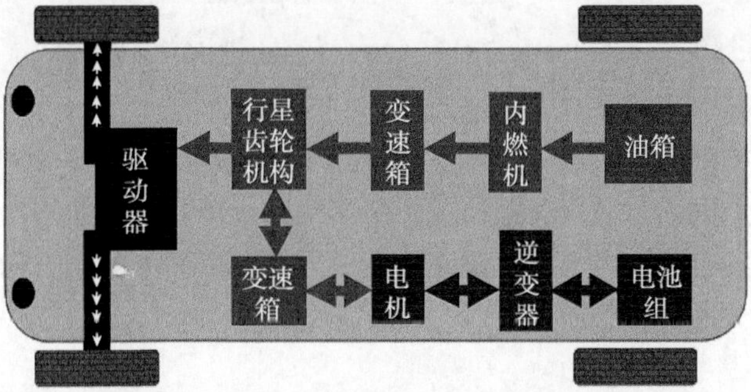

图1　油–电混合动力汽车动力结构示意图

充电式混合电动汽车（plug-in，PHEV）也有电、油两动力系统，见图2，电池组容量较大，用市电给电池充电，纯电动行驶40~60km，长距离行驶时内燃机的动力直接传到变速箱。在市内行驶时是纯电动汽车。

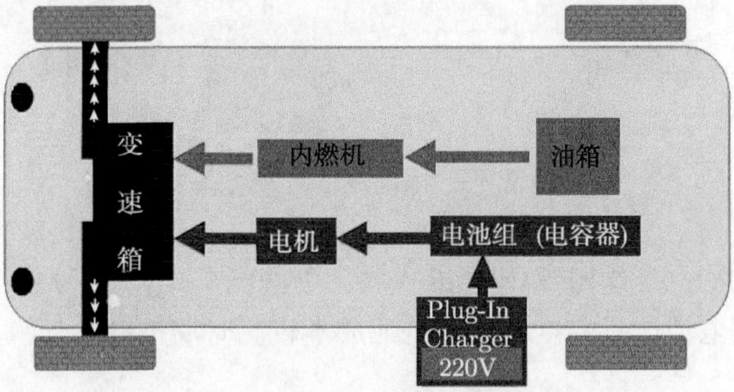

图2　充电式混合动力汽车动力结构示意图

3. 纯电动汽车(BEV)

纯电动汽车是只有电动机向变速箱传动能量的一个动力系统，它只用电，不用油，蓄电池用市电充电，见图 3。

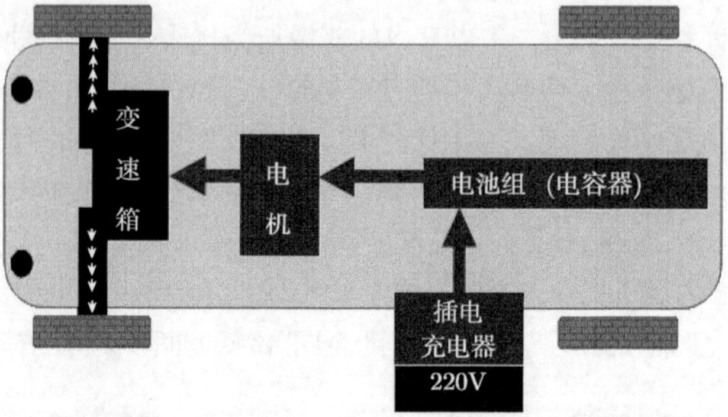

图 3　纯电动汽车（BEV）动力结构示意图

“增程式”电动汽车(EREV，又称“双充式”电动车)，结构示意图如图 4 所示，其电池先由市电充电供市内行驶，长途行驶中由车上的小型发电机（用油）在最佳工况下发电，既可不断给电池充电，又可驱动电动机；传到车轴上的动力也是完全由电动机提供，故可划入纯电动汽车类。

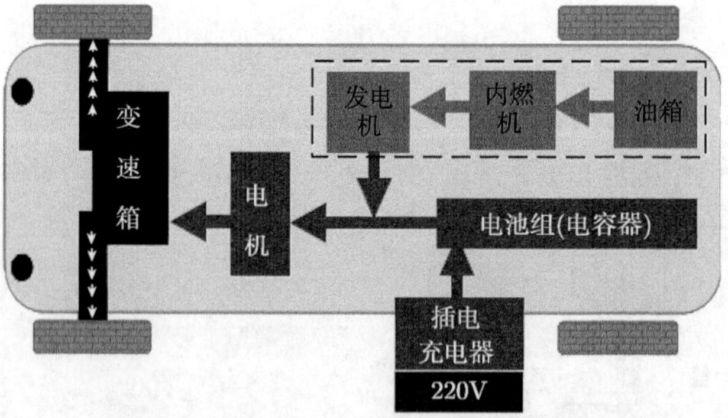

图 4　“增程式”电动汽车动力结构示意图

“增程式”电动汽车(EREV)和充电式混合电动汽车（PHEV）都是一种过渡型电动汽车。是在蓄电池能量密度较低和电池成本较高时期推动电动汽车发展的一种策略性选择。

纯电动汽车的优势最大：一是节油率高，粗略估计 1000 万辆纯电动轿车用电，每日约可替代汽油 5 万吨，EREV 的节油率也高达 50%以上；二是污染和 CO_2 排放最少；三是结构简单，无油路和水路，使用、维修方便；四是全费用（车价 + 能源价）低于燃油汽车；五是电池可在夜间利用廉价“谷电”和现成的电网线路充电，既推销了“谷电”（主要是核电和风电），为电网“分散调峰”，又可节省大量建设抽水蓄能电站的经费。

我国发展电动汽车现要选择路线：“一步走”还是“两步走”，也就是“发展纯电动汽车”还是“先发展油电混合动力汽车、再发展纯电动汽车”？

综上分析，油–电混合动力汽车省油不多，结构复杂，我国无优势技术，费工费料，价格昂贵。纯电动汽车最适合我国缺少石油而内燃机技术水平不高的国情，最能减少城市空气污染和二氧化碳排放，结构简单，使用、维修方便、节材节能。所以，我国应该“一步走”，即发展纯电动汽车应该成为我国的战略选择，实现汽车工业的跨越发展。

至于个别企业，如在混合动力技术方面有优势，产品价格又能为市场所接受，则生产混合电动汽车也未尝不可，国家政策也可根据其节油率的大小给予合理的补贴。这种过渡的策略性安排，可以与国家发展纯电动汽车的战略路线并行不悖。

二、国外电动车的发展路线

日本的普锐斯是当前最成熟的混合电动车，累计销出百余万辆，主要行销于日、美等国；也在中国推销，但因价格太贵，销量甚微(在中国上市 3 年多，共卖出 3465 辆)。20 世纪末开始研发的普锐斯混合电动车是在日本特定的技术基础条件下诞生的，它有内燃机车的先进工业生产和强大设计力量，作为起动–爬坡及制动能量回收的辅助电源所用氢镍电池（所需容量仅 6Ah），更是其强项。

日本经产省 2009 年 6 月发布的“创新能源技术计划——电动汽车与电池技术”已明确提出 2013 年将开发出 PHEV，2015 年再发展 BEV，这是近年来锂离子动力电池技术发展到相应水平后的必然趋势。日本的日产汽车公司和三菱汽车公司由于无法与丰田公司争夺 HEV 市场，就大力发展纯电动汽车。显然，十几年后的我国，不必重走日本研发混合电动汽车的老路。

美国布什政府大力支持质子交换膜燃料电池电动汽车，热了好一阵子。但 2006 年降温了，布什亲自宣布，“燃料电池电动汽车不是解决能源问题的近期、中期办法，而是长期的办法”。

美国奥巴马政府于 2009 年 8 月发布了“下一代’电池和电动汽车计划”，总经费 24 亿美元，要求企业按 1:1 的比例配套 24 亿美元，发展 9 类、48 个科研生产项目。其中，15 亿美元资助美国的电池及其配件制造者，以期在美国本土制造电动汽车动力电池，包括电池及其材料制造 8 项共 12.47 亿美元、先进电池配件的制造 10 项共 2.35 亿美元、先进锂离子电池再生技术 1 项 950 万美元。5 亿美元资助电动力系统(电动机、电路系统及其他动力系统器件)的制造者，7 项共 4.651 亿美元，电动车的下游器件制造 3 项共 3230 万美元。4 亿美元用来购买 7 千余辆全电动汽车和“插电式”电动车，在多个地点做演示验证，研究并评估他们的性能，建立充电系统，并教育、培训出先进电动汽车领域的专业人才支撑该行业的发展，包括先进车辆电气化 4 项共 2.152 亿美元、交通部门电气化 1 项 2220 万美元、先进车辆电气化 + 交通部门电动化 3 项共 7050 万美元、先进电动汽车教育计划 10 项共 3910 万美元。

在 15 亿美元资助美国的电池经费中没有镍氢电池和燃料电池（后经燃料电池电动汽车游行和对国会参、众两院的游说，2009 年 11 月增补了燃料电池研究经费 1.8 亿美元，仍低于 2008 年度的拨款额）。在先进车辆电气化的 7 千余辆演示电动汽车中，纯电动汽车最多，计有续航里程为 150km 的尼桑电动车 5000 辆，续航里程为 150km 的先进电池电动卡车 400 辆(重 5.488t)，100 辆电动运输车（包括“Ampere 型”的福特运输型概念车，“Faraday”型福特 F150 电动车，厢式货车以及“Newton”中型卡车）。增程式电动汽车方面，要制造数百辆雪佛兰 Volt 增程式电动汽车。PHEV 品种较多，计有 220 辆先进的乘用车和小货车、由 378 辆卡车和穿梭巴士组成的车队（车重 3.856~8.845t）、150 辆福特 PHEV(包括 130 辆福特 Escape 混合动力车，20 辆福特 E450 厢式货车）、125 辆 Volt PHEV 提供给电子器件公司及 500 辆 Volt PHEV 提供给消费者。

值得注意的是，“下一代”电池和电动汽车计划中没有燃料电池电动车和油-电混合电动车的演示验证。

可见，美国现在已将纯电动车放在优先发展的位置，对增程式电动车和“插电式”（电–油）混合动力车也有安排。

三、纯电动车的动力电池及其现况

纯电动车的最关键技术是动力电池。

1. 电动车所需的动力电池

用于电动车的动力电池应有的功能指标和经济指标包括：①安全性；②比能量；③比功率；④寿命；⑤循环价格；⑥能量转换效率。这些因素直接决定了电动车的合用性、经济性。若对目前各种电池以“5 分制”打分，则对比如表 1，可见，锂离子电池、超级电容器、铅酸电池在现有各种动力电池中处于优势地位，在电动车中的应用价值较高。

表1 目前各种电池的性能对比

	安全性能	质量比能量	质量比功率	循环寿命	单次循环价格	能量转换效率	综合	说明
超级电容器	4	1	5	5	4	5	4	提供辅助功率
锌–空电池	5	5	4	1	1	3	3	一次，换锌电极
铅酸电池	5	3	3	5	5	4	4	近来有新技术
氢–镍电池	4	3	3	3	2	3	3	价高
锂离子电池-1	4	5	5	4	4	5	5	碳–磷酸铁锂
锂离子电池-2	5	4	5	5	4	5	5	锰酸锂–钛酸锂

2. 超级电容器

超级电容器的优势是质量比功率高、循环寿命长，弱点是质量比能量低、购置价格贵，但是循环寿命长达 50 万 ~ 100 万次，故单次循环价格不高，与铅酸电池、能量型锂离子电池并联可以组成性能优良的动力电源系统。

3. 铅酸电池

铅酸电池发明于 1859 年，但铅蓄电池“不老”，没有过时！它生产技术成熟，安全性好，价格低廉，废电池易回收再生，现在每辆汽车有一块铅酸电池作启动电源。近些年来，通过新技术，其比能量低、循环寿命短、充电时发生酸雾、生产中可能有铅污染环境等缺点在不断克服中，各项指标有很大提高，不仅可更好地用作电动自行车和电动摩托车的电源，而且在电动汽车上也能发挥很好的作用。

4. 以磷酸铁锂为正极的锂离子电池

负极为碳、正极为磷酸铁锂的锂离子电池综合性能好：安全性较高，不用昂贵的原料，不含有害元素，循环寿命长达 2000 次，并已克服了电导率低的缺点。能量型电池的质量比能量（1C）可达 120Wh/kg，与超级电容器并联使用，可以组成性能全面的动力电源。功率型的质量比能量（10C）也有 70~80Wh/kg，可以单独使用而不必并联超级电容器，在锂离子电池中，这种电池的安全性较好，但是还得讲究生产工艺和管理系统的高水平，以进一步提高安全性。

5. 以钛酸锂为负极的锂离子电池

钛酸锂在充电—放电中体积变化极小，保证了电极机构稳定和电池的长寿命；钛酸锂电极电位较高（相对于 Li^+/Li 电极为 1.5V），在电池充电时可以不生成锂枝晶，保证了电池的高安全性。但也因钛酸锂电极电位较高，即使与电极电位较高的锰酸锂正极配对，电池的电压也仅约 2.2V，所以电池的比能量只有约 50 ~ 60 Wh/kg。即使如此，这种电池高安全性、长寿命的突出优点，也是其他电池无可比拟的。

6. 我国动力电池技术已有较好的基础

我国蓄电池技术进步很快。磷酸铁锂作正极的锂离子电池已被广泛认可，电极材料纳米化使比功率提高，隔膜开始国产化，价格降低，电池生产向半自动化、自动化前进，可靠性、一致性改善，电源管理和控制系统改进，电池的安全性和循环寿命提高，由比能量、寿命、价格等因素形成的综合性能不断优化，其大发展已不存在近期难以克服的技术问题、材料来源问题和过高的价格问题，为电动车的发展奠定了基础。

不过，目前我国动力锂离子电池厂如雨后春笋，部分生产企业的技术水平参差不齐、有待提高，个别技术不完善的公司"趁热"反复转让技术造成不良后果和影响，是应该引起政府有关部门和不明真相者的关注，但也不必引起对我国动力电池技术整体的怀疑和忧虑。

动力电池技术要在电池使用中不断提高，也只有在使用中才能不断提高。在电动车发展初期，过分强调动力电池完美无缺，既不切合实际，也无益而有害。那种"要等动力电池彻底过关才能发展电动汽车"的论调，实际上是"电动汽车取消论"，不值得一驳。同时，电动汽车的发展也不全靠锂离子电池；铅酸电池技术也有新进展，超级电容器已能批量生产。

四、纯电动汽车的能源模式和经济分析

目前国内的纯电动汽车处于大力研究并迅速发展的阶段，其能源模式也呈现多样性的大好形势，归纳起来可有如下 3 类、6 种。现举不同类别的例子，分别对能源费用（对电动汽车而言是电池折旧费 + 电费）进行分析比较：

1. 市内纯电动轿车的能源模式，有铅酸电池和锂离子电池两种

（1）以铅酸电池为能源

山东、江苏研发了 3 座和 4 座微型车，售价 3 万元左右。这类车使用的铅酸电池，1kWh 容量价约 800 元，寿命 500 次，故电池折旧为 1.6 元/（kWh·次）；充满 1kWh 电能的电费以 0.7 元计算（已考虑铅酸电池的电能转换效率较低），微型电动轿车每度电可行驶 13km，则平均 1km 的能源费（电池折旧+电费，下同）为 0.18 元。

类似的微型燃油轿车油耗每 100km 以 4L 计，油费约合 28 元，即 0.28 元/km，远高于纯电动车的能源费。上述计算中油价以 7 元/L 计（相当于当前原油每桶 70 美元左右），已显示出电动车的明显经济优势，何况随着经济复苏，油价还会上涨。

可见，这种以铅酸电池为能源的市内纯电动轿车，适合中国国情，特别是适合广大的中小城市消费者使用，可以作为一种家用普及车发展。现在各地的旅游观光车发展很快，铅酸电池用得很好，也很能说明问题！

（2）以锂离子电池为能源

以 2006 年咸阳威力克（330kg 电池，续驶 210km）和 2008 广东比亚迪（300kg

电池，续驶 200km）的纯电动轿车为例，锂离子电池以 3000 元/kWh、寿命 1000 次计，电池折旧为 3.0 元/（kWh·次）；充满 1kWh 电能的电费以 0.5 元计算，轿车 1kWh 电可行驶约 8km，则平均 1km 的能源费约为 0.44 元。

类似燃油轿车的油耗每 100km 以 10L 计，油费约合 70 元，即 0.70 元/km，也高于纯电动车的能源费。

以锂离子电池为能源，充电一次的行程比用等重铅酸电池长一倍以上，既可按美、欧坐车理念发展较高档的纯电动轿车，更要按中国国情和新理念，发展续驶 80km、150km 的微、小型普及车，以减少电池用量，减低售价。

2. 纯电动公交车的能源模式，有锂离子电池和锂离子电池 + 电容器两种

（1）以锂离子电池为能源

典型代表是北京奥运会和残奥会的 55 辆大客车。纯电动公交车每车如用电池组 2t，蓄 180kWh 电，续驶 150km，锂离子电池以 3000 元/kWh，总价为 54 万元；循环寿命如达 1000 次（奥运会的电池尚未达到此数），则可驶 15 万 km，1km 电池折旧费为 3.6 元；纯电动公交车 1km 耗电 1.2kWh，充满 1kWh 电能的电费以 0.5 元计算，则平均 1km 的能源费约为 4.2 元。

内燃机公交车 100km 耗油约 45L，油费约 300 元，合 3 元/km，低于纯电动公交车的能源费。

上述比较中，设定纯电动公交车的锂离子电池组循环寿命为 1000 次；如能达到 1500 次则能源费可与内燃机公交车持平，纯电动公交车可以维持！如锂离子电池组寿命达 2000 次，则纯电动公交车的能源费仅约为 2.2 元/km，将远低于内燃机公交车。上述循环寿命是指电池组，不是单节电池。

（2）以锂离子电池 + 电容器为电源

典型代表是雷博新能源汽车技术有限公司（上海电力公司与瑞华（集团）公司合资）提供的上海公交 825 路车和上海市政府班车。该车的典型电源是锂离子电池 2.5t，电容器 0.5t，蓄 250kWh，续驶 180km，电源使用寿命目标是 50 万 km（仍在积累中）。整车售价约 190 万元，高出燃油车约 110 万元！

充满 1kWh 电能的电费以 0.5 元计算，该纯电动公交车 1km 耗电 1.4 kWh，其电费约为 0.7 元/km，可比燃油车的油费（约 3 元/km）节省 2.3 元/km。这组电池如真能行驶 50 万 km，则将节省 115 万元，可以补上两车的价差。但如锂离子电池–电容组只能行驶 30 万 km，则仅可节费 69 万元，纯电动公交车亏空 46 万元。

上述估算结果说明，纯电动公交车电池组的寿命对其经济效益起决定作用。

3. “增程(双充)式”电动公交车，采用全电力驱动，是纯电动汽车的扩展，有铅酸电池 + 电容器和全锂离子电池两种能源模式

（1）以铅酸电池 + 电容器为能源

典型代表是北京科凌电动车有限公司的大客车。这种车用作城市公交，是考虑行

驶平均速度极少超过 50km/h，11m 客车的功率仅需 30kW 左右，如果配一个有动态控制功能的 30~40kW 发电机组在车上补给电能，城市电动公交车就能连续运行，并可降低电池的用量，延长电池寿命，还可使用定型的发电机组，降低一次性投资。

这种车配用 5 万元铅酸电池和 10 万元超级电容器，制造成本约 80 万元，使用寿命可达 5 年以上；平均时速 50km/h 时，100km 油耗不足 19L。与同规格的燃油公交车在上述工况下平均 100km 油耗 40L 左右相比，节油率大于 50%。

（2）以全锂离子电池为能源

典型代表是杭州赛恩斯科技有限公司的大客车。这种 12m 客车的电池组由 26650 型小容量磷酸铁锂电池串关联组成，电池组功率为 100Ah×512V。由于所用锂离子电池有足够的比功率，故可免用电容器。该车配一个 1.9L 排量的发动机，连结一个发电机组补给电能，城市电动公交车就能连续长距离运行。长途行驶的耗油量为 20~22L/100km，与同规格的燃油车的耗油量 48L/100km 相比，节油率大于 50%。

上述北京科凌电动车有限公司的大客车和杭州赛恩斯科技有限公司的大客车，不谋而合的节油率均大于 50%，绝非偶然。这首先是由于车上的发电机组只需相当于轿车的小型内燃机，功率小；其次是它在基本恒功率下运行，能量转换效率大幅提高；再次是电源组的功率高，在制动和下坡时能够快速回收部分能量。

由此可见，“增程式”电动汽车在能源利用效率、价格、使用的方便性等方面具有优势，预料其将以强大的竞争力迅速发展，很值得重视。而且，“增程式”能源模式完全可以用于电动轿车，预计 100km 耗油 3 L 左右，应用前景广阔。

各种能源模式应在公平竞争中发展。国家对电动车的补助应以总节油量为依据——相同总节油量，补助应相同，而不应以电动车的制作成本高低作为补助的依据。

五、纯电动车的市场需求分析

不断提高交通运输工具的速度和舒适性，是社会、经济不断发展的必然需求；社会、经济的不断发展，也为交通运输工具速度和舒适性的提高提供了技术和物质基础。在很长的年岁里，自行车（更确切地应称“脚踏车”）曾是我国广大群众的代步工具。近几年，电动自行车在“很不自在”的环境中迅速兴起，轻型电动摩托车在商家违规经营、政府放松管理下“大行其道”，两者年产、销量近 2000 万辆，总保有量已近亿辆。我国汽车的产、销量飞速增加，2009 年已跃居世界第一位，其中轿车已超过 1000 万辆。这都是人民群众经济条件改善到不同程度后，对交通运输工具速度和舒适性提出不同要求的具体表现。

因此，发展纯电动汽车，可为现在使用电动自行车和轻型电动摩托车的广大群众在购买力增加后提供遮风挡雨的代步工具，为现在使用燃油汽车的广大群众在利益驱使和政策感召下提供“做节油减排贡献”的机会，二者数以亿计，是今后纯电动车的潜在客户！

六、解决好纯电动车发展中的几个问题

1. 纯电动车应优先发展微型、小型车

理由一，微型、小型车电池用量少，价格低廉（山东、江苏研发的3座和4座微型车，用铅酸电池的售价约3万元；配用锂离子电池的估计5万~6万元），容易推销。

理由二，微型、小型车轻而小，耗电少，充电易解决。微型车100km耗电6k~8kWh，小型车100km耗电10k~13kWh，用220V的家用市电系统即可在夜间完成充电。

理由三，微型、小型车结构简单，节材节能，使用、维修方便。

理由四，微型、小型车电池少，安全性高；电池厂的风险较小，有利于自我发展。

总之，电动车做小了，所有矛盾都易解决。在国外，三菱、日产、富士重工等大公司也非常重视发展微型纯电动轿车，Th!nk公司从欧洲扩销美国，这些都可借鉴。

2. 切实解决充电问题

充电是推行纯电动车的先决条件之一。在我国现今汽车用户很少有自备车库的条件下，可由住区与电力部门协同，充分利用现有的供电系统，在路边停车位建立提供220V交流电的充电柱；地下车库更可设立这类充电设施，鼓励车主夜间充电。

还可有不同的方式，例如出租电池；更换电池；慢速充电、中速充电和快速充电的结合等。以钛酸锂为负极的电池为电动汽车的基础设施提供了新的途径。钛酸锂的最大优点是安全性好，快速充电性能好，循环寿命可达几万次，因此，可以把钛酸锂电池、电动汽车、太阳能、风能和现有电网集成优化。例如，把钛酸锂电池最初20%的寿命应用在电动汽车上，电动汽车一直是用较新的电池，可有较长的行驶里程，同时，利用快速充电的性能，可以给电动汽车快速充电；把钛酸锂电池后期80%的寿命应用于充电站的电能储存，晚上利用廉价电力给充电站的电池充电，白天利用充电站的钛酸锂电池给电动汽车的钛酸锂电池充电，避免对电网的大功率冲击。

可以由中石油、中石化、中海油、电池厂、汽车厂、电力部门等利益攸关方联合，组成几个电动汽车运营公司，车主买车不买电池，而向公司租赁/换用电池，只需支付电费和适当的服务费，消除电动汽车用户的初期投资和精神的沉重负担。公司充电用夜间的廉价电，在合理租赁制度和租金标准下发展成充电服务行业，建立一个好的商业模式，使电池的初期投资和风险由政府、整车厂、电池厂、电力部门、用户等有关单位共同承担（现在迪拜和美国加州正在试验当中）。

电动汽车充电用夜间的“谷电”，是多方得利之举：用户省钱；节油减排，国家得益；电网峰–谷差得以平抑。每100万辆纯电动轿车充电即可消耗200万kW的“谷电”(一

辆车按 2kW 充电 7h，可行驶 100 多 km)，相当于两个半“十三陵抽水蓄能电站”的调峰能力(十三陵抽水蓄能电站工程总投资 37 亿元，2.5×37 亿元 92.5 亿元)，电网公司可以省下近 92.5 亿元的调峰电站建设费用，解决充电器的费用而绰绰有余（2kW 充电设备按 2000 元算，100 万辆车只需 20 亿元），何乐而不为?

3. 大力推进集团使用电动车

集团使用电动车有很多有利之处：集团用车多，节油、减排潜力大；电池可集中充电管理；政府、机关的影响力大，引领作用强——一个行动比 100 句号召更有力。

4. 制定扶植纯电动汽车发展的政策

国家政策对纯电动汽车的发展十分重要。要建立对于纯电动汽车生产、动力电池生产、租/换电池等企业的配套优惠政策；要普及电费的分时计价，并拉开峰-谷电价的差距；指导探索多种方便用户的充电方式；按节油水平发放政府补贴，直接鼓励购用纯电动汽车的人；不断深化燃油的税费改革，大力“限用油”；要给汽车联盟各厂下达纯电动汽车的产量比例，并逐年提高此比例。

现行的补助“汽车以旧换新”政策，可以拉动内需增长，曾是应对国际经济危机的举措之一。但是，有利必有弊，其弊就是加速了燃油缺口的增长，加重了城市空气的污染，并且间接地延缓了汽车的电动化进程。2009 年经济增长速度已达 8.7%，因此，不仅不该增加“汽车以旧换新”补助，而且应该及时停止补助“汽车以旧换新”，将这一大笔经费用来推动纯电动汽车的发展。

七、当前发展电动车，观念要更新

观念一：“以燃油车的指标要求纯电动车”

燃油汽车风行几十年，其尽善尽美的境地已深入人心。尤其是汽车行家们，很自然地按照燃油车的指标（例如续驶里程 500km 以上、加速到 100km/h 只需 10s、最高时速 150km 等）全面要求城市内使用的纯电动汽车；他们有些人有意无意地数落纯电动车的不足，在制定政策、标准时有意无意地对电动汽车提出脱离当前发展阶段的过高要求。此种观念实际上代表了燃油车公司的利益，不想改变现有汽车生产秩序，客观上对电动汽车的发展起了“卡”、“压”的作用。因此，应该更新观念，以百倍的热情、宽厚的心态对待汽车领域的新事物，创造宽松环境，力促纯电动汽车在发展中迅速进步。

观念二：“纯电动车要做就做中档以上的”

这种观念可能是受前些年对待小排量车政策的影响，也有迎合中产以上阶层的坐车观念——车的档次代表身份，并有将追求高利润放在第一位之嫌。要更新观念，将节油、减排作为汽车行业的光荣义务；要更新观念，将服务大众放在第一位，大力发展普及车，满足广大用户遮风挡雨的代步工具需求；要更新观念，从中国国情出发，提倡坐车新理念，克服虚荣心，以节能为荣、浪费能源为耻。

当然，也可生产较高档车，出口兼内销，和戴姆勒、宝马的纯电动车比试一下高低，为国家赚些外汇。总之，政策要放开，由市场去裁判。

观念三："铅酸电池太古老，不能列入电动汽车发展计划"

1859 年法国普兰特发明铅酸电池，铅酸电池 150 岁了，的确很古老。殊不知，燃料电池已 170 岁！它是 1839 年英国格罗夫发明的，而我国电动车计划却大力支持了！

这些年，国外的铅酸电池新技术不断出现，全密封式、管式、水平式等新结构，新组分铅合金，泡沫碳板栅，铅碳复合电极，超级电池等，有力地克服着其缺点（比能量低、比功率不高、循环寿命较短），继 2005 年循环寿命达 4500 次（70%DOD）后，2009 年又有了 6000 次以上的报道。

我国铅酸电池的技术研究长期以来得不到支持，研究者寥寥无几，我国与国外的差距拉大了！应该认真去认识铅酸电池，不存偏见。铅酸蓄电池优点多：安全性最高，生产过程成熟、廉价，占二次电池产值一半以上，所以说它没有过时。只要政策对头，我们一定能够赶超。铅酸电池不仅能在电动自行车上继续发挥优势，而且在微、小型纯电动车和增程式电动车上也大有用武之地。

铅对环境有污染，主要发生在落后的冶炼和电池再生中。问题的症结在于政府有关部门能否认真负责的对待。铅酸电池生产过程中铅污染的控制和治理，也要进一步加强；国内已有先进的范例，政府有关部门和铅酸电池行业应该大力在生产企业中推广。

八、建议

1. 加快新能源汽车研发的首要目的是保障我国能源安全，是国家长久利益所在，纯电动汽车最节油，而且我国自主发展纯电动汽车的条件要优于发展混合电动汽车的条件，何况混合电动汽车也必需使用动力电池。所以，建议我国发展新能源汽车应该"一步走"——大力发展纯电动汽车，实现跨越式发展。

2. 建议优先发展微、小型纯电动轿车，指标不和燃油车攀比，里程不追求长（100~150km），速度不追求高（50~60km/h）。

3. 建议国家设立动力锂离子电池研发专项，投入 20 亿元，集全国优势用 5 年时间全面提升我国动力锂离子电池的生产技术水平，完善锂离子电池产业链（包括锂资源勘查和锂盐提取技术），实现隔膜和电解质锂盐等关键材料国产化，攻克电池模块成组技术，提高电池安全性和一致性，电池组的寿命达到 1500 次，电池成本降低 50%。开展原创性研究，全面提升动力电池的研发能力，为 5~10 年后的纯电动汽车动力电池提供具有自主知识产权的核心技术,逐步实现纯电动汽车的总体拥有成本低于内燃机汽车，续驶里程逼近内燃机汽车。

承担研发的单位必须承诺无条件在中资企业中推广技术成果。

4. 建议将汽车用燃料电池技术研究转向以非贵金属催化剂为核心的基础性攻关，以大幅降低成本和资源可供为核心，提高燃料电池动力系统的实用可能性。

5. 要清醒认识到发展电动汽车是系统工程，要做到三好：好的产品、好的基础设施、好的商业模式。建议广泛开展宣传教育，全国要同心协力，要从国家民族利益出发，而不是从部门、地区利益出发。

争议电动汽车技术路径*

被视为中国汽车产业“弯道超车”最佳契机的电动汽车正在掀起前所未有的热潮。日前，财政部、科技部、工业和信息化部、国家发展改革委联合公布了《关于开展私人购买新能源汽车补贴试点的通知》，不仅补贴力度大，并且首次明确了补贴对象、相关标准和试点城市。

政策释放的信号被业界人士解读为，中国政府意欲借电动汽车实现汽车产业“弯道超车”的意图日益明确。但关于电动汽车技术路线的争论并没有因为补贴政策所暗含重点鼓励纯电动车的导向而尘埃落定。

一、五部委意志

中国工程院院士杨裕生对《科学时报》表示，年初，他会同中国工程院院士陈清泉、陈立泉和郑绵平四人联合署名上书国务院，建议优先发展纯电动汽车。从政府部门针对私人购买新能源汽车的补贴政策的倾向来看，他们的建议可能已在一定程度上被政府部门所采纳。

这次四部委联合出台的扶持政策则显示了各部委在我国新能源汽车发展路径上的观点日趋接近。但是，如果仔细研读此前各部委对我国新能源汽车发展路径的表述，不难发现，如要意见完全一致，尚需努力磨合。

在2010年1月全国政协教科文卫体委员会邀请国务院所属七部委举行的“推进新能源汽车产业发展座谈会”上，国家发改委的表述严格区分了新能源汽车与节能汽车的概念，将电池动力汽车和插入式混合动力汽车（plug-in EV）纳入新能源汽车范畴，而界定油–电混合动力汽车（HEV）属于节能汽车。发改委提出了“今年首先组织实施好经国务院批准同意的进一步扩大节能与新能源汽车推广试点，通过财政提供补贴，培育私人使用节能与新能源汽车，其中重点应放在新能源汽车上”的意见。杨裕生院士将此表述理解为，发改委将支持纯电动汽车与混合动力汽车同时发展，但重点在电池动力汽车和插入式混合动力汽车。

科技部则明确了技术路径：“一是确立‘纯电驱动’的技术转型方向，加快发展具有‘纯电驱动’功能的新能源汽车产品，是我国汽车产业可持续发展的重要路径。二是坚

---

* 本访谈录由记者刘丹整理部分发表于《科学时报》，2010年3月28日。

持‘三纵三横’的研发布局。三是实施‘两头挤’的产业化推进战略，即优先发展‘纯电驱动’的小型乘用车和大中型公共客车；逐步推动中高档乘用车由混合动力、插电式电动汽车，向新一代纯电动车及燃料电池方向发展。”

值得注意的是，“加快发展纯电驱动”是科技部针对新能源汽车的新提法。

据了解，科技部已经开始酝酿制定“十二五”期间新能源汽车重大专项。“十二五”期间的重大专项将侧重于纯电动汽车及其关键零部件的技术突破和产业化工作。

这意味着，科技部之前规划的“三纵三横”技术路线的重点又在发生变化了。“十五”电动汽车重大专项实施期间，燃料电池电动汽车被置于优先发展地位；“十一五”节能与新能源汽车重大专项中，混合动力技术的份量超过了燃料电池技术；而“十二五”期间，纯电动汽车的重要性将超过其他两种路线。

目前，尚无法判断工信部是否仍然坚持认为应该优先发展混合动力汽车。在今年1月份的七部委发言中，工信部的意见是“混合动力汽车，是传统汽车技术升级的重要方案，是近中期市场竞争的重点产品”。而要实现混合动力汽车的产业化路径，则要坚持“先易后难、循序渐进”的策略，“宜从微混合（BSG）、中混合（ISG）、逐步向全混合推进产业化，2015年前力争微混合（BSG）成为汽车标准配置。”

简言之，工信部认为混合动力汽车是近中期重点产品。而纯电动汽车是“方向”，是未来长远的事。

财政部的表态则直接针对新能源汽车补贴：“依据新能源汽车与同类传统汽车的基础差价确定补贴标准，使补贴后新能源汽车实际售价接近传统汽车，拉动市场需求。”

据了解，财政部已预拨2009年补助资金近10亿元，支持推广节能与新能源汽车4700多辆，其中混合动力客车2329辆，混合动力轿车1310辆，各类纯电动车近1000辆、燃料电池车200多辆。简单的统计分析可以看出，补助车辆中混合动力车占77%。同时，财政部还建议将混合动力汽车列入节能产品政府采购清单——目前有4家企业、6款车型（奇瑞3款、比亚迪1款、长安汽车1款、一汽丰田1款）进入2009~2010年中央国家机关汽车协议供货范围。

国资委主任多次明确央企要发展纯电动汽车：“一定要抓住这一战略契机，加快经济与结构调整，培育战略性新产业，提升企业核心竞争力。”但国资委同时强调，“坚持以市场为导向，充分发挥企业作为研发、制造与投资主体的作用，调动和发挥企业在发展电动汽车的技术路线、项目安排、产品方案和技术经济的积极性，国资委尊重企业的选择，并给予必要的组织和协调。”杨裕生院士将其理解为“原则上明确发展纯电动汽车，实质上听凭企业发展混合动力汽车”。

“上述五部委的电动车发展路线观点各有不同，但有一点相同，就是均没有提到温家宝总理在2009年11月3日人民大会堂报告中关于‘推动新能源汽车工业的跨越发展'的这层意图。"杨裕生说。

二、寻找突破口

对于此次补贴政策的出台，杨裕生表示，补贴政策的导向是否就一定说明了政府决策层已经将纯电动汽车而不是混合动力汽车作为优先发展的技术路线，仍有待政府部门明确。

杨裕生的观点十分明确。他认为，我国发展新能源汽车产业应优先发展纯电动汽车，发展路线和产业化推进战略应是：大力发展"纯电驱动"的微小型、低速、短程乘用车为突破口，逐步提高水平；以增程式"纯电驱动"的大中型公共客车和中高档乘用车为主要过渡车种；打牢基础，向新一代纯电动车方向跨越式发展。

"纯电动车应优先发展微、小型车，而不是中档或者更大的轿车。续驶里程不用很长，50~80km 就够，最高车速达到每小时 50 公里即可。"杨裕生说。

去年多家媒体报道的的小型铅酸电池电动汽车，因有的做工较粗糙、安全试验不完善、没有牌照而被有些人贬称为"山寨汽车"，甚至一度被视为新能源汽车发展中的反面教材。但是它出口了，在国内也有市场需求。杨裕生院士对此类电动车的态度颇为开放，他甚至乐观地表示，"这种以铅酸电池为能源的市内纯电动小车适合中国国情和城镇、乡村消费理念，应以高度的热情，积极扶持、提高，使之发展成为广大百姓能够享用的普及车。"

"这种 3 座或者 4 座汽车在山东、江苏、浙江等地发展的很好，售价在 3 万元左右，使用成本也很低，电池折旧加上电费，每公里花费在一毛六，相比普通微型轿车每公里三毛五左右的燃油费用，低了一半左右。"杨裕生分析说，"这种车如配用锂离子电池，售价估计在 5 万元左右。"

"这种车大公司不屑做，政策至今还不允许民企做。我认为在这方面，政策一定要放开，政府不要帮大公司搞垄断。"杨裕生直言。

杨裕生院士对小型短程纯电动车的态度代表了其他三位院士的观点。他们认为，中国应优先发展微型、小型纯电动车。理由有四：其一，这种车轻、小，耗电少，行百公里微型车耗电 6~8 度电，小型车 10~13 度（还有节减的余地），充电问题容易解决；其二，结构简单，节材节能，使用、维修方便；其三，电池少，价格低廉，容易普及推广；其四，电池厂风险较小，容易实现自我发展。

"总之，电动车做小，所有矛盾都容易解决。"杨裕生说，"现在有上亿骑电动自行车和摩托车的百姓，要求遮风挡雨代步工具的人越来越多；中国应大力发展普及车，满足广大用户需求。"

对于大型车和中高档乘用车，杨裕生认为，可以采用增程式电动车的路线。增程式电动汽车和插电式混合动力汽车都要充电，都装配有内燃机。前者的内燃机功率小，其作用是带动发电机发电，为电池按需充电，又可和电池一起驱动电动机，电池寿命大为延长，平均节油率可达 50%以上；由于只有电动机提供动力，所以是“纯电驱动”。而后者 50km 内用电不用油，但其内燃机功率大，在电池的电用完后直接驱动汽车前进，仍是“大马拉小车，而且有两个动力系统，结构较复杂”。四位院士认为，相比而言，“增程式”电动汽车在能源利用效率、价格、电池寿命、使用的方便性等方面具有优势。

杨裕生认为：“赞同科技部提出优先发展‘纯电驱动’的小型乘用车，这一点与工信部的意见不一致。科技部要优先发展‘纯电驱动’大中型公共客车，如果理解为包含增程式电动车，则这一点也基本赞同；但如果是指优先发展‘纯电池驱动’，则在目前的电池性能、价格下，这条路并不好走，因为续驶里程短，充电设施投入大，政府补贴数额高，且未解决电池失效后的电池更新问题。”至于科技部所提“逐步推动中高档乘用车由混合动力、插电式电动汽车，向新一代纯电动车及燃料电池方向发展”，杨裕生说：“这与工信部的宜从微混合（BSG）、中混合（ISG）、逐步向全混合推进产业化，2015 年前力争微混合（BSG）成为汽车标准配置有‘异曲同工之妙’。这是在重走丰田公司 15 年前开始的老路，其后果不是‘两头挤’，而是‘两头拽’，‘拽’到 2015 年将落后日本 20 年，可惜！可叹！又可悲！”

三、“这是一场变革”

发展纯电动车不仅仅是一场技术上的变革。

杨裕生院士强调，发展电动汽车一定要转变观念。首先要变的观念就是以燃油车的指标要求纯电动车。“以燃油车的续驶里程、加速时间、最高速度等指标来要求纯电动车，这代表的是保守的燃油车公司的利益。他们数落纯电动车的不足，不想改变现有秩序，这对纯电动车实际上起了‘卡’、‘压’的作用。我们应当创造宽松环境，力促纯电动车在迅速发展中进步。”杨裕生说。

在四位院士看来，“纯电动车要做就做中档以上的”这种观念也亟待转变。长久以来，“车的档次代表身份”的观念深刻影响中国汽车产业的发展，车企将追求高档、高利润放在第一位。“对待小型、短程纯电动车不能采取此前对待小排量车、电动自行车的态度，纯电动汽车的发展和市场启动需要政策引导、鼓励、支持和帮助。”杨裕生同时指出，“当然也可生产较高档的纯电动车，这是由市场裁判的事，政府对此可采取不限制的态度，甚至也可按节油量给予补助。”

目前纯电动车推广受阻的重要原因之一就是人们对纯电动车提出了“充电要像加油一样快”的要求，这在杨裕生看来同样是必须转变的观念。“过快的充电其实并不可取，这不仅要求充电站大量扩容，充电时对电网的冲击大，同时要建大型充电机，还会影响电池的寿命。”杨裕生说，“对此，人们应当转变观念，改变习惯，夜间充电是最好的解决方式。停车处就是充电处，不必要再搞跑‘车’圈地建充电站，还可为电网分散调峰。”

杨裕生同时表示，电池是电动汽车的心脏，是电动汽车产业的基础，现阶段必须加速提高动力电池的性能，打牢基础。此前，国家对动力型锂离子电池及其材料的支持范围小，力度低，动力型铅酸电池甚至分文未给，未能有力推动电池及其材料工程化研究的进程，整个动力电池产业水平提高不快；至今隔膜和电解质锂盐等关键材料还依赖进口，造成电池价格居高不下；同时，电池制作技术水平参差不齐，且多数企业的电池一致性尚难令人满意，成组技术和循环性能有待提升。

为此他们四人建议国家设立 20 亿元重大专项，全面提升动力电池生产技术水平，完善产业链；实现隔膜和电解质国产化，攻克电池模块成组技术；开展原创性研究，全面提升锂动力电池研发能力，为 5~10 年后的纯电动汽车动力电池提供具有自主知识产权的核心技术。

电动汽车驶向何方？*

一、机动车分类应采动力来源标准

吴平：为应对石油危机、全球气候变化，主要汽车生产国都在纷纷调整汽车发展战略，大力发展节能与新能源汽车，呈现出不同技术路线多元发展的"百花齐放"格局，主要包括：高效柴油机节能汽车；使用天然气、煤基燃料、生物燃料等替代燃料的汽车；燃料电池汽车、混合动力汽车、纯电动汽车等。现在社会上，甚至在国家发改委、工信部、科技部、财政部等部委出台的相关政策中对新能源汽车的界定并不统一。其实，新能源汽车的提法确实不太科学。"新能源汽车"和"使用新能源的汽车"是两个不同的概念。请问，您认为对机动车应该如何分类？

杨裕生：我认为应根据动力来源对机动车进行划分。第一类是以内燃机驱动的车辆，包括使用汽油、柴油的传统汽车和使用生物燃料、乙醇、甲醇、二甲醚、天然气等替代燃料及混合燃料的新燃料车；第二类是以电动机驱动（即纯电驱动）的车辆，包括使用燃料电池、蓄电池、太阳能电池、超级电容器、各种混合电源（含增程式电动车，EREV）的车辆；第三类是内燃机与电动机两者驱动的混合动力车，包括微混、轻混、中混、重混等油–电混合动力车（HEV）及其他混合模式（含插电式混合动力（plug-in，PHEV），又称电–油混合动力车）。在第三类混合动力车中，油–电混合动力汽车（HEV）不需要外充电。例如日本的普锐斯。此车所需电池组的容量小，电动机动力系统只在车辆起动和爬坡时提供辅助功率，电池的电来自车上的内燃机发电和制动回收的电能，故全用油，省油不多；结构复杂，加工要求高，价格不低。插电式混合电动汽车也有电、油两动力系统，电池组容量较大，用市电给电池充电，纯电动可行驶 40~60km，长距离行驶时内燃机的动力直接传到变速箱。

二、电动汽车产业化亟需国家战略

吴平：如果说每一次经济危机都孕育着一场新的科技革命，那么当能源供应日益短缺、甚至枯竭之时；当汽车尾气侵害人体生命健康之时；当全球气候变暖，包括人类自身在内的物种面临灭顶之灾之时，一场新的科技革命则显得更加迫切。

当今许多国家都纷纷出台政策支持电动汽车的研发和市场开拓，力度之大前所未有。特别是为应对经济危机，各国都实施的经济刺激计划都包含了发展电动汽车的条

---

* 本文是 2010 年 4 月国务院发展研究中心资环所吴平与杨裕生院士的对话。

款。例如，德国政府在2007年就将锂离子蓄电池作为攻关项目，并由60多个单位组建了锂离子蓄电池创新联盟。英国政府计划总预算2.5亿英镑，从2011年起实施为期五年的电动汽车资助计划。

杨裕生：美国布什政府曾大力支持燃料电池电动汽车，热了好一阵子。但2006年降温了，布什亲自宣布："燃料电池电动汽车不是解决能源问题的近期、中期办法，而是长期的办法。"奥巴马政府上台100天就宣布停止支持燃料电池电动车发展，半年许（2009年8月初）就发布了"'下一代'电池和电动汽车计划"，总经费24亿美元，要求企业按1:1的比例配套24亿美元，发展9类、48个科研生产项目。美国不仅有完整的一套布局，而且力度很大，动作果断，拨款迅速。值得一提的是，这24亿美元计划中拿出15亿美元重点发展动力电池及其材料，没有支持燃料电池电动车和油电混合电动车（HEV），而是支持纯电动车、增程式电动车和插电式混合动力。

日本经产省2009年6月发布的"创新能源技术计划——电动汽车与电池技术"，已明确提出开发PHEV和BEV的具体时间表，这是近年来锂离子动力电池技术发展到相应水平后的必然趋势。其实，日本的日产和三菱由于不想和丰田、本田争夺HEV市场，早已经着手发展纯电动汽车了。欧洲国家也有自己的发展战略。

我国必须果断地制订电动汽车发展战略，并要坚定有力地推行。绝不能因为意见不一致而久拖不决！更要奉劝某些有形或无形的"联盟"，不要再坚持局部利益，明中或暗中使劲而贻误国家大事。

吴平："十五"期间，我国启动了"863"计划电动汽车重大专项，建立起以混合动力汽车、纯电动汽车和燃料电池汽车为"三纵"，以动力蓄电池、电机及驱动系统、多能源动力总成控制为"三横"的关键技术攻关布局。2009年《汽车产业调整与振兴规划》将充电式混合动力汽车和纯电动汽车产业化作为节能与新能源汽车的战略重点。2009年9月，温家宝总理主持召开了三次新兴战略性产业发展座谈会，并将电动汽车列为七个战略性新兴产业之一。

电动汽车产业化是一个巨大的系统工程，涉及技术路线、标准体系、基础设施、运营模式、管理体制、激励政策等重大问题，仅依靠企业行为是难以推进的，应在政府的统筹规划和具体指导下，充分发挥科研院所、大专院校、行业组织和企业的积极性。将国家发改委在宏观政策方面，工信部在推进产业化方面，科技部在组织关键技术攻关方面的职能充分协调组织起来，有必要成立电动汽车产业化协议事调机构，对我国电动汽车产业化发展统筹规划、统一领导，以扭转当前混乱无序的状态。

杨裕生：回顾"十五"期间的"三纵三横"，是将燃料电池电动车放在"三纵"之巅，将燃料电池列为"三横"中电池技术之首，表现在经费上它们最多。"十一五"期间的"节能与新能源汽车专项"虽仍坚持"三纵三横"，但混合动力车的位置前移，研究经费的比重增加，并延伸到这两年的"十城千辆"的电动车示范也是这个格局，表现在补助车辆中混合动力车占了77%。

现今，科技部虽然仍“坚持‘三纵三横’的研发布局”，但是改变了“三纵”的排序，要优先发展“纯电驱动”的小型乘用车和大中型公共客车了。这个转变虽然显得预见性、敏感性有些不足，确是顺应了动力电池技术发展水平，还是值得额手称庆的明智之举！

科技部仍然可以坚持“三纵三横”的研发布局这个“魔方式”的口号，但是说实在话，推动电动汽车产业化的主角不应是科技部。“三横”范畴的动力电池及材料、部件等技术的工程化研发，尚需补课，这才是科技部义不容辞的工作重点，人们将翘首以待。

科技部的电动汽车研发布局，仍然可以在不断调整重点的情况下继续坚持“三纵三横”的提法。但是作为国家电动汽车发展战略，如将“三纵三横”纳入其中，则将淡化重点，模糊路线，弊多利少。

总之，我国电动车技术路线和产业化推进战略应是——大力发展“纯电驱动”的微小型、低速、短程乘用车为突破口，以增程式的大中型公共客车和中高档乘用车为主要过渡车种，向新一代纯电动车方向跨越式发展。

吴平：您所说的“增程式”电动汽车是应用什么原理，它和充电式混合动力电动汽车有何区别？

杨裕生：“增程式”电动汽车（EREV），又称“双充式”电动车。这种车传到变速箱上的动力是完全由电动机提供，故可划入纯电驱动类汽车，是纯电动汽车的增程，可看成是将部分充电工作在车上进行。EREV 的节油率可达 50%以上，原因是内燃机-发电机始终在最佳工况下运行，其发电的功率足够车辆在一定速度范围下稳定行驶，电池组提供足够的电功率帮助电动机驱使车辆起动、加速和爬坡，从而避免了常规汽车发动机“大马拉小车”的费油运行模式。此外，电池组的容量较大，能够有效地回收车辆刹车和下坡的能量。

也有人认为它装有用油的发电机，应列入串联式类混合动力车，其实它的内燃机发电与电池供电是并联的关系，与串联式混合动力车在运行模式上是有区别的。燃料电池电动车实际上也是一种增程式电动车，只是以燃料电池发电代替了 EREV 中与电池并联的内燃机发电。

“增程式”电动汽车（EREV）与插电式混合电动汽车（PHEV）的差别，在于后者的内燃机动力直接送到变速箱，而不经过发电–电动的转换环节。

我认为，在当前蓄电池能量密度较低和电池成本较高的状况下，发展功率高、续驶里程长的电动公交车和中高档乘用车，应该采用“增程式”电动模式作为策略性过渡。

三、关键在于电池技术

吴平：锂离子电池技术具有功率及能量密度大、转换效率高、使用寿命长、重量轻、无污染、自放电系数小、温度适应范围宽泛等优点，已成为电动汽车蓄电池的发展方向。在国家产业政策和科研项目的推动下，我国锂离子电池产业发展取得重大进展。虽然在小容量高功率型锂离子电池关键技术和产品研究方面，与发达国家比仍有一定的差距，但大容量能量型锂离子电池关键技术和产品研究，已经处于国际领先地位，其性能和经济性已经基本具备产业化的条件。

但是，锂离子电池成组后，安全性大幅下降，使用寿命大幅缩短，甚至有发生燃烧、爆炸等恶性事故的危险，制约着我国锂离子电池及电动汽车产业的发展。在国际上，锂离子电池成组应用技术也是一个待解决的问题。我国在锂离子蓄电池成组应用技术、系统集成、关键技术研究方面取得了重大进展，一些技术已经处于国际先进水平。但是，这些技术大多分散掌握在科研院所、高校和企业手中。在激烈的市场竞争环境下，利益形成的壁垒，对企业间的技术合作和资源整合形成了巨大的阻力。因此，探索有利于资源整合和集成创新的体制机制，是当前迫切需要解决的重大问题。

杨裕生：的确，电池技术是电动汽车发展的关键。我国蓄电池技术进步很快。磷酸铁锂电池已被广泛认可，电极材料纳米化使比功率提高，隔膜开始国产化，价格降低，电池生产向半自动化、自动化前进，可靠性、一致性改善，电源管理和控制系统改进，电池的安全性和循环寿命提高，由比能量、寿命、价格等因素形成的综合性能不断优化，其大发展已不存在近期难以克服的技术问题、材料来源问题和过高的价格问题，为电动汽车的发展奠定了基础。但是说：我国“大容量能量型锂离子电池关键技术和产品研究，已经处于国际领先地位”，可能不妥，实际上的差距还是很明显的，电池内阻、容量的一致性，以及成组技术均有待进一步提高。

动力电池技术要在电池使用中不断提高，也只有在使用中才能不断提高。在电动汽车发展初期，过分强调动力电池完美无缺是不切合实际的。那种“要等动力电池彻底过关才能发展电动汽车”的论调，实际上是“电动汽车取消论”，不值得一驳。

同时，电动汽车的发展也不全靠锂离子电池，铅酸电池技术也有新进展，作为辅助电源的超级电容器已能批量生产。

吴平：近年来，传统汽车制造企业，摩托车、三轮车企业，以及电池企业都在进军电动汽车领域。与此同时，标准制定权之争也更加激烈。动力电池系统的标准化是电动汽车发展的基础，涉及电池、电力、电子、机械制造等技术领域。在标准的制定过程中，只有在各利益主体之间充分博弈、寻求平衡，广泛汇集行业的资源和智慧，才有可能防止恶性竞争，结束当前我国电池产业各自为战、标准缺失的局面。

铅酸电池在生产制造、使用、回收等环节会产生严重的环境污染。但是，近年来一些以电动汽车用铅酸电池的科研投入、项目建设有投资回潮、加大的趋势。作为长期从事电池研究的专家，您如何看待铅酸电池及其发展前景？

杨裕生：我和陈清泉、陈立泉、郑绵平三位院士联名建议国家投入 20 亿元，设立动力锂离子动力电池几其材料研发专项。首先，集全国优势，用 5 年时间全面提升我国动力锂离子电池的生产技术水平，完善锂离子电池产业链（包括锂资源勘查和锂盐提取技术），实现隔膜和电解质锂盐等关键材料国产化，攻克电池模块成组技术，提高电池安全性和一致性，力争电池组的寿命达到 1500 次，电池成本降低 50%。同时，加强原创性研究，全面提升动力电池的研发能力，为 5~10 年后的纯电动汽车动力电池提供具有自主知识产权的核心技术,逐步实现纯电动汽车的总体成本低于内燃机汽车，续驶里程逼近内燃机汽车。

关于铅酸电池，那种“不能列入电动汽车发展计划”的观念应该转变。铅酸电池由法国人普兰特于 1859 年发明，已有 151 岁，但比燃料电池还年轻 20 岁。这些年，国外的铅酸电池新技术不断出现，全密封式、管式、水平式等新结构，新组分铅合金，泡沫炭板栅等新材料；铅炭复合电极电池、超级电池等新品种，有力地克服着其比能量低，比功率不高，循环寿命较短的缺点，继 2005 年循环寿命达 4500 次后，2009 年又有了 6000 次以上的报道。

我国铅酸电池的技术研究长期以来得不到支持，研究者寥寥无几，我国的铅酸电池技术与国外的差距拉大了！我们应该不存偏见，正确的认识铅酸电池。铅酸蓄电池优点多：安全性最高，生产过程成熟，廉价，占二次电池产值一半以上，所以说它没有过时。只要政策对头，我们一定能够赶超。铅酸电池不仅能在电动自行车上继续发挥优势，而且在微、小型纯电动车和增程式电动车上也大有用武之地。

铅对环境有污染，主要发生在落后的冶炼和废旧电池再生中。问题的症结在于政府的环保部门、工业部门能否认真对待。铅酸电池生产中的污染也要治理，首先要遏制滥发生产许可证，并由发证部门负责督促已领生产许可证的铅酸电池生产厂限期治理污染。

吴平：当前成本高已经成为制约电动汽车产业化发展的重要因素。电动汽车的成本主要包括整车成本和使用成本。其中电池成本约占整车成本的一半，而电动汽车的使用成本要低于燃油汽车。因此，电池成本的下降、电池租赁等商业模式的创新是电动汽车产业化的关键。

杨裕生：目前，我国的纯电动汽车处于大力研究并迅速发展的阶段，能源供应模式呈现多样性。依据“电池折旧费 + 电费”的方法来比较各种模式的经济成本（油价以 7 元/L，电费以 0.5 元/kWh 计）：

使用铅酸电池（以循环寿命 500 次计）的微型纯电动车约 0.18 元/km，而类似的微型燃油轿车约 0.28 元/km；使用锂离子电池（以循环寿命 1500 次计）的纯电动轿车约 0.44 元/km，而类似的燃油轿车约 0.70 元/km。所以，在电池循环寿命达到一定水平时，纯电动车适合广大的中小城市消费者使用，可以作为一种家用普及车发展。

纯电动公交车使用锂离子电池约 4.2 元/km（以循环寿命 1000 次计），而内燃机公交车为 3 元/km。如锂离子电池循环寿命能达到 1500 次，则费用可与内燃机公交车持平，可不需政府补贴。“增程（双充）式”电动公交车，无论是使用铅酸电池+电容器，还是全使用锂离子电池，节油率均可大于50%，在能源利用效率、价格、使用的方便性等方面具有优势，预料其将以强大的竞争力迅速发展，很值得重视。而且，“增程式”能源模式完全可以用于电动轿车，预计100km耗油3 L左右，应用前景广阔。

各种能源模式应在公平竞争中发展。国家对电动车的补助应以总节油量为依据——相同总节油量，补助应相同，而不应以电动车的制作成本高低作为补助的依据。

四、发展微小型电动车

吴平：2009年，中国新车销量超过1300万辆，达到历史最高水平，成为全球最大的汽车市场，夺得了美国占据数十年之久的宝座。目前，我国人均GDP已超过3000美元，正处于消费结构升级的重要阶段。潜力巨大的城乡汽车市场是培育民族汽车品牌、振兴民族汽车产业的沃土，为我国电动汽车产业发展带来了机遇。因此，我国电动汽车生产企业要借助新技术发展和市场优势，坚持自主品牌、自主研发、自主生产，以质量可靠、工艺精良、品质卓越、价格合理占据市场主导地位。

杨裕生：我建议，应选定低速、短程、微型纯电动车作为市场推进的突破口。根据多个大城市的统计，80%的汽车日行驶里程在20km左右（小城市应该更短），故短程汽车用户可观。现在使用电动自行车和轻型电动摩托车的广大群众，在购买力提升后需要遮风挡雨的代步工具，他们是短程纯电动车的潜在客户，数以亿计！因此，充电一次行驶50~80km的纯电动车大有市场，现有比能量的动力锂离子电池甚至铅酸电池就能满足要求。

纯电动汽车的指标不必和燃油车攀比，里程不追求长，80~150km 即可；速度不追求高，50~60km/h就行。现在有些人有意无意地数落电动汽车的不足，在制定政策、标准时有意无意地对电动汽车提出脱离当前发展阶段的过高要求。这些观念实际上代表了燃油车公司的利益，客观上对电动汽车的发展起了“卡”、“压”的作用。因此，应该更新观念，以百倍的热情、宽厚的心态对待汽车领域的新事物，创造宽松环境，力促纯电动汽车在发展中迅速进步。同时要提倡汽车消费新理念，克服虚荣心，将节油、减排作为光荣义务。

我认为优先发展“纯电驱动”的小型乘用车，应指明包括发展微型车，理由如下：

1. 微型车电池用量少，价格低廉，适合我国国情，市场潜力大。

2. 车微则轻，耗电少，充电易解决。微型车100km耗电6~8 kW·h（小型车100km耗电10~13 kW·h），用220V的10A市电插头即可在夜间7小时内完成充电，现有停车点的近旁安装一个自动收费的小充电柱就能解决电源问题。

3. 车结构简单，节材节能，使用、维修方便。

4. 电池少，安全性高。

总之，电动车做小了，所有矛盾都易解决。在国外，三菱、日产、富士重工等大公司也非常重视发展微型纯电动轿车，Th!nk 公司从欧洲扩销美国，这些都可借鉴。

五、基础设施需跟上

吴平：完善的基础设施是电动汽车产业化的重要保障。我国城市多为高层住宅，难以适用欧美的以家用电源就车充电模式。提供标准化电池模块租赁服务可以有效解决电池成本高、续驶里程短、充电困难等问题，是完善电动汽车基础设施的有效途径。初期由政府对基础设施建设予以扶持，将会比提供终端用户购车补贴取得更好的政策效果。当前可以以出租车为试点，创新电池模块租赁服务的商业模式。

杨裕生：电池模块租赁服务，只是解决电池成本高、续驶里程短、充电困难的一种途径，而且它对车辆中电池位置和进出方法提出很高要求，待充电池又增加了运行成本。

钛酸锂为负极的电池，为电动汽车的提供了新的途径。钛酸锂的最大优点是安全性好，快速充电性能好，循环寿命可达几万次，因此，可以把钛酸锂电池、电动汽车、太阳能、风能和现有电网集成优化。例如，把钛酸锂电池最初 20%的寿命应用在电动汽车上，电动汽车一直是用较新的电池，可有较长的行驶里程，同时，利用快速充电的性能，可以给电动汽车快速充电。把钛酸锂电池后期 80%的寿命应用于充电站的电能储存，晚上利用廉价电力给充电站的电池充电，白天利用充电站的钛酸锂电池给电动汽车的钛酸锂电池充电，避免对电网的大功率冲击。

电动汽车充电用夜间的“谷电”，是多方得利之举：用户省钱，节油减排，国家得益，电网峰/谷差得以平抑。每 100 万辆纯电动汽车充电即可消耗 200 万 kW 的“谷电”（一辆车按 2kW 充电 7h，可行驶 100 多 km），相当于两个半“十三陵抽水蓄能电站”的调峰能力（十三陵抽水蓄能电站工程总投资 37 亿元，两个半“十三陵抽水蓄能电站”92.5 亿元（2.5 × 37 亿元）。电网公司用 92.5 亿元的调峰电站建设费用，解决充电器的费用绰绰有余（2kW 充电设备按 2000 元算，100 万辆车只需 20 亿元），何乐而不为?

低速短程微型纯电动车是市场推进的突破口*

——院士关注新能源汽车工业的跨越发展之一

发展电动车可以缓解能源和环境问题。应刻不容缓地发展电动汽车，已无疑义。

国家科技部和国家工业和信息化部说："要实施'两头挤'的产业化推进战略——优先发展'纯电驱动'的小型乘用车和大中型公共客车；逐步推动中高档乘用车由混合动力、插电式电动汽车，向新一代纯电动车及燃料电池方向发展。"

对于"纯电驱动"的小型乘用车而言，只有电动机向变速箱传递能量的一个动力系统。纯电动车的蓄电池用市电充电，优势最大：一是节油率高，粗略估计 1000 万辆纯电动轿车用电，每日约可替代汽油 5 万吨；二是污染物和 CO_2 排放最少；三是结构简单，无油路和水路，使用、维修方便；四是全费用低于燃油汽车；五是电池可在夜间利用廉价"谷电"和现成的电网线路充电，既推销了"谷电"（主要是核电和风电），为电网"分散调峰"，又可节省大量建设抽水蓄能电站的经费。

纯电动汽车最适合我国缺少石油而内燃机技术水平不高的国情，最能减少城市空气污染和二氧化碳排放，节材、节能。发展纯电动汽车应该成为我国的战略选择，实现汽车工业的跨越发展，"纯电驱动"的小型乘用车应当得到优先发展。

我国动力电池技术进步很快，为电动车的发展奠定了基础。而且，动力电池技术要在电动车使用中不断提高，也只有在使用中才能不断提高。但是应该承认，目前动力锂离子电池的比能量只约 100 瓦时/千克，铅酸电池只有其三分之一，不能支持纯电动汽车的长途行驶。那么，在更高比能量的动力电池未出世前，如何发挥好现有电池的作用呢？

早就有些企业研制成功中档以上的纯电动轿车，在国内外车展上多次亮相，300 千克的锂离子电池充电一次可行驶 200 公里以上；还可配置更多电池，行驶 300 公里。当然，价格也不菲，二、三十万一辆的这类电动车市场需求并不大。因此，这些生产企业对产品上市显得很谨慎。

于是，想"优先发展"的却"发展"不了。在我国，发展纯电驱动的的小型乘用车，还需另找突破口。低速、短程、微型纯电动车应当作为市场推进的突破口。

根据多个大城市的统计，80%的汽车日行驶里程在 20 公里左右（小城市应该更

---

* 本文原载于《经济日报》，2010 年 5 月 18 日。

短），故短程汽车用户可观。现在使用电动自行车和轻型电动摩托车的广大群众，在购买力提升后需要遮风挡雨的代步工具，他们是短程纯电动车的潜在客户，数以亿计！因此，充电一次行驶50~80km的纯电动车大有市场，现有的动力锂离子电池甚至铅酸电池就能满足要求。山东、浙江、江苏等地研发的3座和4座微型四轮车，装配5000元铅酸电池，售价约3万元，有的已出口。如配用锂离子电池，估计也只要5万~6万元一辆，给以适当补贴就可有竞争力。

速度高，则电动机的功率要高，对电池的比功率和比能量也相应提高要求，需装更多的电池。这会将车价提升到缺少竞争力的地步。相反的，微型、小型车要限定最高速度，比如与美国、欧洲轻型四轮电动汽车最高时速标准40公里、45公里相当，并限定不上高速公路，以保证高速公路的行车速度和安全，就可用于中小城市、广大农村及大城市的郊区。

因此，优先发展"纯电驱动"的小型乘用车，应指明包括发展微型车。它的优势在于：第一，微型车电池用量少，价格低廉，适合我国国情，容易推销；第二，车微则轻，耗电少，充电易解决。微型车100公里耗电6~8千瓦时（小型车100公里耗电10~13千瓦时），用220伏的10安培市电插头即可在夜间7小时内完成充电，现有停车点的近旁安装一个自动收费的小充电柱就能解决电源问题；第三，车结构简单，节材节能，使用、维修方便；第四，电池少，安全性高，电池厂的风险较小，有利于自我发展。

总之，电动车做小了，所有矛盾都易解决。在国外，三菱、日产、富士重工等大公司也非常重视发展微型纯电动轿车，这些都可借鉴。

当前发展电动车中，有种"以传统燃油车的指标要求纯电动车"的观念。也难怪，燃油汽车风行百年，其尽善尽美的境地已深入人心。但应当看到，目前针对纯电动等新能源车的相关政策、标准，有一些脱离当前发展阶段的过高要求，如最高速度不低于75公里/小时，充电一次行驶里程不短于160公里，否则就很难拿到"准生证"。我们应当看到，纯电动车现在还是车族中的幼儿，应该更新这种观念，以百倍的热情、宽厚的心态对待汽车领域的新事物，创造宽松环境，以低速、短程、微小型纯电动车为突破口，才能真正做到"力促纯电动汽车发展"。电动汽车技术将在电动汽车使用中不断提高，也只有在使用中才能不断提高。

有人说，车小利薄，不合大汽车企业的胃口，中小企业就需要在产品差异化上下功夫；有人说，车速低，要造成"堵车"。现在低速车还未上路，城市里"堵车"肯定怪不上它，但是恰好说明，城市里的车速高不了！当然，人们还可以提出低速车会有许多其他问题，但是在为缓解石油危机、减少排放而发展电动车的重大问题面前，应该有问题解决问题，而不应该让小问题成为解决大问题的绊脚石。

要果断制定电动汽车工业发展路线*

2009 年 11 月 3 日温家宝总理在北京对科技界的报告会上说，新能源汽车已成为全球汽车工业发展方向，我国当前紧迫的任务是通过技术经济、市场需求和经济效益三个方面的充分论证，尽快确定技术路线和市场推进措施，推动新能源汽车工业的跨越发展。

温总理要求进行“充分论证”。可见，作为政府的技术路线和市场推进措施还未最后确定；或者也可以理解为：现在意见还不一致，还需要通过技术经济、市场需求和经济效益三个方面的充分论证，在统一认识的基础上确定政府的技术路线和市场推进措施，这是推动新能源汽车工业的跨越发展的根本，是要尽快完成的紧迫任务。

但目前有一种说法认为，美、日政府制定电动车发展政策，实际上只是说说而已。言下之意，美、日政府并未将电动车发展政策认真当回事，我国也不必制定电动车发展路线，顺其自然发展吧！有的部门称“多次明确中央企业要发展纯电动汽车”，同时又强调“尊重企业的选择”。这种对上、对下都能讨好的态度，是最能拖延时间、维持现状的一股强大力量。在这种情况下，单纯就事论事地“论证技术经济、市场需求和经济效益”，就很难得出一致的认识。

美、日政府制定电动车发展政策，只是说说吗？美国的布什政府曾大力支持质子交换膜燃料电池电动汽车，“氢经济论”热了好一阵子，在我国的影响也很大。2006 年布什亲自宣布“燃料电池电动汽车不是解决能源问题的近期、中期办法，而是长期的办法”后，“热度”很快就退下去了。接着，他宣扬“插电式”电动车（PHEV），PHEV 就在美国“升温”了。可见，美国发展电动车有政策，而且灵验。

奥巴马政府上台 100 天就宣布停止支持燃料电池电动车发展，半年许（2009 年 8 月初）就发布了“‘下一代’电池和电动汽车计划”，总经费 24 亿美元，要求企业按 1:1 的比例配套 24 亿美元。奥巴马政府不仅有完整的一套布局，而且力度很大，动作果断，拨款迅速。

而日本经产省 2009 年 6 月发布的“创新能源技术计划——电动汽车与电池技术”，明确提出了开发 PHEV 和 BEV 的具体时间表，这是近年来锂离子动力电池技术发展到相应水平后的必然趋势。其实，日本的日产汽车公司和三菱汽车公司由于不想和丰

---

* 本文原载于《科技日报》，2010 年 5 月 21 日。

田公司、本田公司争夺混合动力车（HEV）市场，早已经着手发展纯电动汽车了。欧洲国家也有自己的发展战略。

温家宝总理在今年政府工作报告中要求，在 2010 年积极推进新能源汽车取得实质性进展。我国必须果断地制定电动车发展路线，并要坚定有力地推行。绝不能因为少数人意见不一致而久拖不决。

增程式电动车具有较强的过渡优势*
——院士关注新能源汽车工业的跨越发展之二

目前，动力锂离子电池的比能量只约100瓦时/千克，铅酸电池只有其三分之一，不能支持纯电动汽车的长途行驶，即使大中型公共客车可以装载较多电池，充电一次行驶150公里左右可能是合理的里程，充其量200公里。于是，问题接踵而来——

一是车价问题。上海的纯电动公交车用大量锂离子电池和超级电容器，要190万元左右一辆，经计算，全寿期省下的“油费－电费”差价，远抵不上高昂的购车费，必须政府大量补贴。

二是如果少装些电池，则需白天中途快速充电或换电池，电网负荷加大，而且要新建许多充电站，此外，更换电池的服务设施投资也很大。

中高档乘用车耗能高，行驶里程要求长，于是国家科技部和国家工业和信息化部认为，当前中高档乘用车应该是“混合动力、插电式电动汽车”，是“两头挤”的对象，逐步挤向“新一代纯电动车及燃料电池方向发展”。我们认为，在当前蓄电池能量密度较低和电池成本较高的状况下，发展电动公交车和中高档乘用车，应该采用“增程式”电动模式作为策略性过渡。

“增程式”电动汽车，电池先由市电充电供市内行驶，也可由车上的小型内燃机在最佳工况下带动发电机发电，既可不断给电池充电，又可驱动电动机，长途行驶中更显其优势。这种车传到变速箱上的动力是完全由电动机提供，故可划入纯电驱动类汽车，是纯电动汽车的增程，可看成是将部分充电工作在车上进行。也有人认为它装有用油的发电机，应列入串联式类混合动力车，其实它的内燃机发电与电池供电是并联的关系，与串联式混合动力车在运行模式上是有区别的。

增程式电动汽车的节油率可达 50%以上，原因是内燃机–发电机始终在最佳工况下运行，其发电的功率足够车辆在一定速度范围下稳定行驶，电池组提供足够的电功率帮助电动机驱使车辆起动、加速和爬坡，从而避免了常规汽车发动机“大马拉小车”的费油运行模式。此外，电池组的容量较大，能够有效地回收车辆刹车和下坡的能量。

增程式电动汽车与插电式混合电动汽车的差别，在于后者的内燃机动力直接送到变速箱，而不经过发电—电动的转换环节。插电式混合电动汽车在市内行驶时是纯电动汽车，可行驶40~50公里，不用油，但是，长距离行驶时全由内燃机提供动力，仍

---

* 本文原载于《经济日报》，2010年5月25日。

然是“大马拉小车”的运行模式，耗油仍较高；而且两种动力偶合，系统复杂，加工要求高，故优势不大。

目前国内已有两种不同电池组的增程式电动公交车。第一类是以铅酸电池加电容器为能源。典型代表是北京科凌电动车有限公司的大客车。这种车用作城市公交，是考虑行驶平均速度极少超过 50 公里/小时，11 米客车的功率仅需 30 千瓦左右，如果配一个有动态控制功能的 30~40 千瓦发电机组在车上补给电能，城市电动公交车就能连续运行，并可降低电池的用量，延长电池寿命，还可使用定型的发电机组，降低一次性投资。

这种车配用 5 万元铅酸电池和 10 万元超级电容器，制造成本约 80 万元，铅酸电池使用寿命可达 5 年以上；平均时速 50 公里/小时，100 公里油耗不足 19 升。与同规格的燃油公交车在上述工况下平均 100 公里油耗 40 升左右相比，节油率大于 50%。

第二类是以全锂离子电池为能源。典型代表是杭州赛恩斯科技有限公司的大客车。这种 12 米客车的电池组由 26650 型小容量磷酸铁锂电池串并联组成。由于所用锂离子电池有足够的比功率，故可免用超级电容器。该车配一个 1.9 升排量的发动机，连结一个发电机组补给电能，城市电动公交车就能连续长距离运行。长途行驶的耗油量为每 100 公里 20~22 升，与同规格的燃油车的耗油量每 100 公里 48 升相比，节油率也大于 50%。

上述两车的内燃机功率只相当于常规轿车的小型内燃机，功率小并且是在基本恒功率下运行，能量转换效率大幅提高，油耗和排放自然大降。“增程式”电动汽车的电池容量只需纯电动车的 40%左右，成本大幅度下降；它可在原有停车场的原有车位上利用电网夜间的“谷电”充电，既够白天全天使用，又有利于延长电池寿命。不需白天快速充电，也不必更换电池，不仅免去新辟充电站的占地和换电池设施的建设，而且不需新增白天特大负荷的供电设施，还帮助电网“分散调峰”。

由此可见，“增程式”电动汽车与其他过渡车种相比，在能源利用效率、价格、使用的方便性等方面均具有明显优势。而且，现有汽车发动机生产设备和加油、维修等保障体系仍有用武之地。

“增程式”能源模式完全可以用于中高档乘用车，预计可用 500~800 毫升排量的内燃机，100 公里耗油可能在 3 升左右。

各种能源模式应在公平竞争中发展。国家对电动车的补助应以节油量为依据——相同节油量，补助应相同，而不应以车辆的制作成本高低作为补助的依据。

因此，应该充分利用增程式电动汽车强大的优势，力促其作为过渡车种迅速发展。我国电动车技术路线和产业化推进战略也应以大力发展“纯电驱动”的微小型、低速、短程乘用车为突破口，以增程式的大中型公共客车和中高档乘用车为主要过渡车种，向新一代纯电动车方向跨越式发展。

新能源汽车应坚持纯电动方向*

今春，全国政协教科文卫体委员会举行了几次“推进新能源汽车产业发展座谈会”，首先邀请了7部委介绍本部门对推进新能源汽车产业发展的打算。的确，意见不尽相同，有的相去甚远。例如有的部门认为“混合动力汽车，是传统汽车技术升级的重要方案，是近中期市场竞争的重点产品”，打算用6年时间“力争微混合（BSG）成为汽车标准配置”，再逐步增加混合的深度。这是一条完全照抄日本丰田公司十几年前就开始的路线。如果按这条路线走下去并按时实现，2015年我国的电动车将落后日本至少20年。何谈跨越发展?

国家科学技术部的发言要点如下：确立“纯电驱动”的技术转型方向……加快发展具有“纯电驱动”功能的新能源汽车产品，是我国汽车产业可持续发展的重要路径……优先发展“纯电驱动”的小型乘用车和大中型公共客车。在我看来，国家科学技术部的发言比较接近温总理2009年11月3日讲话提出“推动新能源汽车工业的跨越发展”的精神。

加快发展“纯电驱动”的提法，改变了原先发展战略中“三纵”的排序。回顾“十五”期间“电动车专项”中的“三纵三横”，是将燃料电池电动车放在“三纵”之巅，燃料电池列为“三横”中电池技术之首。在经费支持方面也是它们最多。“十一五”期间的“节能与新能源汽车专项”虽仍坚持“三纵三横”，但混合动力车的位置前移，研究经费的比重增加。这两年的十城千辆的电动车示范也是这个格局，在去年接受补助的车辆中混合动力车占了77%。如今，科技部虽然仍坚持“三纵三横”的研发布局，但是要优先发展“纯电驱动”的小型乘用车和大中型公共客车。这个转变，是值得额手称庆的明智之举。

而“优先发展‘纯电驱动’的小型乘用车和大中型公共客车”，也就是说要优先发展动力电池并推动其产业化了。回顾“十五”、“十一五”期间两个专项，对“三横”共性技术（包含电池）给了一定的重视和投入，使技术水平有了明显提高，但是与对整车的热情和投入相比，就相形见绌了。由于对动力型锂离子电池及其材料的支持范围小，力度低，尤其是对电池及其材料工程化的进程未能有力地推动，整个动力电池产业水平提高不快，至今隔膜和电解质锂盐等关键材料还依赖进口，造成电池价格居高不下；电池制作技术水平参差不齐，多数企业的电池一致性尚难令人满意，成组技术和循环

---

* 本文原载于《科技日报》，2010年6月4日。

性能有待提升。而电池的这个现状可能也是让有些人认为“纯电驱动”是长久之事、近中期只能“微混合”、“轻混合”的理由。其实，这是混合电动车电池认识的一个误区。混合动力车所用电池除了容量比纯电动车少之外，对电池的循环寿命、比能量等性能的要求并不低，特别是比功率的指标要高于纯电动车一倍，研制的难度并不低，这可能就是我国多数混合动力车陷入节油率只约 8%困境的原因之一。当然，混合电动车还有其他不足之处：全用油，省油不及增程式电动车多（更不及纯电动车）；两套动力系统组合，结构复杂；加工要求高（这可能也是我国混合动力车节油率低的重要原因），我国汽车内燃机核心技术一直远远落后，无优势；车价昂贵，在我国难有大销路。

发展电动汽车产业，是贯彻党中央、国务院关于培育战略性新兴产业的指示，必须以实现我国发展方式的根本转变、实现经济健康可持续的发展为依据。在电动汽车产业发展方式上的根本转变，就是要超越在传统汽车发展中通过合资、引进国外外围技术（或过时核心技术）的模式，而根据我国的实际情况走独立自主创新的路。在电动汽车产业发展上抢占经济科技制高点，就是要避开外国人走过的弯路，扬己之长，避己之短，发展并掌握纯电驱动系统有自主知识产权的高新技术。

所以，我国的电动汽车，不该再步日本混合动力车的后尘，也不该买部件来组装，更不宜再“合资”搞混合动力，而应该坚定不移地发展纯电动汽车，才能实现温总理在今年政府工作报告当中提出“发展战略性新兴产业，抢占经济科技制高点”的要求。

莫将电动汽车叫成新能源汽车*

我写了一篇题为“优先发展纯电动汽车，还是混合动力车？”的文章，科技日报（2010年6月4日）在发表时，因为题目太长而改成“新能源汽车应坚持纯电动方向”，实际的意思是“电动汽车应坚持纯电动方向”，可见是该报的编者将“新能源汽车”等同于“电动汽车”了！

还可以追根溯源。例如前不久，国家发展和改革委员会提出：“电池动力汽车和插电式混合动力汽车（plug-inEV）属于新能源汽车，油电混合动力汽车（HEV）属于节能汽车。”国家科学技术部提出：“尽快推进我国新能源汽车的产业化，一是确立‘纯电驱动’的技术转型方向……加快发展具有‘纯电驱动’功能的新能源汽车产品，是我国汽车产业可持续发展的重要路径，二是坚持‘三纵三横’的研发布局……”

“三纵三横”是国家科技部“十五”期间“电动汽车专项”中提出的口号，“三纵”包括燃料电池电动车、混合动力车和纯电动车（实际上是指电池电动汽车）。但是“十一五”期间的“节能与新能源汽车专项”，在扩展了资助研究范围的同时，也含混、冲淡了电动汽车的主要发展方向；所创造的“新能源汽车”这个名词，已广为流传，并进入了政府文件。这是一个值得重视和商榷的问题。

“电池动力汽车”，按字面可以理解为：电池提供电能给电动机产生动力而行驶的汽车。但是，“新能源汽车”一词听起来就费解多了。

当然，技术进步经常引起新名词的出现，也不断对原有名词的含义发起挑战。例如，《中国大百科全书》中“汽车”条目的定义是：“自带能源的机动轮式无轨车辆。”人们可以问，电动自行车、电动摩托车也自带能源，也是机动轮式无轨车辆；如果依此定义将它们列为汽车，岂不成为有悖常识的笑料？所以，技术进步促使此条目应予以修订。

《中国大百科全书》“汽车”条目中还写道：“1881年，蓄电池电力汽车在法国巴黎出现。”可见，由蓄电池提供能源产生动力驱动的汽车，已是有130多岁的古老品种。如将电动汽车或电池动力汽车等称为“新能源汽车”，既不符合它们古老的历史事实，也很不确切。所以，“电动汽车”不能叫做“新能源汽车”。

现今，汽车按其所用的动力划分，可以分为三大类。

---

* 本文原载于《科学时报》，2010年6月28日。

第一类是以内燃机驱动的常规动力汽车或内燃机动力汽车，即习惯所称的“汽车”或“传统的汽车”，可定义为：“以内燃机驱动的四轮（及多于四轮）无轨车辆。”它包括使用汽油、柴油等传统燃料为能源的汽油汽车、柴油汽车，以及使用生物燃料、乙醇、甲醇、二甲醚、天然气及其混合燃料为能源的替代燃料汽车等若干车种。

第二类是以电动机驱动（即纯电驱动）的车辆，即习惯所称的“纯电动汽车”，可定义为：“以电动机驱动的四轮（及多于四轮）无轨车辆。”它包括使用燃料电池发电、太阳能电池发电提供电能源而驱动电动机的车辆，以及由蓄电池、超级电容器及其并联（不应称“电-电混合”）的各种电源提供电能源驱动电动机的车辆等若干车种，也包含内燃机发电与电池并联提供电能源的增程式电动车，EREV。

第三类是内燃机与电动机两个动力驱动的混合动力车，即习惯所称的“混合动力汽车”，可定义为：“以内燃机和电动机两者驱动的四轮（及多于四轮）无轨车辆。”它包括微混、轻混、中混等等不同混合程度的油–电混合动力车（HEV）及其他混合模式（如插电式混合动力车 PHEV，又称电–油混合动力车）等若干车种。混合动力汽车是在动力电池或燃料电池尚未能够全面满足电动车要求时期内的过渡。

要强调的是，内燃机及电动机两动力设备提供的是动力，它消耗的是能源，动力与能源两者不是同一范畴的事物，不要混淆。机动车辆首先以动力分“类”，然后在“类”下可以能源分“种”，构成“机动车辆的分类体系”。

除了科技术语问题之外，发展电动汽车产业，是贯彻党中央、国务院关于培育战略性新兴产业的指示，实现我国发展方式根本转变、实现经济健康可持续发展的大工程。因此，应该明确地树立“电动汽车”这杆大旗，突出表明电动汽车是当前汽车升级换代、节能减排的主要方向，也表达中国人民发展电动汽车的坚定意志。

热烈祝贺时风集团公司小型低速纯电动轿车生产线建成投产*

各位领导、专家，时风集团公司的员工同志们：

山东时风集团公司汽车产业工业园建成投产，我专程来参加这个隆重的盛典，向时风集团公司以及产业链的各个合作单位，向聊城市、向山东省，致以热烈的祝贺和敬意。

首先是祝贺。3 万辆小型低速纯电动轿车生产线建成投产，是我国电动车发展的一个有深远意义的里程碑，是在世界上突显中国特色的工程，是一件大喜事，可喜可贺！

同时要致敬。在当前政策尚不明朗的情况下，时风集团公司有如此胆识顶着巨大的风险和压力来办这件大事，山东省、聊城市有如此魄力支持时风集团公司办成这件大事，都体现了你们的浩然勇气和冲天干劲，你们是我国电动技术产业的开路先锋，是打开电动车市场突破口的英雄人物，非常值得我敬仰。

我想再说三点看法：

一、发展小型低速纯电动轿车的路走得对

发展电动车可以缓解能源和环境问题。应该刻不容缓地发展电动汽车，已获普遍认同。但是，在我国，如何选择发展路线，意见分歧仍然存在。

在锂离子电池当前的性价比之下，瞄准传统汽车性能试生产的纯电动轿车，价格卖到二三十万一辆，在国内外宣传力度也很大，并有国家和地方的双重补贴，仍然很难打开销路，更别说电池失效后谁来出钱更新电池了。与这条路线形成鲜明对照的小型低速纯电动轿车，不仅已远销欧美，而且在国内有更广阔的市场。小型低速纯电动轿车，节省材料，节能减排，节省费用，利在人民，功在国家。我国二、三线城镇、郊区和广阔农村人民的基本出行需求和消费能力，以及当地的道路水平和充电条件等特点，决定了受欢迎的是这种价廉物美、最高时速四五十公里、不上高速公路的小型低速电动汽车，而非昂贵的高档、高速、远程电动汽车。现在使用电动自行车和摩托车的广大群众，在购买力提升后需要遮风挡雨的代步工具，他们是小型低速纯电动轿车的潜在客户，数以亿计！事实将证明，时风集团公司的路走得对。不论前进途中有

多大困难，对于如此利国利民的大好事，一定要坚定地走下去，我一定以全力支持你们到底！

在节能减排观念逐渐深入人心、小康家庭不断增加的中国，小型低速纯电动轿车将有其长期的使用价值和消费市场。我们还应当认识到，小型低速纯电动车是我国电动汽车真正产业化的第一代品种，是我国未来电动汽车发展的基础，它将为电动汽车技术不断提高作出不可磨灭的重要贡献。共产党人和共产党领导的人民政府，应以百倍的革命热情、宽厚的心态对待汽车领域的新生事物，创造宽松环境，扶植它茁壮成长。当前就应出台小型低速电动车标准，及早给小型低速纯电动轿车发放“正式的准生证”。

二、称赞和欢迎新生力量进入汽车行业

政府要主动地引导小型低速纯电动轿车发展，鼓励（至少也应该允许）地方的小厂创造条件进入小型低速纯电动轿车的生产行列，支持和帮助他们不断提高水平，逐步做大做强。我不赞成以坐惯了高档汽车的心态将小型低速纯电动轿车贬称为“山寨电动汽车”，尤其不赞成将生产小型低速纯电动轿车的厂家叫做“山寨电动汽车厂”。这些以民间资金为主的工厂，自己出钱、自力更生发展技术、艰苦创业生产出人民需要的电动汽车，十分光荣、十分可贵。时风就是这群耀眼“明（民）星”中间的一员。在发展我国电动车的历程中，你们不计风险，勇敢冲锋在先，起到了主力先锋的作用，人们没有理由贬称你们、看轻你们，而应该尊重你们，称颂你们。这批新生力量进入汽车行业，将有力地打破外资（及其通过合资）的技术垄断或即将发生的技术垄断，增加中国人的实际收入，并将促进我国整个汽车行业的技术进步和电动化进程，意义十分深远。政府部门应该积极地、一视同仁地审核这些企业的生产资质，及时地批准其产品进入国家生产目录。

三、大力发挥动力型铅酸电池的作用

动力型铅酸电池的技术在不断进步，比能量、比功率、循环寿命均在提高，已经从电动自行车进入电动汽车，尤其可以在小型低速纯电动轿车中大显身手。天能电池公司生产的先进铅酸电池已经成功应用在上海世博会，并已经销售给多家电动汽车厂家，效果良好。像国内几家大型铅酸电池厂家一样，天能电池公司近几年注重铅的污染治理，不断取得实效，为洗刷铅酸电池污染环境的名声作出了贡献。我希望各级政府的环保部门切实负起责任，整个铅酸电池生产链上的企业都来进一步重视环境保护，积极行动，做到不再发生铅中毒和铅污染事件。到那时，人民将更加赞扬和喜爱铅酸电池，铅酸电池将为人民作出更大贡献。我相信，只要大家齐努力，这和谐美好

的一天一定会到来。

最后，祝愿时风集团公司兴旺发达！祝愿小型低速纯电动轿车健康成长，多多造福于人民！

谢谢大家！

杨裕生

2011 年 1 月 18 日于山东聊城

增程式电动汽车不是混合动力汽车*

近日不止一位朋友打电话问我，是否改变了观点要“推进混合动力汽车产业化”。我回答说，从来没有啊！他们说，报上、网上都是这么登载的。查对的结果，2011 年 3 月 21 日多家网站确实是有这样的报道，造成了我“改变了观点”的误解。

我对我国电动车发展路线和产业化推进战略的观点归纳为三个短句：大力发展“纯电驱动”的微小型、低速、短程乘用车为突破口，逐步提高水平；以增程式“纯电驱动”的大中型公共客车和中高档乘用车为主要过渡车种；打牢基础，向新一代纯电动车方向跨越式发展。

第一句是说，应大力发展微、小型车纯电动车，而不是中档或者更大的纯电动轿车。续驶里程不用很长，50~80 公里就够，最高车速达到每小时 50 公里即可。这种以铅酸电池为能源的短程纯电动小车适合中国国情和城镇、乡村消费理念，能够发展成为广大百姓享用的普及车，并使纯电动轿车未来逐步完善、升级的基础。优先发展微型、小型纯电动车的理由有四：其一，这种车轻、小，耗电少，微型车行百公里耗电约 5 度，小型车稍多，且都还有节减的余地，充电问题容易解决；其二，结构简单，节材节能，使用、维修方便；其三，电池少，价格低廉，容易普及推广；其四，电池厂风险较小，容易实现自我发展。

纯电动的中、高档轿车和大客车，在电池目前性能下一次充电的合理里程约为 150 公里左右。由于续驶里程短，要求充电设施投入大，电池的价格高，政府补贴数额大，且未解决电池失效后的电池更新问题，电池过充、过放还有燃烧、爆炸的安全隐患。所以，这条路并不好走。

第二句是说，大型车和中高档乘用车，应主要采用增程式电动车的模式。增程式电动车只有电动机直接驱动车辆，而没有两种动力的混合驱动，所以是“纯电驱动”。车上装的一个小功率内燃机，始终在最佳工况下带动发电机发电，给电池充电以增加行驶里程（续驶里程决定于油箱的大小），也可和电池一起驱动电动机，使电池寿命大为延长，平均节油率可达 50%以上。“增程式”电动车在能源利用效率、价格、电

---

* 《湖南日报》2011 年 3 月 21 日第二版刊登了记者唐爱平和通讯员赵天红的报道《杨裕生院士考察科力远时呼吁　推进混合动力汽车产业化》，篡改了我在长沙科力远公司所做报告的内容和我一贯的学术观点，我写成了此文以图正视听。

池寿命、使用的方便性等方面具有突出优势，是我国电动车迎头赶上国际水平的最佳发展道路。因此，我近几年不断通过报刊、会议大力介绍“增程式”电动车。

第三句是说，要对电池、电机、电控等关键技术加强人力和物力投入，特别是电池的性能要有大幅度提高，为向新一代纯电动车方向跨越式发展打牢扎扎实实的基础。

可见，我的观点是明确的、一贯的，没有改变：目前阶段纯电驱动的增程式电动汽车是最佳选择，不赞成发展混合动力汽车。当然，发展混合动力车是企业的自主行为、最后要由市场裁判的事。

“增程式电动车”与“混合电动车”的确容易混淆，优缺点也不易界定，为此，本文想普及一下电动车的基本知识，同时也顺便阐明我的观点，消除误解。

插电式混合动力车 50 公里内用电不用油，在电池的电用完后用内燃机直接驱动汽车前进。但此车的内燃机功率大，用内燃机时仍是“大马拉小车”，油耗很高；而且它依次使用电、机两个动力系统，两个动力机构要耦合总成，结构较复杂，增加了成本。

有人认为，“增程式电动车”就是“串联式混合电动车”。这也不对。增程式电动汽车与串联式混合电动汽车的差别有二，其一是后者的内燃机动力发电与电池是串联的，而增程式电动汽车中内燃机动力发电与电池是并联的（但也可给电池充电），其二是后者的电池不由市电充电，能量和功率储备小，要求发电的内燃机功率必须高，因而节能不多。

混合动力车有不同的混合程度。微混合的节油率甚微，中混合的节油率也不高（15%~20%）；日本的全混合车的节油率可达 40%，但机、电两动力相混合，动力混合部件的设计加工要求很高，专利绕不过，我国无优势；即使做成了，价格也不会低（日本 Prius 在中国的售价近 30 万元人民币），很难打开销路。

的确，在我国节能与新能源汽车领域，一直存在着发展路线之争。有人说，多数业界人士主张积极发展混合动力汽车。实际情况未必如此。受国家发改委要求，中国工程院和中国科学院于 2010 年年底联合提出《“十二五”战略性新兴产业重大工程和专项前期研究——分课题之七：新能源汽车产业专题报告》，其中“新能源汽车产业发展重点方向”一节，就没有包含混合电动车。

增程式电动汽车是最佳选择*

编前：电动汽车在“十二五”时期该怎么发展，是业界最关注的话题之一。对于政府管理部门在相关规划草案中提出的技术路线，产业界和学术界有不同的看法。技术路线的选择标准和依据究竟应该是什么，本报将就此展开讨论，欢迎读者参与。本期，我们请到中国工程院杨裕生院士谈谈自己的看法。

纯电动和混合动力两类汽车在产业化过程中应各自占有怎样的位置，目前是仁者见仁，智者见智。在我看来，纯电动汽车应有条件地产业化，增程式电动汽车则应在新能源汽车发展中发挥重要作用。

所谓有条件地产业化，是指应大力发展微、小型纯电动汽车，而不是纯电动的中、高档轿车或者大客车。所谓微、小型纯电动汽车，续驶里程不用很长，50~80 公里就够，车速达到每小时 50 公里即可。这种以铅酸电池为能源的短程纯电动小车售价约人民币 3 万元，适合我国国情和城镇、乡村消费理念，能够发展成为广大百姓使用的普及车型，并是未来纯电动轿车完善、升级的基础。

相比之下，纯电动的中、高档轿车和大客车，在目前的锂离子电池技术性能下，一次充电的合理设计里程约为 150 公里。但它存在下列问题：由于续驶里程较短，常需白天中途快速充电，要求修建许多充电站或换电站，设施投入大，电网负荷加大；电池用量大，价格高，车价昂贵；政府补贴数额大，且未解决电池失效后的更新问题。此外，由于续驶里程较短，部分用户可能会无意中让电池过放电运行，导致电池内阻变大，温度上升引起电池内产生副反应，电池寿命缩短，不仅经济性差，还存在着火、爆炸等安全隐患。所以，今后相当长的一段时期内，在电池的技术水平和性价比没有大幅度提高前，这条路并不好走。

那么，中、高档轿车或者大客车应如何电动化呢？我认为，增程式电动汽车是一种很好的选择，它主要有三个优势。

首先，充电一次后行驶里程长。发电机可给电池充电以增加行驶里程，续驶里程决定于油箱的大小；发电机也可在车辆加速、爬坡时和电池并联一起给电动机供电，并使电池在半充满态附近工作，寿命大为延长，甚至可与车身“齐寿”。

其次， 增程式电动汽车的节油率相当高。由于增程式电动汽车上通常配装一个

---

* 本文原载于《中国汽车报》，2011 年 5 月 9 日 ~ 15 日第 3223 期 A3 版。

小功率内燃机，且它始终在最佳工况下带动发电机发电，燃料的能量转换效率高，平均节油率可达50%以上。

再次，由于续驶里程决定于油箱大小，“增程式”电动汽车的电池容量只需纯电动车的一半左右，车价就便宜了。它只要夜间在其原有停车场充电，不必另建充电站，又为电网消化夜间的“谷电”。所以，在行驶里程、能源利用效率、价格、电池寿命、使用的方便性等多方面具有突出优势。

很多人认为，“增程式电动汽车”就是“串联式混合电动汽车”，其实不然，二者有明显差别。一是后者的电池不由市电充电，而且能量和功率储备小，要求发电的内燃机必须高功率，因而节能不多。二是后者的内燃机动力发电系统是与电池是串联的，而前者内燃机带动的发电机与电池是并联的，且可给电池充电。

我个人不赞成发展插电式混合动力汽车，因为尽管行驶不超过50公里是二者均用电不用油，但在此后插电式混合动力汽车改用内燃机单独驱动汽车，内燃机功率要求大，仍是“大马拉小车”，油耗很高。而且它先后依次使用电、机两个动力，两个动力机构要耦合总成，结构较复杂，增加了成本。相比之下，增程式电动汽车的动力系统较简单，重量也轻些。车身轻了，节能就多。

混合动力汽车有不同的混合程度。微混合的节油率甚微，中混合的节油率也不高（15%~20%）；日本的全混合车又称混联式，节油率可达40%，但机、电两动力相混合，动力混合部件的设计加工要求很高，我国无优势，专利方面也又绕不过去；即使做成了，价格也不会低。

综上所述，我认为，大型客车和中、高档乘用车，应主要采用增程式电动汽车的模式，这也是我国电动汽车迎头赶上国际水平的最佳发展道路。

在我国汽车领域从上到下，的确一直存在着所谓“发展路线之争”。究其原因，利害关系为主，调查学习不足是其次。受国家发改委委托，中国工程院和中国科学院于2010年年底联合提出《“十二五”战略性新兴产业重大工程和专项前期研究——分课题之七：新能源汽车产业专题报告》，其中的“新能源汽车产业发展重点方向”一节就没有包含混合电动汽车。希望政府部门在即将出台的规划中认真采纳我们的意见；也希望媒体一起来客观介绍，为更多的企业自主、正确地作出决断提供优质的信息服务。

别藐视铅酸电池微型电动汽车*

前不久，一位能源部门的负责同志对清华大学的一位院士说，你们清华居然也研制用铅酸电池的微型电动汽车，真丢清华的脸。

首先，作为与清华大学沾点边的兼职教授，笔者听了关心爱护清华大学的批评，即使是尖刻的，也应该“闻过则喜”，感谢这位官员。但是，铅酸电池微型电动汽车事关我国电动汽车发展路线的大局，作为一个十分关注先进化学电源和电动汽车的科技工作者，对于如此浅薄地贬低铅酸电池和微型电动汽车的说法，笔者按捺不住要说几句公道话、实在话。

这位能源部门负责同志关于铅酸电池微型电动汽车的观点，有一定的代表性。清华大学内部就有个别人有“同感”，认为“这种车就是电瓶车”，意思是说它的技术含量太低。个别极有影响的媒体也将这种车贬为“山寨版”电动汽车，造成了广为流传的恶劣影响。尽管我国生产的这种车已批量出口欧美，主管部门却不给它发放国内“准生证”，交管部门也就不让上牌照。

这种不顾群众的正当需求、不理各界的强烈呼吁、我行我素的态度，除了可能有部门利益在作祟外，贬低铅酸电池微型电动汽车的观念也是重要因素吧？

一、微型电动汽车效益巨大

清华大学作为我国的最高学府之一，研究“高、精、尖”课题是应该做的事。事实上，在科技部的电动汽车专项中，清华大学汽车系投入了主要力量参与燃料电池电动汽车的研究，作出了成绩，为未来电动汽车的发展奠定了基础，现还在继续努力。与此同时，以少部分力量研究当前阶段可以早日见效的车种，正是合理的安排。

那些认为研制铅酸电池微型电动汽车丢清华大学的脸的人，却说这种车“太普通”了！

农民种了几千年水稻，种水稻“普通”吧！袁隆平也种了水稻，却被选为院士！按照这位官员的逻辑，中国工程院选袁隆平为院士，岂不丢了中国工程院的脸？！

其实，铅酸电池微型电动汽车真要做好，并不像某些人想象的那么简单。它绝不是电瓶车换个外壳，而是要在有限的重量和空间里进行最巧妙的设计，选用最合理的

---

* 本文原载于《科学时报》，2011 年 7 月 28 日 A3 版。

材料，嵌入先进的电机和电控系统，做出安全、节能、适用、廉价的新型电动汽车，因而也是一项创新的工程技术。而且，发展微小型车，既是我国电动汽车工业的突破口，可以很快造福于人民；同时，又是积累经验、改进技术、进一步提高电动汽车水平的阶梯，意义十分重大。

好的电动汽车，一定要节能减排，买得起，用得好。脱离了中国的技术实际和发展中国家国情，背离了广大群众的需求，硬去做“凭空臆想的高、精、尖”电动汽车是不行的，也是没有前途的。价格低廉的微小型、低速、短程电动轿车，可以满足大部分用户的出行要求，尤其是广大城镇、农村的自行车和摩托车用户升级换代、遮风挡雨的需求，事实已经证明深受群众欢迎。如果政府部门主动出来组织，用不着花国家的钱就能在较短的时间（也许是 1~2 年）内形成年产 100 万辆的能力。100 万辆微小型电动轿车，可有 300 亿元的销售额；夜间以 1 千瓦的功率充电 8 小时，白天可行驶 100 公里，以每辆车可替代汽油 5 升计，一年可省油 150 万吨；夜间为电网填平“谷电”100 万千瓦，比花费 34 亿元建起的十三陵抽水蓄能电站的功率还高出 25%。如在此基础上扩大产销量 5 倍、10 倍，其经济效益和社会效益将何其大也！参与这样利国利民的好事，会丢清华的脸吗？

二、铅酸电池被错打板子

再说铅酸电池，它可能是引起藐视的更重要根源。

铅酸电池已经发明 152 年，与后生的镍氢电池、锂离子电池相比，它的确算不上是先进的化学电源。但是，铅酸电池经 152 年而不衰，是偶然的吗？在现代物质文明代表之一的几亿辆汽车中，毫无例外的每一辆车装一组铅酸电池；在现代物质文明另一代表的移动通信系统中，遍布全球各个角落的基站用的电源也是它。为什么有的人一边舒服地享受铅酸电池带来的现代物质文明，一边又以另一付面孔数落铅酸电池的“污染”和“落后”？你能立即将你汽车上的铅酸电池卸掉，马上不用你的手机吗？我猜想你是宁愿做双面人也不会做“傻事”的，对吧！

现在有人（包括某些官员）认为是“铅酸电池污染了环境”。这实在是冤枉！防治环境污染，是政府部门早该执行的职能，应该抓的是造成环境污染的企业，无论如何也赖不上铅酸电池。现在国外企业的铅酸电池生产过程（以及铅矿的提炼和废电池再生）并不污染环境，这种“铅酸电池污染了环境”的说法，是将政府部门没有管好污染环境该打的“板子”错打到了铅酸电池的屁股上了！再有，这些年来将本属政府职能的铅酸电池生产许可证发放工作交给了沈阳的一家电池研究所，收几万元就发一张，总共发了一千多张，其中大部分属于不讲资质的“滥发”。这几千万元哪里去了不该查一查？放着造成这种混乱局面的部门和责任人不去追究，基层政权及其环保部门默许无证生产的地方保护主义泛滥，却把一盆脏水泼到铅酸电池的头上。

今年政府部门狠抓重金属污染的治理，大有“亡羊补牢”之味，对铅酸电池的健康发展十分有利，应该得到坚决拥护。我有三点建议：一要持之以恒治理重金属污染，一抓到底，并要注意铅矿的提炼和废电池再生中的污染问题；二要健全规章制度，严格监管，要吸取滥发生产许可证和默许无证生产的教训，及时惩处有关责任人员；三要抛弃“铅酸电池污染”的错误观点，为铅酸电池正名，在抓紧治理污染企业的同时，大力支持铅酸电池的技术进步。

铅酸电池“古老”，并不能说明它“落后”。燃料电池发明至今 172 年，比铅酸电池年长整整 20 岁，不是堂而皇之地列入了国家各种发展规划、计划并享受到无上关爱吗？

铅酸电池有安全、廉价的绝对优势，是锂离子电池望尘莫及的。国外的铅酸电池发展了许多新技术，性能不断提高；而在中国，比能量徘徊在 30~35 瓦时/公斤，循环寿命停留在 200~300 次，它的落后主要是被人为压制、不给研究经费支持所造成的。如果拿出相当于近十年来支持燃料电池的一半经费来支持铅酸电池，我相信铅酸电池的比能量和循环寿命能提高到与现在动力锂离子电池接近的水平。这样，铅酸电池也就摘除了“落后”的帽子而进入先进的行列了！更重要的是，铅酸电池将对中国人民作出更大的贡献。

不要浅薄地贬低或否定铅酸电池和微型电动汽车！学习科学知识，深入点吧！为人民做事，实在点吧！

走自己的路才有出路*

杨裕生院士是我国核试验技术、分析化学专家，开创了我国的蘑菇云取样和核武器化学诊断研究学科。十多年来，杨裕生院士致力于蓄电技术研究，创建了中国人民解放军第一个化学电源研发中心，在国内率先开展高比能量的锂-硫电池、高比功率的电化学电容器和大规模蓄电的液流电池新体系的研究。

2011 年 5 月的一天，在助理的引领下，我们走进了杨裕生院士的办公室，见到了虽年近八旬，仍神采奕奕、精神矍铄、气宇不凡的杨老。简单寒暄后，杨老轻松愉快地接受了本刊记者的采访，发表了个人独特的见解，并就亟需解决的一些问题提出了自己的建议。这是一位工作严谨、做事认真的科研工作者，又是一位和蔼可亲、可敬的老军人。

对新兴产业的一些看法

本刊记者：我国现阶段战略性新兴产业发展重点包括节能环保、新一代信息技术、生物、高端装备制造、新能源、新材料和新能源汽车等七大产业。请谈谈您对新兴产业的看法。

杨裕生：新兴产业是新兴科技和金融、工业、商业的深度融合，既代表着科技创新的方向，也代表着产业发展的方向，正在战胜重大经济危机的过程中孕育和成长，将以其特有的生命力成为新的经济增长点，推动经济进入新一轮繁荣。

我国的七大战略性新兴产业是党中央、国务院为了贯彻科学发展观和产业转型的需求而出台的非常重要的战略决策。新兴产业要以创新为根本，要以摆脱国外在高端技术的控制和垄断、改变受制于人的局面、走中国自己的发展之路为目标。

本刊记者：您认为储能技术在中国的能源发展中扮演什么样的角色？作为一个新兴行业，政府应该从哪些方面给予支持？

杨裕生：储能技术应包括蓄电、蓄热、蓄冷等诸多方面，最重要的是蓄电，尤其是规模化蓄电，即把电能转换成化学能、位能、动能等能源形式，使用时再转回电能。

规模化蓄电涉及战略性新兴产业中的节能环保、新能源、新材料和新能源汽车，处于这些新兴产业的交叉区域。正因为是新兴产业，其发展路径尚在探索中，技术更远未成熟。从能源可持续发展的角度来说，未来人类依赖的是可再生能源，只有可靠的规模蓄电才能调节风能、太阳能等能源的连续性和稳定性。同时，规模蓄电技术还

---

* 本文原载于《高科技与产业化》杂志，2011 年第 08 期，是该杂志记者黄晓艳对杨裕生院士的专访。

是电动车、电动船、后备电源的核心。蓄电事关国计民生，具有越来越重要的社会价值和经济地位。应该允许不同的用户选择与自身需求相匹配的多种蓄电技术，让它们在竞争中发展，在发展中竞争，最后由市场作裁判。

规模蓄电产业不是一个立即就能赚钱的行业，需要政府的优惠政策，要把对新能源的鼓励政策延伸到储能环节。政府已将规模蓄电技术及其产业化列入“十二五”规划，强化对蓄电技术研究的支持，这是十分必要的，要进一步加大力度。同时，也还要重视铅酸电池技术的发展。

本刊记者：您为什么要特别提到有污染的铅酸电池呢？它能被列入新兴产业吗？

杨裕生：发展规模蓄电技术要防止环境污染，是政府部门早该重视的问题。今年政府部门狠抓重金属污染治理，亡羊补牢犹未为晚。

现在有种观点，认为是“铅酸电池污染了环境”，真是冤枉也！现在国外的铅酸电池生产过程并不污染环境啊！我对政府有三点建议：一要持之以恒治理重金属污染，一抓到底，并要注意制止基层政府的地方保护主义；二要健全规章制度，严格监管，要汲取滥发生产许可证和默许无证生产的教训，严格惩处有关责任人员；三要抛弃对铅酸电池“古老”、“落后”、“污染”等偏见，为铅酸电池正名，在抓紧治理污染的同时，大力支持铅酸电池的技术进步。

至于铅酸电池是否能列入战略性新兴产业，名分不是最重要的，而应看实质。我认为，一不能以是否“古老”作“新兴”的标准。燃料电池发明至今 172 年，比铅酸电池年长整整 20 岁，不是堂堂皇皇地列入了各种发展规划、计划并享受到无上关爱吗？二不能以现在还没有规模化生产为条件才称“新兴”。铅酸电池是已有了一定生产规模，在现代物质文明代表之一的几亿辆汽车中，毫无例外的每一辆车都装着一组铅酸电池；在现代物质文明的另一代表——移动通信系统中，遍布全球各个角落的基站用的也是它；它还有安全、廉价的绝对优势，是锂离子电池望尘莫及的。

在国外，发展了许多铅酸电池新技术，性能不断提高；而在中国，比能量徘徊在 30~35 瓦时/ 公斤，循环寿命停留在 200~300 次，它的落后主要是被人为压制、得不到研究经费支持造成的。如果拿出近十年支持燃料电池的一半经费支来持铅酸电池，我相信铅酸电池的比能量和循环寿命可以提高到与现在动力锂离子电池接近的水平，必将在可再生能源蓄电、电动汽车动力电源、传统机动车启动电源、移动通信基站等方面发挥难以替代的更大作用，从而显示其特有的生命力而成为新的经济增长点，推动经济繁荣。

摘除了“污染”帽子，而又毫不逊色于锂离子电池和燃料电池的新一代铅酸电池，是不愧为战略性新兴产业的！

电动轿车产业化应以实用小型车为突破口*

轿车在我国汽车生产中占据50%左右的份额，耗油量也占很高比例。因此，应以实用小型车为突破口，重点优先发展满足国内市场需要的电动轿车。从市场需求旺盛的小型高效益的电动汽车切入，带动电池、电机、控制等产业与关键技术进步，壮大产业，为中高档纯电动车的发展奠定基础，完成中国汽车产业的历史性转型。

一、电动轿车产业化以实用小型起步的技术必要性

电动汽车的核心是电池。现阶段，车用动力电池比能量低。一辆电动汽车需载的电池量取决于其最高车速、续驶里程和自重。车大则重量大，行驶时的各种阻力就大；车辆续驶里程越长对电能的需求就越多，车价与车重会同步增加；车速要求越高，则对电池质和量的要求就越高，会使车重、车价急剧攀升；若车速、续驶里程要求都高，则需求的总能量就更大。能量需求大，则需多装电池，车重更为增加，这就形成一种恶性循环，车的使用经济性急剧恶化。因此，速度指标适当、续驶里程不太长的电动车，经济性会显著提高，尤其在电动车产业化的初期，动力电池比能量低，成本、速度和重量之间要取得平衡，以从相对低速的实用小型起步为宜。

二、电动轿车产业化从实用小型起步的优越性

我国全速电动轿车与国外差距很大，关键在于传统汽车基础工业与国外有差距，电池性能与全速电动轿车的需求有差距。应扬长避短，从小型低速起步推动电动轿车产业化。

1. 小型电动汽车电池用量少，百姓买得起，政府贴得起，是中小城镇及农村的电动自行车和摩托车乘用者要求遮风挡雨的升级换代交通工具。当前城镇化进程快速推进，此消费群体正在迅速扩大，小型电动汽车有巨大市场。

2. 我国小型电动汽车的技术积累较好，并已经小批量出口。目前只要政策放开，就可以在很短的时间内形成可观的、有自主知识产权的生产能力，而且可以超越在传统汽车发展中通过合资、技术受国外控制的发展模式。

3. 小型电动汽车可用220伏民用电，对小城镇，特别是广大农村用户可作为晚间

---

* 本文由中国工程院院士郭孔辉、杨裕生、陈清泉和中国科学院院士田昭武撰写，原载于《人民日报（内参）》（普刊）2011年11月16日第2133期。

用电的“家用电器”，甚至无需专门设置充电桩。

4. 我国每天有 11 亿多度的夜间低谷电，可供数千万辆小型电动汽车充电，还能减少建设调峰电站的大笔投资。

5. 电动汽车小，可弥补现阶段电池比能量、寿命和成本方面的不足，完全可以持续发展。政府应像提倡小排量燃油汽车一样提倡小型纯电动汽车，以利节能环保，并可抑制奢华的社会风气。

三、我国发展实用小型电动车的现状和优势

目前一些生产厂家研制了最高车速不同的实用小型电动轿车，售价在人民币 3 万元左右，粤、鲁、苏、浙等省的产品已经出口；我国电动自行车、电动摩托车的发展（电动自行车存量已经超过 1 亿）带动了电池、电机、电控核心技术等多方面的发展，造就了我国发展小型低速电动汽车的特殊环境和基础；电动自行车、摩托车产业 2 万多经销商，构成了遍布全国的废电池有偿回收网络，为彻底解决废旧电池污染的问题奠定了基础。

四、我国发展实用小型电动车面临的困难

一是政府部门鼓励支持的中高档电动车虽有高补贴但市场不欢迎，市场需求量大的实用小型电动轿车政府部门不许可。

二是当前电池能量难以支持纯电动汽车既高速又远程，却定出了我国企业难以达到的高标准，于是造出的纯电动车电池多、车重大，使用经济性很差。

三是一些人意图抑制低速电动轿车的发展，低速电动轿车标准迟迟不拿出来。

四是没有“准生证”，实用低速电动汽车只好以“城市观光车”、“残疾人车”或“警察巡逻车”等名目得到有限应用，企业被迫“曲线救国”，靠出口活命。

五是中高档电动车的大企业能力强，却嫌小型低速电动汽车“利微、技低”而不想干；小企业有能力又积极愿意干，却不给“资质”，不让干。

五、对政府部门的建议

1. 统一认识，明确小型实用的低速电动轿车是我国发展电动车的突破口，尽快制定允许其生产、上路的政策、标准和措施，大力推动小型低速电动轿车的快速发展。

2. 从实际出发，恰当地设置电动汽车企业准入的资质门槛，几经过资质考核，批准一批能生产合格产品的企业进入有资质的小型电动汽车生产行列，鼓励他们独立自主创新和参加公平竞争，成为壮大战略性新兴产业的生力军。

3. 推行合理补贴和税费制度，修改目前“电池多、补贴多”的补贴政策，实行以

节油率为补贴的衡量尺度，增加对小型低速电动汽车的免税优惠，并通过提高大、中型燃油车相关税费平衡税收；将小型电动汽车列入政府采购清单，政府带头使用。

4. 结合今年重点治理重金属污染，认真、持续治理铅酸电池生产链中的污染问题；同时支持铅酸电池技术进步，全面提高其性能。

5. 设立动力锂离子电池研发专项，大力全面提升我国动力锂离子电池的生产技术水平，完善锂离子电池产业链。

6. 设立增程式电动汽车用发电机组研发专项，它的研发成果可作为“实用小型电动汽车”的选装件，以便提高整车功率和续驶里程。

与科技日报讨论增程式汽车的“突破”

《科技日报》汽车新潮版责任编辑何肖亮、李萍：你们好！

2011年11月7日贵版刊登了记者向杰的文章，标题是“我国增程式电动汽车技术获重大突破”。这是一个不实在的标题，因为你们可以找到2011年9月5日的贵版，刊登过也是记者向杰的文章，那篇文章的标题是“国内增程式纯电动新能源汽车实现零的突破”。看来，11月7日文章的“突破”，突破了9月5日的文章的“突破”。

要说起我国的增程式电动汽车，第一、第二辆是北京科凌电动汽车公司于2007年研制成功的，一辆是11.0米的大巴，另一辆是8.5米的中巴，电源是并联的铅酸电池与超级电容器，按城市工况行驶的节油率都在50%以上。2009年杭州赛恩斯公司研制出12米的大巴，电源是由大量18650型锂离子电池串-并联而成。此后，宁波神马公司（以锂离子电池为能源）、合肥江淮（以锂离子电池并联超级电容器为能源）、浙江青年和黑龙江巨容合作（以超级电容器为能源）先后研制出12米的大巴，技术上都有自己的特色。

这些事例都比上述贵版报道的新闻早2至4年，为什么现在你们又报道出“零的突破”呢？而且11月和9月时间只隔两个月，在同一个技术的报道上自己“突破自己”。我猜想，一是你们不注意收集、整理资料，没有建立和自己业务相关的资料库；二是记者的工作作风粗犷，或者词汇贫乏；三是你们责任编辑把关不严，业务素质有待提高。

科技日报是国家科技部的机关报，对科技新闻的报道尤该准确，评价要恰如其分，而且有责任引导广大科技工作者树立实事求是的学风和文风；切不可言过其实、哗众取宠，更不能“炒作”、“渲染”，助长浮夸、自吹等歪风邪气。

请将我的上述意见转告贵报的领导们，以供他们参考，并希望听到他们的反馈意见。

敬礼！

《科技日报》的一名老读者、中国工程院院士　杨裕生

2011-11-17 09:11:15

科技日报《现代企业》周刊的回信

杨院士：您好！

感谢对科技日报汽车版工作的支持。您反映的问题，我们已经转达给稿件的作者，

他在核实查证之后回及时给您答复。我们虚心接受您的批评和意见。

作为新开办的专版，我们在行业历史、专业技术方面确实存在欠缺和不足，希望您老能够继续支持和监督我们的工作。另外，也希望您在空闲之余，为我们撰写权威性的指导文章，帮助我们把工作做得更好。

祝您身体健康

此致

敬礼

何晓亮

科技日报《现代企业》周刊

地址：北京市复兴路15号

电动汽车被指掉入“高档陷阱”*

近日，中国工程院院士杨裕生指出，电池频繁起火背后的深层原因可能是我国的电动车发展方向出现了问题。电动汽车似已落入了一个“高档陷阱”。

杨裕生表示，电动车电池组屡次起火的背后，有着深层的机制、观念原因，是现在的电动车发展思路上出现了位置颠倒、次序混乱的问题。他认为，目前电动汽车研制中，电池与整车研发投入位置颠倒，而电池研发本身也存在动力电池与燃料电池位置颠倒、错断远近的错误。“有关部门热心于产业化、示范运行，但忽视了前沿技术目前还不成熟、工程化基础也未打牢的现实。”在他看来，目前大力发展的磷酸铁锂电池的比能量高，但是技术相对来说还不整齐，其安全性高的优点也是相对的。电池是含能部件，它有危险的本质。

在杨裕生看来，要求电动车具备和燃油车相同的最大速度、续航里程、加速时间等性能，还要具备快速充电的性能，这实际上都是不现实的。将标准提得高，表面上看是维护电动车，其实是在害它。

同为中国工程院院士的郭孔辉教授曾绘制过一张关于电动车车重、车速、里程、电池的坐标图，根据这张图的计算，按照目前电池能达到的比能量，电动汽车最合适的速度最高为 100 公里/小时，续航里程 150 公里。

“由于目前电池技术本身的限制，即使是先进的锂电池，其比能量依然有限，要想跑得快、跑得远，就必须增加电池数量，电池增加了，车身重量就增加，就又要增加电池数量，形成一个恶性循环。而随着电池数量的增加，散热也更加困难，危险性也增加了。”杨裕生表示，让电动车和中高档燃油车竞争，市场竞争力肯定不行。

---

* 本文原载于《上海汽车报》综合报道，2011-11-29。

应大力发展铅酸电池微、小型轿车*

近日，中国工程院院士、电池专家杨裕生在由北京地球村环境教育中心在北京举办的“中国铅酸蓄电池行业的挑战与机遇”媒体论坛上提出，我国应大力发展铅酸电池微、小型轿车，这是基于我国国情的发展路线，可以满足广大城镇、农村的自行车和摩托车用户升级换代、遮风挡雨的需求；又可积累经验、改进技术，进一步提高电动汽车生产水平的阶梯。

一、发展路线尚待明确

纵观当前我国电动汽车发展现状，杨裕生认为，目前常规纯电动轿车的市场难测；如果按照燃油车的指标来要求其续驶里程和最高时速，则电池需求量大，致使车重增加，并导致其他问题，而且价格不菲。

据了解，工信部去年上报国务院《节能与新能源汽车产业发展规划(2011—2020年)》，提出了电动汽车作为汽车业转型的战略目标，特别强调发展纯电动汽车、插电式混合动力汽车。该《规划》至今未被批准，这表明政府对决策我国未来新能源汽车发展的主要路线图持有审慎态度。由此，杨裕生与中国工程院院士、吉林大学汽车工程学院院长郭孔辉等多位院士表示，应以发展微、小实用型纯电动汽车为突破口，大、中型车以纯电驱动的增程式电动汽车为主要过渡车种，为向新一代纯电动汽车方向跨越发展奠定基础。

郭孔辉认为，是靠低速电动车拉动市场，还是坚持高端、跟国外拼技术，待产品成熟了再推向市场，这是中国新能源汽车发展的两条路。但低速未必等于低技术、低质量，按照实际需求与可能选择节省的最高车速和续驶里程，才是电动汽车发展的可行之路。

二、从实际出发发展电动车

杨裕生说，一种相当有代表性的观念和做法是发展纯电动车仍用燃油车的指标来要求，如续驶里程、最高车速和加速时间等。而发展电动车应该首位考虑的是安全性，然后是按实际情况确定合理的续驶里程、最高车速和加速度，优选合适的电池用量和发电机，尽量减轻车体重量。还有电动车追求高档、大型的观念，认为“普及型车技

---

* 本文原载于“科技网”综合报道，2011-12-14。

术水平低”，错将奥运会、世博会的大客车经验商业化。导致的结果是档次高、配置高、易燃物多、车身更重、电池用量多、危险性增大。其实，做中高档电动车很有“面子”却没有市场，无法商业化。应该一切从实际出发，循序渐进。

再有追求快速充电的观念，认为充电要像加油那样快。然而，几分钟内即把电动车的电充满 80%，这种做法非常不可取。因为一辆公交车的电池容量大约是 200 千瓦时，如果一小时充满电，电网要提供 200 千瓦功率就够了，但如果 6 分钟充电完毕，就需要 2000 千瓦，那将是个中型变电站，不是一般的变压器了，对电网的冲击也大，充电器也很难做。而且，快速充电会使蓄电池的温度升高很多而影响电池寿命。

三、电池是决定性因素

汽车动力电池有很多种，铅酸电池、镍氢电池、锂电池等。杨裕生指出，电池是决定电动汽车性能的主要因素，电动汽车的发展路线决定于电池的发展水平，应将动力电池列为国家重大专项加以发展。其中铅酸电池在一定时期内具有促进电动汽车普及的意义。

轻工业化学电源研究所高级工程师曹国庆认为，要认真分析铅酸电池生命周期中产生污染的可能，在生产环节上是可控的，在使用环节上并不存在污染，污染多存在于回收环节。在生产环节，如果企业都按照标准要求生产，通过企业行业自律来规范，目前的一些方法能够解决生产环节污染问题。按照循环经济规律，将大量的铅酸电池回收利用，不仅可减少电池污染，更能够减少原生铅的生产量和因此带来的能耗、温室气体排放等问题。但在回收环节如果措施不到位，铅酸电池被任意、简陋地处置，环保部门又放松监管，则会造成很大的污染，这是应该十分重视的。

四、尽快制定合理标准

据了解，当前价格低廉的小型低速电动车已逐渐占领了山东、浙江等地的中小城市和农村市场。不到 3 万元的售价、运行成本只为同级别燃油车的三分之一，从而获得了中、低端消费者的青睐。

杨裕生说，好的电动汽车，一定要节能减排，买得起，用得好。脱离了中国的技术实际和发展中国家国情，背离了广大群众的需求，硬去做“凭空臆想的高、精、尖”电动汽车是不行的，也是没有前途的。价格低廉的微小型、低速、短程电动轿车，是城乡短途交通的理想机动化个人交通工具，市场相当广阔。

目前，鲁、浙、苏、粤等省市已有众多生产者批量出口，应尽快允许其在国内销售。如果由政府部门主动组织，不用花国家的钱，可以很快建(改)成几个年产 20 万辆的厂，即可在较短时间，也许是 1~2 年内形成年产 100 万辆微、小型电动轿车，这将有300亿元的销售额，形成有中国特色的电动汽车产业，立即可大量节省汽油，减轻城镇空气污染。每辆车夜间以1千瓦的功率充电8小时，白天可行驶100公里，以每辆车可替代汽油5升计，100万辆微、小型电动轿车一年可省油150万吨，夜间为电网填平“谷电”100万千瓦。杨裕生建议政府部门尽快制定合理的标准，允许其上牌照。

以电池为依据，规划电动汽车发展
——在北京全球新能源汽车大会演讲实录*

各位朋友：上午好！

我今天讲的题目是“以电池为依据，规划电动汽车发展”。首先把这个题目简单做一个解释。以电池为依据，并不是说其他的问题不重要，而是电池有它特殊的作用。第二个要说明的，现在规划电动汽车，有很多立场、观点，有些是以过去传统的汽车为依据，有的是以美国或者日本的电动车发展模式为依据。我觉得应该以中国的电池状况为依据。

我要讲的内容有这么几个方面：

一、前言

工信部牵头《节能与新能源汽车产业发展规划》上报国务院，《规划》要实现插电式混合动力汽车和纯电动汽车的产业化，同时加快研发燃料电池汽车技术，实施过渡转型城市与车型试点。“十二五”期间的战略重点是新能源汽车产业建设及汽车的节能减排，重点是发展纯电动汽车、插电式混合动力汽车，注重传统汽车技术水平的提升，发展节能汽车，跟踪研究燃料电池汽车技术，适度发展替代燃料汽车。这个规划被长时间搁置，国务院没有批。温总理去年 7 月份有一个讲话，在《求是》杂志上发表。他讲：“新能源汽车，发展方向和最终目标是什么，现在重点发展的混合动力车和纯电动车是不是最终产品并不十分明确”；“发展新能源汽车下一步要集中解决哪些问题，包括路线问题、关键核心技术问题、投入问题、政策支持问题，必须尽快明确下来。”

最近国务院开会审议了《规划》,《规划》还要进行修改。我希望利用今天这个机会发表的一些看法，能够在修改过程中做一些参考。

发展路线当前要讨论三个问题，一个问题关于是纯电动汽车，《规划》里面讲发展纯电动汽车产业化。去年有几辆汽车着火，实际上前几年也都有，但去年的着火是在街上着的，影响特别大。着火之后，有的官员讲，纯电动尚不成熟。所以，现在的

---

* 本文原载于“第一电动网”编辑部，由董海荣编辑，2012-01-05。《锂电世界》创刊号 2012 年第一期出版后，见到该期第 4~7 页转载了此演讲实录，并可看出在文字上只稍作了些整理、精简。欠缺的是，《锂电世界》创刊号未注明原文的出处，容易造成不必要的矛盾。

议题是：纯电动汽车产业化还要不要，怎么样产业化？还有的官员讲，要发展像日本普瑞斯那样的混合电动车。第二个问题是关于混合动力汽车，在《规划》里面是讲实现插电式混合动力产业化。汽车着火后，有的官员说："要发展全混合电动车。"现在的议题是：插电式混合动力或全混合车是不是最佳过渡车种？第三个问题是关于最终目标、最终产品，在《规划》里面没有提，但是讲到要加快研发燃料电池汽车技术。现在重点发展的混合动力和纯电动显然不是总理所问的最终产品。现在的议题是：燃料电池电动车是不是唯一的最终产品，最终产品产业化之前，其他品种是不是要发展，怎么样发展。

二、对发展规划的建议

我的观点是，电池是决定电动汽车性能的第一要素；电池水平逐步提高，电动汽车相应发展。

规划今后十年，先要总结过去十年的经验教训，以利再战。我总结了四条教训。一，电池与整车研发投入位置颠倒，电池研发投入量很小，有急功近利的倾向。二，动力电车和燃料电池位置颠倒，错断远近。三，对电池成组技术的重要性和难度认识不足，注意力集中在电池单体上。四，片面强调追求先进性、拒用成熟的铅酸电池。

我认为，应该依据电池的水平，切合我国实际，稳步发展电动车，而不能操之过急。所以我建议产业发展规划的技术原则应是："以电池为依据，规划电动汽车发展。"具体内容是："以不用油、零排放为最终目标，恰当利用当前动力电池生产电动汽车，近远兼顾，全面规划。"其实质是，用好各个发展阶段的各种电池，生产相应的车。

我下面做一些解释。

以"不用油，零排放"为战略目标，是未来实现的最终目标，是技术发展的依据；要经长期奋斗才能逐步逼近，必然有过渡产品和阶段目标。

恰当的利用当前动力电池生产电动汽车，就是要重视利用现有的电池，发展近期就能节能减排的车种；容忍有逐步提高的过程，不提过高的汽车指标，我这里用了一个"容忍"，我们有一些人是不容忍有提高的过程，希望现在马上就能一步到位。

近远兼顾，全面规划，认识电池发展的长期性、多样性、互补性，在电池水平提高的过程中，生产相应水平的电动车。

关于传统汽车，要提升其技术，不断强化节油减排。传统汽车将继续生产、并存，量大，节油减排的潜力大，可以迅速取得可观的节油减排效果。这和发展电动车的目标是一致，作用是相辅相成的。

三、"十二五"的产业化任务

"十二五"的产业化任务是用好和提高现有的各种电池，生产相应的车。我提出一个“3+1”工程：第一项工程是大力发展微小型纯电动汽车；第二项工程是采用增程技术发展大、中型车；第三项工程是研究下一代电动汽车及其能源。加 1 项工程是关于传统汽车，传统汽车改为启停式，并提升技术。

1. 大力发展微小型纯电动汽车

从实用小型起步的优越性是：①铅酸电池，锂离子电池都可以用于小型车，电池少，价格便宜，容易推销，是电动自行车，摩托车的升级换代产品。②技术积累较好，已经有小批量出口。③用 220 伏民用电，可作为晚间用电的家用电器，甚至无需专门设置充电桩。④每夜的 10 多亿度低谷电，可供亿辆小型电动汽车充电，还省掉建设调峰电站的大笔投资。⑤立即可大量节省汽油，减轻城镇空气污染。⑥节材节能，使用、维修方便,可持续发展,并可抑制奢华的社会风气。

发展微小型电动车我国有基础：①广东、山东、江苏、浙江等省厂家研制了实用小型电动轿车，3 万元左右；用锂离子电池稍微贵一点，产品已经出口；只要政策放开，即可形成可观的生产能力；②电动自行车、电动摩托车的发展带动了电池、电机、电控核心技术等的发展，造就了我国发展小型低速电动汽车的特殊环境和基础；③电动自行车、摩托车产业 2 万多经销商，构成了遍布全国的废电池有偿回收网络，为彻底解决废旧电池污染的问题奠定了基础。

有一种错误观念，认为“铅酸电池古老、污染，没有前途”。还有“铅酸电池电动汽车是垃圾技术”的错误言论。要转变观念，铅酸电池本身不污染环境，是我们政府的环保部门没有管好、企业没有治理好造成的污染，不是铅酸电池造成的污染。国外这个问题已经解决，美国的铅酸电池生产是在密封条件之下进行的，铅不污染环境。铅酸电池有新技术，我们要从中国实际出发，放手发展铅酸电池电动汽车。

2. 采用增程技术，发展大中型车

纯电动车因为电池比能量有限，行驶距离不会很长。所以在车上装一个内燃机来发电，这样变成一个增程式汽车，它只有电动机一种动力，所以属于纯电驱动。行驶之前，电池组可以充电，途中小功率发电机在它的最佳工况之下发电，所以很节油。发电机和电池并联驱动电动机，也可以给电池充电。高功率电池，或储能电池加超电容组成一个储能的系统，提供或者回收电能。在纯电动行驶 50 公里之后，虽然还要用油发电，但是节油率在 50%以上。现在我国已经有基础，上述的增程式电动公交车，已经成功研制多辆，如北京科凌、杭州赛思斯、合肥江淮、宁波神马、浙江青年–巨容。轿车方面最近也有进展，广汽和科凌合作承担了 2011 年“863”的项目，年底样车已出来。据说最近科技部又批了两家。

增程式有十大好处。①不必配太大容量动力电池，而且可以远行。②电池组不会缺电和过放电，寿命延长。③不一定用锂离子电池而可以用别种电池，铅酸电池，价格较低。④夜间在停车场充电，不需要另外建充电站，省了很多地方。⑤夜间充电使用电网的谷电，“削峰填谷”。⑥不需要充电、换电的周转电池，投入比较低。刚才庞总讲的一些争论的问题，这里也可以解决了。⑦不需要大量的换电设施和人员，运行就省了。⑧传统汽车设施和成就全继承，而且容易加工。⑨现有的技术就可以节油 50%以上。⑩较容易过渡到没有补贴，政府补贴负担轻。

所以我的观点是，新一代电池投入使用之前，增程式是最佳的过渡车种。这种车还为今后的燃料电池增程奠定基础。

增程式车的电池在一种“半充”与“半放”之间的状态中运行，很有它的好处：内阻最小，发热量小；不过充，安全有保障；不过放，循环寿命长；可简化电源管理系统；可用廉价的铅酸电池。

增程式比其他的过渡车要好，好在什么地方，比较一下。

纯电动车，在现有电池的条件下合理的设计里程是 150 公里，所以要求半路上快充电，这就带来很多的麻烦和问题。还有，电池寿命短，车子的寿命长，二次补贴谁来补？电池量大，散热很困难，安全问题比较严重。

插电式混合动力车，远距离还是要用内燃机动力来推动，耗油仍然很高；内燃机和电动机两个系统，比增程式要复杂，价格也贵。与中度混合动力车比较，中度混合动力车的节油不多；前年在杭州的比赛平均节油率是 14.63%，去年在昆明的比赛是15.61%的节油率。电池寿命也不容乐观，也有后续电池补贴的问题。

混联式或全混的电动车，是油电两个动力，两个动力机构复杂，也比较贵，行星式的齿轮加工要求高，我们国家没有优势，而且日本有很多专利，很难绕过。

3. 研究下一代电动汽车及其能源

下一代电动汽车主要使用核能和可再生能源。核能发电，与煤电一样以蓄电方式直接使用。可再生能源则有规模蓄电和规模储氢两种用法，要相应发展两种能量转换技术及其规模转换设施。有一种说法，氢能是人类的终极能源。终极,不发展了？还有一种说法，电动汽车的最终动力是燃料电池。这也不一定！氢是二次能源，是由一次能源转换过来的。既然是转换，就要讲转换效率和转换量，有没有可能性转换这么多的氢气？下面对不同来源的氢做一个分析。

电解水制氢。4 度电可以产一立方米的氢气，一立方米的氢气在燃料电池中可以发 1.2 度电。每辆车一天行驶 100 公里，要用 10 个立方米氢气，如果我国将来是 2 亿辆车，这还是保守的估计，一天就要用 20 亿立方米的氢气，电解水每天耗电 80 亿度，氢气装瓶又要再另外用电 15%。如果把这 92 度电充入电池，可以放出 83 亿度电，两亿辆车子可以用三天半，一天和三天半哪个效率高？

太阳能制氢。太阳能制一个原子氢，与太阳能发电产一个电子相比，制氢的能量转换效率约低一个量级。

工业附产氢。现在据说有一种方案可以产生相当大量的氢，但和每天 20 亿立方米相比，那是一个非常小的数，所以不能过于乐观。

此外，铂资源不够燃料电池用；非铂催化剂技术难，基础研究有待时日。可见，燃料电池是电动汽车的可用动力，但并非最好的、终极的动力。

规模蓄电与规模储氢可以做一些比较。规模蓄电技术的系统简单，能量转换效率高，但是提高电池的比能量难度大，比能量大了危险性更高。规模储氢技术中，燃料电池比能量高，但是系统复杂，难维护，铂稀贵而替代很难，氢气规模储运也有危险性。这两个都是二次能源，各具长短，各有难度，将来是长期并存，各显神通，竞争发展，由市场来评判。总之，现在还没有足够的根据说氢能是人类的终极能源，也不能认定燃料电池电动汽车是最终的产品。

另外燃料电池要求在稳功率条件下发电，适应不了电动车在路上行驶当中功率波动那么大的工况。所以，燃料电池必需与动力电池或电容器并联，形成一种燃料电池增程的纯电驱动电动车。

4. 传统汽车改启停式并提升技术

启停式减轻城市空气污染效果显著；也能节油 5%~8%。要硬性规定传统汽车微混化的进程，每年要增加多少比例，到什么时候全部改成微混式，国外已经有明确的时间表。要发展铅碳电池和超级铅酸电池，这是微混车里用的电池。要尽早安排专用炭材料的研制和规模生产。另外，传统汽车量大，大有节能减排的潜力。要引导企业加强技术创新，积极优化现有动力系统，逐渐严格油耗指标，不断的严格排放标准。

对于混合动力车生产，我认为不必鼓励，也不必禁止，由市场来决定。这一点和我们现在政府部门的观点不一样。

把刚才讲的配上时间，归纳成一个图：铅酸电池微型车和锂离子电池微型车当前可以大力发展，可以一直发展到 2030 年，都有它的生存空间。增程式大、中型汽车，现在的电池就可以很好的应用，它的续驶里程决定油箱的容量。锂离子电池轿车目前还不能很好的发展，现有的车子行程都还不理想；多装电池价格太贵，没人买。随着锂离子动力电池比能量提高，可能要到 2017 年以后提高到 150 瓦时每公斤，2025 年发展到 300 瓦时每公斤，车子的里程就可以长些，速度可以更快些。燃料电池要在 2020 年以后才有可能逐渐产业化。

四、结束语

第一，我们要承认电动车技术与国外有差距，其中首先的是电池有差距，安全性有待提高，寿命不够长，一致性不够好，成组技术尚在成熟中。恶性竞争和整车厂压价，使得电池研发力弱。国外电池和车辆已经打进来了，电动车是不是又要“市场换技术”，这是过去燃油车的教训，电动汽车是不是也会走这样一条路。所以我说，要转变观念，扶持民营企业发挥补充的作用；要认清危机，推动国企创新，加紧自主研发，不要再走市场换经济的路子。

第二，建立动力电池重大专项，建议拨 20 亿设做三件事情。①提升动力锂离子电池的生产和成组技术水平。②持续治理铅污染的同时，支持研制新技术铅酸电池。③开展原创性研究，为 10 年后电池发展提供核心技术。

发展低速电动车会断送汽车事业吗*

温家宝总理关于我国电动汽车发展的讲话在2011年第14期《求是》杂志上发表后，此问题的探讨进入了新阶段。徐冠华、陈清泰、吴敬琏、欧阳明高等“顶级专家”联名建议发展低速电动汽车，被有关部门置若罔闻。报刊上还偶见一些不同的意见，其中有的针锋相对，表达了对低速电动汽车的片面认识，对其技术的贬低评价，对其前景和后果的暗淡估计，尤其是“到头来恐怕会断送我国的汽车事业”的论点最为骇人听闻，相比2010年工信部牵头上报国务院的《节能与新能源汽车产业发展规划(2011—2020年)》方案只字不提低速电动汽车问题，又倒退了一大步。因此，有必要在此商榷一番。

在这些观点中，有一种观点认为：“这种电动车由于使用铅酸电池和效率低下的电动机等技术，100多年来它与内燃机汽车在市场上的竞争‘屡战屡败’，原因是它满足不了人们的基本消费需求。”好一个“在市场上的竞争”！液体燃料和内燃机技术虽然造就了燃油汽车的辉煌战绩，但是现今液体燃料越用越少、排放越来越重，“屡战屡胜”的内燃机汽车还能永久胜下去吗？再看铅酸电池，其比能量在过去很长时间里只有每千克一二十瓦时，现在已发展到35~40瓦时/千克，正在研究60瓦时/千克的新技术，再综合其安全、廉价的优势，使用价值将与锂离子电池旗鼓相当。如果正视内燃机汽车与铅酸电池电动车这“此消彼长”的发展趋势，就必然会得出相反的结论。铅酸电池电动车将给无数反败为胜的历史事件增加新鲜的例证。

还有观点认为：“我们绝不能为发展电动汽车而启用这种被历史证明没有生命力的产品。”这又错了。铅酸电池驱动的电动汽车有没有生命力，要由“在市场上的竞争”来评判。山东等地的铅酸电池电动汽车，在被打压的情况下，每天销出几百辆，比其他所有电动汽车的总和还多，而且有相当数量的出口，这就是“生命力”的表现！邓小平同志有一句名言：“不管白猫黑猫，捉到老鼠就是好猫。”中国是发展中国家，地区之间、市镇之间的发展水平千差万别，不同收入的人群对汽车档次的需求差异很大。事实证明，广大的中等收入者十分看中这种适合自己消费水平的电动车。

“我国发展这种产品，既会耽误发展新能源汽车的大好机遇，又白白浪费资金，到头来恐怕会断送我国的汽车事业。”笔者也曾听到这样的说法，但这话太过牵强。

---

* 本文原载于《中国科学报》，2012-01-19 B3，能源周刊。

发展低速电动汽车，没有要求国家拨款而分散政府对国营企业发展“高速”车的投资，反而是争取了发展电动汽车的时间，充实基础，占领市场，何谈“会耽误发展新能源汽车的大好机遇”，又怎会“断送我国的汽车事业”呢？至于是否“白白浪费资金”，也要用事实说话。现在山东等地的铅酸电池电动汽车，国内售价每辆约3万元，利润10%，比大厂们生产燃油汽车的2%～5%利润要高出几倍。

电动汽车技术也有由低级到高级的发展过程。低速、短程汽车正是我国发展电动汽车的突破口，也将是我国汽车事业辉煌未来的重要源头之一。如若不信，不妨放开思想束缚，认真加强领导，不用国家出资，就可在短短的一两年内形成年产百万辆的产能和市场，加速显示节油减排之效果。这与单独发展高速车的“一条腿走路”相比，孰优孰劣，不是很易辨别吗？

目前存在这样一种看法：“对于低速电动车，请你们看看世界上其他国家还有哪个在发展？我国还有哪个正规汽车企业在发展？答案是没有。”这种逻辑是，国外没有的，我国就不该有；国内正规汽车企业不生产的，民营企业都不该做。可是，中国要走中国特色的发展道路，为何要当外国的“跟屁虫”？再说，国营汽车大厂看不上这种本小利微的买卖，就让民营小厂自己出资金，走它的独木桥，互不相干，正好起到“民营经济是国营经济的重要补充”的作用，岂不美哉！

还有人说：“现在有的地方、有的企业将这种‘老古董’的技术也混淆为新能源汽车，以为‘穿上新能源的马甲’就不认识它了，目的可能是‘混水摸鱼’上轿车项目。”这可说出了真心话了，他很担心“有的地方、有的企业”“上轿车项目”。但我想问一个问题：想上新的轿车项目，发展民族经济，有什么不好？形成鲜明对照的是，允许那些有资质的汽车企业明里暗里与外商搞电动汽车的“技术合作”，眼看沿着燃油车的“合作”老路，将大把大把的利润送给外资。压一个，扶一个，态度明朗；而其耽误时间、错过机遇的后果，实在令人担心！

究竟谁将是断送我国汽车事业的历史罪人，还真难说！

以电池为依据　规划电动车发展*

工信部牵头正在制定的《节能与新能源汽车产业发展规划(2011—2020年)》要求，实现插电式混合动力汽车和纯电动汽车的产业化，同时加快研发燃料电池汽车技术。一年半过去了，《规划》至今仍是“只听楼梯响，不见人下来”。从2011年7月国务院总理温家宝在《求是》杂志上发表的文章似乎可以猜出一些缘故，他说：“新能源汽车，发展方向和最终目标是什么，现在重点发展的混合动力车和纯电动车是不是最终产品，并不十分明确”，“发展新能源汽车下一步要集中解决哪些问题，包括路线问题、关键核心技术问题、投入问题、政策支持问题，必须尽快明确下来。”

温总理讲话发表后，北京、上海等大城市的路线论坛、研讨会“风起云涌”。杭州、上海电动汽车自燃事件突显了电动汽车发展的推进难度。2011年底，《规划》在国务院有关会议上没有被通过。看来，《规划》需要进一步修改。修改《规划》有一个最根本的问题：应以什么为依据来规划电动汽车的发展。我的观点是，应以电池为依据进行全面规划。

一、为什么要以电池为依据

我认为，电池是决定电动汽车性能的第一要素。回顾十年电动汽车的发展，成绩不小，经验不少，但教训也要总结，以利再战。

首先，电池与整车研发投入位置颠倒，有“大跃进”急功近利的倾向；

其次，动力电池与燃料电池位置颠倒，对远期与近期的重点判断错误；

再次，对动力电池成组技术的重要性和难度认识不足，汽车指标太高；

最后，片面追求技术的先进性，不使用或少使用成熟的动力电池。

这些问题的出现，与当前我国电动汽车的发展困局有直接的因果关系。要吸取教训，依据电池水平，结合我国实际，稳步发展电动汽车。

二、如何以电池为依据修改《规划》

以电池为依据，应是制定电动汽车产业发展规划的原则。具体讲，有三个要点：

第一，以“不用油、零排放”为最终目标。这是未来要实现的最终目标，也是技

---

* 本文原载于《中国汽车报》，2012年1月30日A6版。

术发展的根据。这个目标要经长期奋斗才能逐步逼近，因此，必然有过渡产品和阶段目标。

第二，恰当利用当前动力电池，尽力生产当前有能力生产的电动汽车，意思就是重视利用现有电池，发展近期就能实现节能减排的汽车种类。充分认识电池需要经过一个逐渐提高的过程，不提过高的汽车指标。

第三，近期、远期目标兼顾，全面规划。理解电池发展的长期性、多样性、互补性，在电池水平提高的过程中，生产相应水平的电动汽车。

此外，由于传统汽车将继续大量生产，节油减排潜力很大。因此，在发展电动汽车的同时，要重视传统汽车的节能。我想特别强调一下启停（微混）式汽车。启停技术在减轻城市空气污染方面的效果显著，节油率达 5%~8%。建议政府硬性规定各汽车企业传统汽车微混化的进度，同时组织所需电池及其材料的生产。

三、以电池定“十二五”产业化目标

我认为，我国新能源汽车在“十二五”时期的产业化任务，是用好和提高现有的各种电池，生产相应的电动汽车。

其一是大力发展微、小型纯电动汽车。要从中国实际出发，放手发展铅酸电池和锂离子电池微、小型电动汽车；要给这些车辆发牌照，允许它们在非高速公路上行驶。

其二是采用增程技术发展大、中型电动汽车。增程式汽车节油率在 50%以上，符合我国的技术发展水平，是在新一代电池投用前的最佳过渡车种。

其三是研究下一代电动汽车及其能源。下一代电动汽车主要使用核能及可再生能源。那些“氢能是人类的终极能源”、“电动汽车的动力最终是燃料电池”等论点，是片面的，不可取的。

四、扶持民营企业

要承认我国电动汽车技术水平与国外有差距，特别是动力电池，近年来有拉大的迹象。我国动力电池存在主要问题有：寿命不够长，安全性有待提高；一致性不够好，成组技术尚未成熟；恶性竞争和整车厂压价，电池企业研发力量薄弱。现在，国外电池和电动车辆开始进入我国，我国一定要避免重蹈燃油汽车“市场换技术”的覆辙。

我认为，我国必须大力扶持电动技术产业的民营企业，充分发挥其“补充作用”；必须认清当前形势，推动国有企业奋力自主创新，切实担当起主力军的角色。

最后，建议我国政府拨款 20 亿元建立动力电池重大专项，主要用于三个方面：全面提升动力锂离子电池的生产和成组技术水平；持续治理铅污染，支持研制新铅酸电池；开展原创性研究，为 10 年后电池提供核心技术。

电动乘用车并非“无人买、无车卖”*

2011 年年末时，中国电动汽车的领导层就已察觉这一年电动汽车的示范推广难以达到预期目标。于是，检查组出动核查实情，研究原因。进入 2012 年，行业的各方人士在研讨会和网上纷纷议论这个问题。特别引起关注的是电动乘用车商业化的示范推广，六个私用电动乘用车示范推广城市，在政府高额财政补贴和其他优惠政策支持下，也没有卖出几辆车，几乎是“无人买车”。还有人指出：“整车企业拿不出像样的电动乘用车产品，仅有的产品全是清一色的‘改装车型’样车或小批量试制，形成完整的万辆级生产和销售能力的企业几乎没有。”形象化的一句话：“没有可卖的车”。

2011 年我国的电动乘用车果真是“无人买车”与“无车可卖”吗？根源又是什么呢？

2011 年的现实情况，我国电动乘用车并非是“无人买车”与“无车可卖”！问题的关键在如何界定“电动乘用车”。如果以比亚迪的 35.98 万元的 E6 车定为“电动乘用车”的代表，那么的确可以说 2011 年我国电动乘用车几乎是“无人买车”与“无车可卖”。但是，俗话说：“退一步，天地宽。”如果你不坚持以传统燃油车、甚至是中高档燃油车的眼光来要求“电动乘用车”，那么，2011 年我国的电动乘用车实际上是生产并销售了若干万辆、出口了若干千辆。仅山东一省，2011 年生产的低速电动汽车就近 6 万辆，而且基本上全部售出。其他省市也有一定的产量。这些都是在不能上正式牌照的“阴影笼罩”、购车者心存疑虑的情况下产生的结果。

随着科技发展，动力电池的比能量、安全性、性价比都将不断提高。但是这个进程将是漫长的。过去曾经有人统计过，实验室型电池的比能量大约平均每两年可能提高 15%。从最近几年的情况看，似乎还没有这么乐观，何况电池的比能量越高，不安全性也越大，需要做艰苦细致的研究才能实用化。因此，动力锂离子电池的商业可用比能量从当前的 80~90 瓦时/千克，如欲提高到 150 瓦时/千克，乐观的估计也需要 8~10 年。与此相对应的，纯电动汽车的合理设计续航里程才能从目前的 150 公里提高至 250 公里。即使如此，仍然与燃油车相距甚远。显而易见，电池性能提高的进程是缓慢的，电动汽车的性能的提高还会有一个“滞后期”。电动汽车产业在这漫长的过渡时期里，首先要生存，要站得住脚；更要发展，而且能自我发展，不能长期吃“补贴饭”。置客观条件（首先是电池）于不顾，片面“追高”、“急于求成”的做法必将事与愿违。

---

* 本文原载于《第一电动网》，2012 年 2 月 22 日。

这就是我提倡当前电动乘用车应从低速–微小型起步、大中型电动车应发展增程式的主要依据，也是我最近题为“以电池为依据，规划电动汽车的发展”演讲和文章的主旨。

电动汽车如欲销路好，一定要有一大批人认为这种车适用而愿意买，还要能买得起。脱离了中国的技术实际和发展中国家国情，背离了广大群众的需求，硬去做“凭空臆想的高、精、尖”电动汽车是销不掉的，坚持走这样的路线是行不通的。价格低廉的微小型、低速、短程电动轿车，可以满足大部分用户的出行要求，尤其是广大城镇、农村的自行车和摩托车用户升级换代、遮风挡雨的需求，事实已经证明深受群众欢迎。只要政策放开，用不着花国家的投资，山东、江苏、广东、浙江、安徽等省蓄势待发的企业就能在较短的时间（也许是 1~2 年）内形成年产 100 万辆的能力；也不必投入大量的补贴产品就可销售出去（用锂离子电池的车可适当给一些补贴）。100 万辆微小型电动轿车，可有 300 亿元以上的销售额；夜间以 1 千瓦的功率充电 8 小时，白天可行驶 100 公里，以每辆车可替代汽油 5 升计，一年可省油 150 万吨；夜间为电网填平“谷电”100 万千瓦，比花费 34 亿元建起的十三陵抽水蓄能电站的功率还高出 25%。几年下去，积累几百万辆的保有量，就可对节油、减排作出更为可观的贡献。在这样的基础上进行设计的优化，再加上电池、电机、电控技术的进步，车子的行驶里程定会延长，速度也会提高，就能满足更多用户的需要。

对如此利国利民的结果，绝大多数人都会满意和欢迎——可能不乐意的只是极少数人，那就随他的便吧！

我真希望，2011 年电动乘用车示范推广的“惨痛”，能成为引起有关部门深思的教训，能有助于我国电动汽车发展思路的更新！

院士重责新能源汽车规划漏洞多*

——中国汽车报独家专访中国工程院院士杨裕生

本报记者　万仁美

近日，《节能与新能源汽车产业发展规划(2012—2020 年)》(以下简称《规划》)获得国务院常务会议通过，发布了摘要。为此，本报记者独家专访中国工程院院士杨裕生，请他谈谈对《规划》的看法。杨裕生院士长期关注新能源汽车发展，是我国高能二次电池——锂硫电池的开拓者。

一、制定《规划》：政府用心良苦　争议悬而未决

《中国汽车报》：《规划》经过了多次讨论和修改，请问最显著的特点是什么？

杨裕生：《规划》明确了"以纯电驱动为汽车工业转型的主要战略取向"，"当前重点推进纯电动汽车和插电式混合动力汽车产业化，推广普及非插电式混合动力汽车和节能内燃机汽车"。《规划》基本上包含了各个车种，"皆大欢喜"，从字面上看，"重点推进"与"推广普及"无甚区别，分歧意见似已调和，因而政府希望这是一个大家都能接受的文件。

《中国汽车报》：听您的意思，您并不认为《规划》经过多次修改已经达到了理想状态？

杨裕生：一直以来，我国新能源汽车发展存在两个主要的争论：一是发展路线之争，即"三纵"(混合动力汽车、纯电动汽车、燃料电池车)以何者为重点；二是充电和换电之争。修改后的《规划》在表面上调和了电动汽车发展重点的意见分歧，充电和换电设施都要建设。

在我看来，《规划》没有反映近两年我国电动汽车的进步：微、小型电动车批量生产并且质量提高；增程式电动车概念普及、增程式轿车和公交车试制单位大幅增加。《规划》有意无意地忽略了我国"纯电驱动"的康庄大道。有些人在几辆纯电动车着火后就认为"纯电动车不成熟"，简单化地将它"退居二线"。

电动汽车安全第一，我国应该走中国特色的纯电驱动道路。

---

* 本文原载于《中国汽车报》，2012 年 7 月 9 日 B1 版。

二、《规划》内容：将纯电动车“退居二线” 对安全问题“绕道而行”

《中国汽车报》：您为什么认为《规划》将纯电动车“退居二线”了？

杨裕生：对比《规划》中的数据就可一目了然：《规划》提出争取到2015年，纯电动汽车和插电式混合动力汽车初步实现产业化，累计产销量达到50万辆，到2020年实现产业化，累计产销量超过500万辆。而混合动力汽车2015年实现产业化，中/重度混合动力汽车累计产销量达100万辆，到2020年实现大规模普及，年产销量占乘用车50%。混合动力汽车实现产业化比纯电动车提前了5年。

《中国汽车报》：深圳“5·26”交通事故发生后，大家非常重视电动汽车的安全性，请问《规划》在安全性方面有哪些不足？

杨裕生：《规划》在安全性问题上有两点不足。一是没有正视安全问题，而是采取绕道而行的办法——将纯电动车“降温”，并将混合动力车升为首位。这说明《规划》对解决电池安全问题“心中无数”。二是《规划》没有说清楚何谓安全性？电池安全性既没有客观的、定量的衡量尺度，更没有按定量衡量尺度提出指标要求。因此，需要建立电池安全新概念：电池安全性就是事故概率，可以用数值来表示。

三、《规划》缺憾：没提微型、小型电动车 增程式电动车也被落下

《中国汽车报》：您刚才提到《规划》中没有提微小型纯电动车，请问这种车有哪些优点？

杨裕生：微小型纯电动车的优点归纳起来大致有以下几个方面：可立即节省大量汽油，减轻城镇空气污染；我国每晚有11亿多度低谷电，微型纯电动车可起到填谷的作用，还省掉建设调峰电站的大笔投资；微型纯电动车电池使用量少，价格低廉，满足广大城镇需求；微型纯电动车技术积累较好；用220伏民用电，可作为晚间用电的“家用电器”，乡镇甚至无需专门设置充电桩；微型纯电动车节材节能，使用、维修方便，可以持续发展，并可抑制奢华的社会风气。

《中国汽车报》：《规划》没有提出发展增程式电动汽车，您认为是遗憾吗？

杨裕生：近两年，我国增程式电动汽车研发进展很快，这是因为增程式电动汽车有许多优点，概括起来主要如下：不必配太大容量动力电池但可远行；电池组不会过充电和过放电，实现安全长寿；不一定用锂离子电池，有代用品使得电池价格降低；夜间在停车场充电不需要另建充电站可以节省土地资源；夜间充电起到“填谷”作用；不需要充电/换电的周转电池，保证了低投入；不需要大量的换电设施和人员使得运行费用低；依靠现有技术就可节油50%以上，使得其节能减排效果明显等。

在新一代电池应用前，增程式电动汽车是最佳车种，有待政府政策推动。

四、建言《规划》：推广混动车非上策 谨防重走“市场换技术”老路

《中国汽车报》：《规划》给人的印象是强调了混合动力汽车，请问如何看待？

杨裕生 ：在我看来，《规划》推广普及混合动力汽车，并非上策。

首先，插电式混合动力车比不上增程式电动车。插电式混合动力汽车在 50 公里内不用油，但是远距离全用内燃机，油耗仍很高；内燃机和电动机两套动力系统，比增程式电动车复杂；对电池性能的要求不低于纯电动车。

其次，中度混合动力公交车节能不多。2010 年、2011 年举办的公交车精英赛显示节油率仅为 15%~16%。

最后，重度混合车(混联式)难适合中国企业。重度混合车(混联式)的内燃机和电机驱动系统各有一套变速机构，两套动力组合非常复杂，加工要求很高，其专利技术基本上掌握在日本丰田手中。难道我们发展这种汽车又要重走“市场换技术”的老路吗?

我国节能与电动汽车的发展战略应该是以纯电驱动为汽车工业转型的主要战略取向，当前重点推进微小实用型纯电动汽车产业化，推广增程式大中型汽车，适度发展插电式及非插电式混合动力汽车，普及节能内燃机汽车，提升我国汽车产业整体技术水平。

我以为，我们必须正视安全，突出优势，调整重点。

半充半放是使用电池较佳方式*

——中国工程院院士杨裕生谈电池使用

一直以来，发展电动汽车面临许多技术难题，尤其是电动汽车的设计以及电池的充放电问题比较突出，对此，中国工程院院士杨裕生谈了他自己的看法。

《中国汽车报》：请问纯电动汽车的设计理念和电池组的使用有哪些不足之处？

杨裕生：人们习惯性地用传统汽车的设计理念支配纯电动汽车设计，这就使得电动汽车的设计跟着传统汽车跑。电动汽车的体型要大、加速度时间要短，速度要快，续驶里程要长等，但是，动力电池不允许纯电动汽车这样。电动汽车照搬这些设计思想很不妥当。电池组的使用不按其特性行事也是一个方面。目前，电池组的使用存在快充电、充满电、放完电、超负载等问题，这不是按照动力电池的特性科学、合理地使用。这些不妥当的设计和不合理使用，使电动汽车出现事故的概率增加。我建议在建立电动汽车安全评价体系时，可以参考核反应堆或飞机的安全性系数评价体系。

《中国汽车报》：请问，如何按照电池组的特性科学地为纯电动公交车电池组补充电能？

杨裕生院士：现在大部分公交车采用夜间充满，白天用完后以快速充电的方式补充电能。这种运行方式简单，可以使用“谷电”，利于电网调峰。但是，片面追求一次充电的行驶里程，容易突显电池“一致性”问题，不利于安全。电池经常在深充/深放状态下工作，影响寿命，对电源管理系统要求高。北京奥运会、上海世博会等使用了换电模式，有些人希望作为成功范例推广。但是奥运会、世博会是具有重大政治意义的活动，为了维持正常运转可以不惜工本，其经验不能商业化。我认为科学、合理地使用电池，既不搞深放、快充，也不必搞“换电”，可以采取两种新方式。一种是白天间歇补电。这种方式的优点是电池常在半充/半放状态下工作，内阻小，发热量小，电池寿命长，能量转换效率高，淡化电池“一致性”问题，安全性得到提高。这种方式也有缺点，“谷电”使用很少，主要用高峰电。

另一种是夜间慢充电为主，白天间歇补电为辅，充电态控制在 20%~80%之间。除了具有以上充电的优点外，“谷电”用量占 60%，提高了电池安全性和寿命。1C 充电时间缩短到 6 分钟。

---

* 本文原载于《中国汽车报》，2012 年 7 月 9 日 B1 版。

节能与新能源汽车规划解读：发展路线比技术路线更重要*

近日出台的《节能与新能源汽车产业发展规划（2012—2020年）》（以下简称《规划》）在业界引起了强烈反响。此《规划》在一年半的时间里多次修改，一再推迟公布，可见政府对之十分慎重。当然，也反映了相关各方在节能与新能源汽车产业发展问题上意见统一的艰苦过程。

《规划》的技术路线是，以纯电驱动为新能源汽车发展和汽车工业转型的主要战略取向，当前重点推进纯电动汽车和插电式混合动力汽车产业化，推广普及非插电式混合动力汽车、节能内燃机汽车，提升我国汽车产业整体技术水平。

《规划》的公布，似乎调和了发展路线之争。

一、“重点推进”与“推广普及”

在《规划》的技术路线中，对“纯电动汽车和插电式混合动力汽车产业化”是要“重点推进”，对“非插电式混合动力汽车、节能内燃机汽车”是要“推广普及”。乍一看，两者并驾齐驱，不分伯仲。那么，“重点推进”与“推广普及”究竟差别何在？

对比这次正式公布的《规划》文本与征求意见稿，或许可以解决上述疑问。《规划》删除了征求意见稿中“近期以混合电动车为重点”和“中/重度混合动力乘用车占乘用车年产销量的50%以上”的字句，既避免直接点明以混合电动车为重点而可能引起的争论，又回避了中/重度混合动力乘用车占乘用车年产销量的50%以上难以达到的高指标。

稍作推敲可以理解，“重点推进”是因为技术难度大，要推而动之；“推广普及”是有较现成的技术，只要推广就能普及。显然，《规划》对纯电动汽车和插电式混合动力汽车产业化的“重点推进”，与对非插电式混合动力汽车、节能内燃机汽车的“推广普及”，两者的要求有着显著的差别——混合电动车成为“未明说的重点”。

二、应重点推进“增程式”

锂离子电池纯电动汽车着火后，我国的政府部门并未像外国的公路管理部门那样直接介入调查，也没有确定一个机构负责管理此事。现在的情况是，问题的原因主要

---

* 本文原载于《中国科学报》，2012年7月26日B3版，能源周刊。

听任当事人诉说而未能实事求是地查清楚；由于没有事故报告制度，还有更多的事件被“捂住”；提高安全性基本上停留在原则要求的号召上，并没有切实地作出努力将“坏事”转变成“好事”。

于是，官员们在对问题的症结心中无数的情况下，只能简单地认为“纯电动汽车还不成熟”，将混合动力车排上了第一位来“推广普及”，而纯电驱动只是主要战略取向而非主要战术行动。

笔者认为，只要有市场，混合电动车也可以发展。但是，凡事都应作个分析比较。中度混合动力汽车节油不多——2010 中国（杭州）公交车精英赛平均节油率为 14.63%；2011 中国（昆明）公交车精英赛为 15.61%。“推广普及”对国家的益处远不如节油率 50%以上的增程式纯电驱动电动车，而《规划》中“增程式”却只字未提。

重度混合动力车（如日本的普瑞斯）节油率虽可达 30%~40%，但该技术受日本大量专利的围困。我国齿轮箱基础尤其薄弱，何必去做这吃力不讨好的事呢？

因此，笔者认为，我国应该大力发展安全性和节油率都高的增程式纯电驱动电动车，此技术在我国已有较好的基础，应成为中国优先发展的车种，政府不仅应重点推进，而且应推广普及。

三、要防止“变味”

《规划》提出要“积极发挥国际合作的作用”，其内容是：支持汽车企业、高校和科研机构在节能与新能源汽车基础和前沿技术领域开展国际合作研究，进行全球研发服务外包，在境外设立研发机构、开展联合研发和向国外提交专利申请。积极创造条件开展多种形式的技术交流与合作，学习和借鉴国外先进技术和经验。

可以看出，《规划》对在节能与新能源汽车基础和前沿技术领域开展国际合作研究及技术交流与合作做了明确的界定，而没有提出产业化的国际合作。

近日，有官员高调提出“加快推动电动汽车产业化离不开国际合作”。这句话可以理解为对《规划》的阐述和演绎，但是也似乎含有“加快推动电动汽车产业化国际合作”的意思。因此笔者担心，《规划》中的“积极发挥国际合作的作用”有变味的危险。

现在，用国外部件拼装各种国产电动车交账，已成为公开的“秘密捷径”。在合资道路上尝到过一些甜头的大厂们，真的都不想重走燃油车那样“以市场换技术”的老路吗？他们自主创新的决心和积极性都像党和政府要求的那样高涨吗？

笔者认为，政府官员不应向这些企业发出模糊的信号，而要防止在“技术国际合作”的美名下塞进“产业化国际合作”的私货，要防止靠诸如“普瑞斯国产化”之举来“撑场面”，要防止让外资拿走利润的主要部分，而自己吃点残羹剩饭。这样的“产业化国际合作”显然不是中国人乐意见到的事情。

这是比技术路线更为重要的发展路线问题。

《规划》目标应落实到生产厂*

7月9日，国务院公布了《节能与新能源汽车产业发展规划(2012—2020年)》(以下简称《规划》)，确定了“到 2015 年，纯电动汽车和插电式混合动力汽车累计产销量力争达到 50 万辆；到 2020 年，纯电动汽车和插电式混合动力汽车生产能力达 200 万辆、累计产销量超过 500 万辆”的主要目标。根据上述《规划》内容，本文对达到产业化目标的有关问题，试作推算和剖析，并提出建议。

一、2015 年之前的产量增速

根据《规划》要求，纯电动汽车和插电式混合动力汽车 2015 年累计产销量达到 50 万辆，分在 4 年内生产，可以方程式推算出每年产销量的平均增幅为 132%。在这样的平均增幅下，可以算出 2012—2015 各年当年产销量分别为 2.5 万辆、5.5 万辆、13 万辆和 29 万辆。

各年的累计产销量推算（表 1）。

表 1

	以 2011 年为基准	当年产销量万辆（取整数）	累计产销量万辆（取整数）	占当年汽车总产销量 1800 万辆的百分比
2011 年	1.00			
2012 年	2.32	2.5	2.5	2.5/1800=0.14
2013 年	5.38	5.5	8	5.5/1800=0.31
2014 年	12.48	13	21	13/1800=0.72
2015 年	28.97	29	50	29/1800=1.61

注：假设这 4 年内全国汽车年总产销量平均为 1800 万辆，则可推算出纯电动汽车和插电式混合动力汽车在汽车总产销量中的百分比（见表 1 最后一列）。

二、2016—2020 年产量增速

2020 年纯电动汽车和插电式混合动力汽车累计产销量超过 500 万辆，即 5 年内累

* 《第一电动月刊》2012 年第 7 期第 10 页刊载本文时，曾将题目改为“50 万辆产销目标需年均增速 132%”，《第一电动网》转载时已将题目更改回来。

计共应生产 450 万辆车。

以 2015 年为基准，可以推算出要求这 5 年内每年产销量的平均增幅应为 40%。在这样的平均增幅下，可以算出 2016—2020 各年的当年产销量分别为 42 万辆、58 万辆、81 万辆、113 万辆和 156 万辆。

各年的累计产销量推算（表 2）。

表 2

	以 2015 年为基准	当年产销量 万辆（取整数）	累计产销量 万辆（取整数）	占当年汽车总产销量 2000 万辆的百分比
2015 年	1.00	29	50	
2016 年	1.40	42	92	42/2000=2.10
2017 年	1.96	58	150	58/2000=2.90
2018 年	2.74	81	231	81/2000=4.05
2019 年	3.84	113	344	113/2000=5.65
2020 年	5.38	156	500	156/2000=7.80

注：假设这 5 年内全国汽车年总产销量平均为 2000 万辆，则可算出纯电动汽车和插电式混合动力汽车在汽车总产销量中的百分比（见表 2 最后一列）。

三、2012—2020 年应有产能水平

到 2020 年纯电动汽车和插电式混合动力汽车生产能力要求达 200 万辆。由于当年新增的电动汽车和插电式混合动力汽车生产能力在当年内难以充分发挥作用，产销量要低于可达的年生产能力。以 2020 年为例，这两个数分别为 156 万辆和 200 万辆，即当年产销量约为可达年生产能力的 78%。由此比例，可以估算出 2012—2020 年的产能应有水平（表 3）。

表 3

	当年产销量, 万辆	应有的产能, 万辆
2012 年	2.5	3.2
2013 年	5.5	7
2014 年	13	17
2015 年	29	37
2016 年	42	54
2017 年	58	74
2018 年	81	104
2019 年	113	145
2020 年	156	200

四、建议

1. 应将纯电动汽车和插电式混合动力汽车的年产销量落实到各汽车生产厂，要将由“十城千辆”的 25 个城市分的推广压力分担到各汽车生产厂的肩上，调动其积极性，迫使其主动去生产、销售有销路的纯电动汽车和插电式混合动力汽车。

2. 要求各个汽车生产厂每年产销的纯电动汽车和插电式混合动力汽车在其汽车总产销量中的比例，应不低于类似于表 1 和表 2 最后一列的比例。

3. 对于年产销的纯电动汽车和插电式混合动力汽车在其汽车总产销量中的比例超过类似于表 1 和表 2 最后一列的比例的汽车生产厂，除按政策给予补贴外，还可按超额的车数给予适当奖励。

4. 对于年产销的纯电动汽车和插电式混合动力汽车在其汽车总产销量中的比例低于类似于表 1 和表 2 最后一列的比例的汽车生产厂，除按政策给予补贴外，应按不足的车数给予处罚。每辆汽车处罚的金额应远远高于补贴奖励的金额。

试论提高电动汽车安全性之道*

近几年，示范运行的纯电动汽车发生多起冒烟、着火事故，有些官员就认为“纯电动车不成熟”，于是在今年7月9日发布的《节能与新能源汽车产业发展规划(2012—2020年)》（以下简称《规划》）中，纯电动汽车就“退居二位”了。

毫无疑问，电动汽车的安全性确实是首先要考虑的因素，但是如何提高中国电动汽车的安全性呢？

《规划》在“主要任务”中特别强调，要“开发电池自激活电压控制和热控制等新技术，提高电池安全性”。笔者认为，针对电动汽车安全性提出这样的技术措施，当然很重要，但却还不够。

实际上，电动汽车的安全性基本上就是电池的安全性，这是个复杂的问题。为了促进政府部门组织并部署系统性的研究，本文提出一些设想，以抛砖引玉，引起讨论。

一、几个基本观念

首先，要承认电池组像汽油箱那样，是一种含高能物质的部件。而且，锂离子电池中的电解液是用易燃的溶剂配制而成，正、负电极上的氧化剂和还原剂只隔一层约20微米厚的隔膜，在达到一定温度时氧化剂和还原剂均易与电解液发生大量生热的化学反应，何况电池组又是在高电压、大电流下运行。因此，电池本质上是具有危险性的，且随着电池比能量和比功率的提高，发生事故的危险性将增大。

其次，要将使用电池作为使用易燃、易爆物品和高电压器件一样对待。要制定并严格执行安全设计标准和使用规范。

再次，要认识到的一点是，安全性是一个事故概率问题，安全因素控制得好，发生危险事故的概率就降低。

二、影响安全的因素

1. 电池的品种。在各种动力电池中，锂离子电池的比能量最高，化学副反应放热量大，最易造成电池内气压升高，重则爆炸，轻则电解液泄漏而易燃烧。金属氢化物/镍电池和铅酸电池的电解液分别是碱性和酸性的水溶液，泄漏时有腐蚀的危险，不过

---

* 原文载于《中国科学报》能源周刊B3，2012-08-09。

燃、爆性要低得多，但是也并非绝对不出问题。

2. 电池的设计水平。锂离子电池正极材料如用磷酸亚铁锂，安全性要高于其他正极材料，但也会发生问题，近些年发生的事故大多数用的就是磷酸亚铁锂做正极的电池；负极用硬碳，安全性可优于石墨类；电解液、隔膜的优选均有可能提高电池的安全性。但是这些技术往往以牺牲电池的比能量和比功率为代价，应该综合考虑。今年4月山东淄博的镍氢电池公交车发生大火，原因可能是企图追求高功率而将负极的储氢合金以过多的活性炭替代，造成正极活性物质过量，导致电池中积累了氢气。铅酸电池在过度充电时也会发生水电解成氢气和氧气，这个问题已经得到较好解决。

3. 电池的质量。有些厂家电池试制出来不经长期充分考验，连单体电池的故障率参数还无法统计就急于交付装车演示，电池组的安全性从何谈起？同样以磷酸亚铁锂做正极的锂离子电池，有些厂家生产的电池发生的事故多些，有的就少些，还有的根本没有发生事故；同一个厂，改进生产工艺、加强质量管理后，电池发生事故的概率明显下降。这些都充分说明提高生产质量对改善安全性的重要作用。此外，电池单体的品质还表现在寿命、容量、内阻和自放电率的一致性，它们也与安全性密切相关。

4. 电池的总容量。电池的总容量是指电池的单体数与每个单体容量的乘积。不言而喻，这是与事故概率成正比的基本因素。为了追求电动汽车的续驶里程和最高速度而过多装载电池，不仅浪费能量和材料，价升而市场小，充放电中的热量更难散发，而且增加了事故发生的概率。这是传统汽车专家们“燃油车惯性思维”下，不顾当前的电池水平盲目追求高指标而误导出的严重安全隐患。

5. 使用时间的长短。也可用充放电次数或行驶里程来表达此因素。电池组持续使用后，各单体的容量下降和内阻升高的程度不同，而且使用时间越长此等差别越大，发生问题的概率随之上升。

6. 安全措施的有效性。管理系统是保证电池组正常工作的有效部件，管理系统失灵可能产生严重后果。电池的泄压机构（安全阀等）可有效地防止电池爆炸，其可靠性越高，发生爆炸的概率越低。但是，从泄压机构泄出的电解液或气体与空气相遇后仍有燃烧的危险性，这可能就是软包装和塑料壳电池不爆炸而会燃烧的原因。

7. 使用的合理性。不按电池组的特性行事，后果严重。目前，电池组的使用存在快充电、充满电、放完电、超负载等问题。过充和过放不仅会损伤电池的寿命，而且也增加发生事故的危险性。即使是按标称容量全充全放，也不应受到鼓励。超限的载重和速度均需用过大的电流，电池温度将陡然上升，如过流保护机构缺失或失灵，将可能触发安全事故的发生。

8. 其他因素。例如，电动汽车对各种意外因素（如对严重的撞击、意外事故危害）

的调控力和适应性等。

三、安全性的衡量尺度

安全性的实质就是事故概率。既然是概率，它就可以用数值来表示。例如核反应堆设计时，安全性要达到 10 – 5 或 10 – 6/堆 · 年。如此低的事故概率，除了要有高水平的设计、制造能力外，还要在运行中有一套严密的操作规程和严格的维修保养制度来保障。电动汽车和电池设计、制造中必然要考虑许多安全措施，也应该有量化的形式来最后集中表达其安全程度，例如 1010（100 亿）车 · 公里发生燃烧、爆炸事故不超过一件，或 10–10/千瓦时 · 公里等其他表达形式。

我国现有约 1 亿辆燃油汽车，平均每天发生一起自燃事故；每辆汽车平均按每天行驶 100 公里计，事故概率正是 1010 车公里发生一起燃烧事故。现在媒体和公众对这样的事件频率已不感到惊奇和可怕，似乎是可以接受的一个安全指标。如果电动汽车的事故概率也降到这样的水平，也就不会引起大的轰动了。

但是，如何将此指标落实（分配）到电动汽车（主要是电池）的各项设计措施中，又如何通过汽车实际达到的各项性能计算出该汽车的安全水平（或事故概率），更如何通过计算出的各汽车事故概率指导该汽车提高安全性，将是一个相当复杂的课题。笔者建议政府有关部门及早部署，以系统地研究电动汽车安全性提高之道。

四、已可采用的安全措施

1. 采取增程技术，从技术路线上提高安全性和节油率。

现有电池水平下，纯电动大、中型汽车的合理设计里程仅约 150 公里，电池组常常满充满放，性能衰退快；电池量大，散热困难，解决安全问题的难度加重。

纯电驱动的增程式车，用小功率发电机在行驶途中以最佳工况发电，不仅节油率高，而且不必配太大容量的动力电池就可远行；特别是电池组运行于“半充”与“半放”状态之间，淡化了不一致性问题，且内阻小，发热量小；电池不过充、不过放，循环寿命长，安全性好，尤其适用于大、中型车辆。

2. 发展安全性高的微、小型纯电动汽车。

微、小型纯电动汽车用的电池容量小，从根本上降低了电池的事故概率。这种车还可用铅酸电池，不仅价廉，而且安全性比锂离子电池好。

3. 提高电池的安全性能。

要推广应用对水不敏感的电解质、减少溶剂用量的聚合物（或凝胶）电解质，电解液中添加阻燃剂、防过充或防过热的聚合物单体等，涂有陶瓷微粉的耐热、不收缩隔膜。

减低电池的内阻有利于减少电池的温升，十分重要，全极耳和极耳与极柱一体化等专利技术应该推广。

4. 电池组防火功能设计。

优良的管理系统、牢靠的连接方法、有效的散热途径、稳妥的空气隔绝、及时的监测报警和正确的灭火措施等，贯彻这些防火设计原则和相应的技术措施，将有助于提高动力电池组的安全性。

电池组有效散热和隔绝空气相结合的专利技术，对于防止电池燃烧很有价值。

五、结束语

笔者认为，要提高电动汽车安全性，需要立项系统地研究电动汽车的安全性规律和用数值来表达安全性（即事故概率）；要以电池发展为依据规划电动汽车发展；要用好现有的各种电池，生产相应的车；在持续治理铅污染的同时，大力支持研制高比能量、长寿命、高功率等新技术铅酸电池。

第四部分

动力电池及材料

电动技术产业与动力锂电池*

主持人：女士们、先生们，今天我很荣幸在这里看到大家，因为这里有不少的海外嘉宾，所以有的嘉宾是用英文来讲的。

第一，我们这个会议是双语的，英文和中文两个语言都可以。第二是对所有参加的会议的人，希望能够把手机调到静音，这样不影响我们的讲座。第三是对于讲演的人，希望你们把时间限制在20分钟，这样议程就可以顺利进行了。第四，有些讲演者可能希望不要拍照，这种情况下希望大家能够遵守他的意愿，如果你拍照的话希望不要开闪光灯。如果有问题的话请举手，我们工作人员会把话筒递给你。首先有请杨裕生院士给我们讲演，他是工程院院士，1952年毕业于浙江大学，他在多个领域都有研究，尤其是在核工业方面得到了很多的奖项，比如国家发明奖、国家进步奖和全军科技进步奖项，有请杨院士。

杨裕生：谢谢薛博士的介绍。我想，在过去的15年里，锂离子电池对于我们全世界的电信技术的产业推动做了很大的贡献，今天我想给大家介绍的是“电动技术产业与动力锂电池”。

第一，发展电动车很必要，也可行。要减轻城市的空气污染。石油现在很紧缺，石油现在有一半是从国外进口，牵涉到我国的能源安全问题。减少二氧化碳排放，缓解温室效应。今年汽车的销售量可能要接近1000万辆，因为第一季度已经260多万辆了，所以发展电动车是刻不容缓的。

动力型蓄电池进步很快，在2008年北京的奥运会和残奥会上，我国自主研发的595辆新能源车辆，其中电动车占了大部分，尤其是在会上有55辆大客车是锰酸锂和磷酸铁锂为正极的动力型锂电池。现在北京、杭州、上海等城市也有纯电动车公交车在行驶，电池的能量、寿命、性价比在不断提高。电池的技术还在不断地进步，材料的纳米化，提高比功率，国产隔膜出来了，价格比较低，电池生产向半自动化前进，可靠性、一致性都在提高。电源的管理和控制系统改进提高了安全性和循环寿命，所以在我们国家动力锂离子电池大发展的条件已经基本具备，现在国内外纷纷投巨资于动力锂离子电池。

第二，哪一种电动车应该优先发展？客车、轿车、自行车、摩托车都应该电动化，纯电动自行车在压制之下自发地蓬勃发展，什么叫“压制”，就是不让上牌照的情况下

---

* 本文是2009年5月23日中国工程院院士杨裕生在第四届华南锂电(国际)高层技术论坛上的演讲。

自发发展起来了，现在全国是每年 1900 万辆电动自行的产量，全国拥有量已经接近 1 亿辆。在这么大好的形势之下，电动自行车已经能够上路，很多城市已经开禁了。摩托车的电动化已经启动，正在有序地推进，但是汽车选择什么样的车种优先发展还有着不同的认识和估计。

现在有四种电动车，第一种是油–电混合车，实际上是用油，省油不多，价格不低，因为它有两套动力。在西方国家有强大的燃油机车工业，扔不得。所以在燃油机车的基础上加强电动的系统。现在我国的油–电混合电动公交车比同类型的公交车要贵得多，所以油–电混合电动车也只是目前作为一个过渡性的一个车种来发展。

第二种是外充电式的混合电动车，这是美国提出来的 plug-in。这种车是在停止的时候可以充电，行驶当中可以用油来辅助电动，它是两个系统，结构很复杂，控制系统也很复杂，所以价格比较贵。这两种混合电动车在动力电池比能量没有大幅度提高之前，对于长途行驶这种过渡性的车种还是有它的价值。

第三种是燃料电池电动车，美国的“氢经济”论造成了错觉和误解，燃料电池在近期、中期不可能大发展，不可能大发展的理由第一是价格贵，第二是系统复杂，维护困难，第三是寿命不够长，第四是氢的储运有难题，第五是电、氢、电转换效率低，最后一个是铂的资源不够用，一辆车至少要有 20 克铂，而我们国家年产只有 4 吨的铂。其他的化工和手饰都不用的话，也只能够解决 80 万辆的车用，所以我比喻成“黄金宝剑”，非常显亮，但是中看不中用。远期来看这个技术要怎么发展，要看上面讲的六个问题解决得如何。

第四种是纯电动车，我觉得应该优先发展，它不用油适合我国缺油的国情，8~13 度电可以行驶百公里（比亚迪的车较重，是 15~16 度电行驶 100 公里）。另外是结构简单，无油路、水路、气路，使用维修方便，节省材料和能量。

锂离子电池突出了纯电动车的优势，既可以按照美、欧坐车的理念发展高档车，又能按照中国的国情和新的理念来发展普及车。最近出现一种双充式的纯电动车，这也是很值得注意的一种纯电动车。纯电动车可以替代的油我简单算了一下账，每辆轿车充电 7 个小时得 14 度电可以行驶一百多公里，可以顶替 10 升油，按照这样的话 1 千万辆轿车每天可以省下 10 万吨汽油，一年就是 3600 万吨，如果公交车也是用纯电动车也能够省这么多的油，还有其他的一些车辆，加上电动自行车、电动摩托车，未来每年在我们国家用电来代替亿吨油是完全有可能的。

第三，“电动技术产业”的概念。以电动车的生产、运行为核心的高技术产业群，这样的一个产业群包括电动车、电动机、电控系统，动力电池、电源管理、能量回收，还有正极材料、负极材料、电解液、膜的制作工艺。还有电池回收、电池复用、资源再生，最后油供电系统、充电设施、充电服务。这样的一个电动汽车的产业如年产 500

万辆，占现在全国产量的一半左右，产值达可到1万亿元，维持几千万辆电动车的运行，也产生了上千亿元。可以设想一个发展的路线图，2010、2015、2020、2030年可以有不同的产量和保有量。

关于锂资源的问题，因为要大量地发展电动车，锂的消耗量很大。根据郑院士提供的资料，我们现在已经查勘的锂的储量是383万吨，主要在四川、江西、新疆、河南、青海、西藏这些地方，特别是青海。383万吨锂相当于碳酸锂2千多万吨，如果轿车以每年6万吨消耗碳酸锂的销量的话，可以用300多年。江西宜春原来勘探的储量是23万吨，最近这几年的工作已经探明了110万吨，是一个非常大的储量。另外锂电池里面的锂可以回收再用，还有海水里面含有大量的锂，虽然海水锂的浓度不是很高，每升0.15克，但是整个海水量很大。今后还可以把锂综合利用在聚变反应发电。

电池是电动技术产业的核心产品，价格要不断地降低，降到每1度电的电池2000元，寿命2000次以上，这样电池的折旧费很便宜，行驶每一公里大概只需要1角钱，比汽车的消耗低得多。

第四，“电动技术产业”的路径。中国怎么样发展还是一个探索的问题，“十五”我们搞“三纵三横”，把燃料电池作为重点发展。“十一五”提出“十城千辆”以混合电动车为主，采取的办法是“先难后易先大后小”，“十二五”到底应该怎么走?

动力电池市场如何培育？因为动力电池要做大做强才能够降低价格，但是谁来买？政府怎么样出台一些有益的政策。

如何解决用户的顾虑？用户能够放心买车才能形成市场，用户的担心是车的价格高、维修不方便、电池寿命短、充电有困难。所以牵涉到电池组的运营模式，这是各方面利益的焦点。

提出了一些思考问题。第一个问题，我们国家的纯电动车应该先做微小型的四轮车、电动摩托车，应该先小后大、先易后难、先低后高；要吸取电动自行车的教训，政府要引导、鼓励和帮助。这样才能在耗电少、电池少的上述这些小车上面做成价格比较低的车子，和我们国家当前的消费水平相当，使群众能买得起，这样用户才能多。同时电池厂的风险也会比较小。

集团用车电动化也很得利，出租车、机构用车发展快，节油、减排的潜力大，而且电池可以集中管理、集中充电。另外是摩托车应该加速电动化，它数量太大了，污染很严重，耗油大，所以节能减排的潜力很大。

电从何除来？直接用电网的“谷电”，电网8亿千瓦，夜间“积压”一半，用来充电的时候是为他们分散调峰谷。如果用1亿千瓦充电可以给2千万辆的电动车充电，不用增加发电的设备。还有风电，我们国家很多的地方是夜里风大白天风小，夜里的电网确实是不欢迎这样的电，所以能够用来给电动车充电。核电，它要求稳态运行，功率不能调，夜里核电也是过剩的。所以用电动车夜里充电，实际上是用掉了核电和风电，而不是增加了煤的消耗。

电池组的"延寿"与降价。目前成本下降的关键还是在材料。但是，电池的寿命如果延长，它的实际使用的成本也是降低的。我们这里举了一个例子，如果一辆公交车电池是需要200度电，行驶200公里，电池的单价差不多是3千块钱一度电，总价格在60万。所以，如循环寿命1千次，可以行驶20万公里，每公里的成本是3块，这样可以和现在用油的成本差不了多少。循环寿命2千次，每公里的成本是1块半，这样就比用油的成本低了许多。所以循环寿命非常重要。这里指的"循环寿命"是指电池组而不是单节电池，现在这个问题一定要说清楚，我也希望我们的企业能够不要单指电池的单体寿命，而是要考虑电池组的寿命。

电池组寿命的决定因素包括电池的一致性，电源管理系统，这是电池厂的问题。还有电池怎么样正确的充电、合理的使用，这是车主的问题。怎么把这几方面的责任能够统一起来，尤其是充电的责任现在应该谁来负责？所以有一个创新的机制是组成一个充电的运营公司，买车的人不买电池，而是租换电池，由电池厂、电网、车场组成运营公司，这在江苏无锡对于电动自行车已经在这样做了，据说效果还是不错的。这样的一个模式是不是可以运用到电动汽车的发展上来。有关方能够负起责任，同时政府给相应的政策来鼓励。另外也可以由用户自己充电，或停车场充电，多种方式互补、竞争。

第五，扶植"电动技术产业"的政策。这个政策非常重要，政府要规划一个电动汽车产业的发展来加大领导，加大优惠力度，鼓励动力电池企业出产优秀的电池。要普及电费的分时计价，并且拉开峰谷电价的差距；要发展多种方便用户的充电服务，电力部门应该参与。不断深化燃油的税费改革，大力"限油"，我们国家现在的油还是很便宜的。政府想要振兴电动汽车产业，我觉得应该主要指望内资的电动汽车企业，而不是国营汽车大厂，他们的汽车已经很有市场了，对电动车的积极性不高。

谢谢大家！

主持人：有没有问题？

【现场提问】杨老师您好！刚才您谈到了应该鼓励发展纯电动车，我有一个问题，刚才您谈到的锂资源可以用到330多年，我想问一下发展纯电动车您认为除了锂资源之外其他的资源是怎样的？我们知道做动力电池还需要其他的材料做，这些资源的枯竭度是否比石油慢？第二，纯动力电池我们需要晚上充电，我们知道目前的大中城市处于相对缺电的状态，我们更多地要提倡太阳能和风电，但是目前更多地是用水和煤发电。动力电池解决了汽车在路上行驶的污染问题，如果碰到纯动力电池的话我们在能源上巨大的消耗，比如做一些石墨化的材料和其他的能源的消耗，这些所带来的污染问题您认为比汽车在路上跑带来的污染问题要小吗？谢谢！

杨裕生：你的第一个问题是关于除了锂之外的其他的资源够不够的问题。根据我现在的理解，我们正极材料、负极材料、电解液这些资源都是比较丰富的，应该不成问题。第二个问题是关于制造锂电池和使用过程当中是不是也造成很大的污染问题。这些污染当然是要治理的，不允许在发展产业当中产生污染，但是它是可以集中治理的，不像汽车满地跑，排出来的有害气体和二氧化碳是很难治理的，污染的形式和治理的方式不可同日而语。

电动技术产业与新材料需求*

我国自主研发的 595 辆多种新能源车辆在 2008 年北京奥运会会上成功运行，为我国政府承诺“科技奥运”、“绿色奥运”的圆满实现，作出了重要贡献。55 辆纯电动大客车配以锰酸锂、磷酸亚铁锂为正极的动力型锂离子电池。此外，杭州、上海等城市的公交线上也有以锂离子电池为动力的纯电动车行驶。这说明，以锰酸锂和磷酸亚铁锂为正极的动力型锂离子电池是安全的，我国的电动车水平已基本上与国外不相上下。

目前我国能源和环境问题突出。大量节油、代油，是我国能源和环保领域长期而重要的使命。

混合动力车是过渡性车种。燃料电池电动车一、二十年内指靠不上。纯电动车不用油，结构最简单，无油路、水路和气路，使用、维修方便，很有优势。而且电池可在夜间利用廉价“谷电”和现成的线路进行充电，替电网“分散调峰”，既推销了“谷电”（实际上是风电和核电），又可节省大量建设抽水蓄能电站的经费，每年并可顶替数千万吨燃油。大力发展纯电动车，以电代油，是节省用油、减轻城镇空气污染、降低噪声的有效途径，是实践科学发展观的具体行动，意义重大，并且十分迫切。

“电动技术产业”是以电动车的生产和运行为主体、以动力电池为核心的庞大的高技术产业群，可以预期在不久的将来将在我国蓬勃兴起。

“电动技术产业”可包含五大门类：

（1）电动车类：包括电动车、电动机、电控系统的生产与维修等；

（2）动力电池类：包括动力电池、电源管理、能量回收等；

（3）电池材料类：包括正极材料、负极材料、电解液、膜及其原料等；

（4）电池回收类：包括电池回收、电池复用、资源再生等；

（5）供电设施类：包括供电设施、充电体系、充电服务等。

以每年生产 500 万辆纯电动汽车为核心，总产值将以万亿元计；每年维持几千万辆纯电动汽车运行，总产值也将以千亿元计。应优先发展一次充电可行驶 150~200 公里的纯电动车，用于市内行驶！以动力型锂离子电池为能源，生产电动摩托车，按摩托车进行管理，消除燃油摩托车的严重空气污染，对以电代油的贡献也很可观；同时

---

* 本文为 2009 年 6 月 22 日在宁波市产业升级改造研讨会上的演讲稿摘要。

严格执行电动自行车的标准，发展电力助动车。既适合我国小康社会的消费水平，又有利于交通安全。

动力电池是“电动技术产业”的核心产品。为了增强“电动技术产业”今后持续发展的“后劲”，要特别加强研究比能量更高、寿命更长的安全动力电池，尤其要研发有自主知识产权的新电池体系及其新材料。政府要进一步加大这方面的经费支持，有关的大企业也要改变观念、舍得投入研究经费，科技人员则要迎难而上、埋头苦干、实实在在地搞些创新。

“863”计划应该支持铅酸电池的技术发展*

几天前，美国总统奥巴马宣布，拨款24亿美元支持美国48个项目发展“下一代电池和电动车”生产，其中用于电池及其材料生产的为 15 亿美元。细观其内容，铅酸电池“竟然”包括在此“下一代电池”内。

“十五”期间，电动车专项的一次动力电池进展评估会上，我向国家科技部分管“863”计划的一位副司长建议发展高技术铅酸电池。他回答说，铅酸电池太古老了，不能列入高新技术，否则，我们要被人骂的。说话态度很诚恳，看来确有为难之处。

当时，正是燃料电池处于巅峰的地位，对动力锂离子电池的支持也不是重点，何况古老的铅酸电池呢！

是的，铅酸电池的确很古老，从 1859 年法国普兰特发明铅酸电池算起，铅酸电池已是整 150 岁了。但是，老树也会发新芽的。燃料电池是 1839 年英国格罗夫发明的，170 岁了，比铅酸电池年长整整 20 岁，“863”计划不是大力、持续支持了吗？为何要用双重标准对待铅酸电池呢？

这些年，我在不同场合继续呼吁重视铅酸电池技术的发展，效果毫无。今见奥巴马宣布的“下一代电池和电动车”支持计划，其中就有 3430 万美元和 3250 万美元分别支持两家公司发展“超级电池”的项目，不禁令人感慨一番。

一、什么是“超级电池”？

所谓“超级电池”，UltraBattery，是将超级电容器与铅酸电池的并联使用（可称“外并”），进化为“内并”(lead-acid battery with a carbon supercapacitor combination)，就是将双电层电容器的高比功率、长寿命的优势融合到铅酸电池中，在保持“外并”提高功率、延长电池寿命优点的同时，又能简化电路，提高比能量，并降低总费用。它在我国已经大发展的电动自行车和正在启动的电动汽车中，将产生巨大的经济效益和社会效益。

“超级电池”关键技术有二，一是适合于硫酸电解液的高性能电容碳材料，二是电容碳与铅负极的复合。

我在研究双电层电容器的过程中，早就有意（也有基础）研究这种复合式电池，

---

* 本文原载于《科学时报》，2009 年 8 月 14 日。

但苦于得不到支持。现在美国的“专项”出炉了，其对“超级电池”的支持经费如换算成人民币是 4.5 亿元，但愿这“外来的和尚会念经”，能够感动中国的“菩萨”，不再对铅酸电池存偏见，扎扎实实地支持一把。

二、铅酸电池生命力旺盛

铅酸电池经历 150 年而不衰，在镉-镍电池、氢-镍电池、锂离子电池等新型电池相继上市的几十年中，仍能牢固地占据半数以上的市场份额；我国电动自行车年产近 2000 万辆，保有量近亿辆，绝大多数配用铅酸电池；全世界的各种内燃机车，每一辆都用一块铅酸电池，这绝非偶然。除了其技术成熟、廉格低价、安全性高等传统的突出优点外，与它近些年在竞争中发展了许多新技术密切相关，如全密封式、管式、水平式等新结构；新组份铅合金电极，促进比能量逐渐提高，循环寿命可长达 4500 次（70%DOD）。所以说，铅酸电池没有过时，铅酸电池有新技术。“超级电池”便是其中的一种，可大减重量的泡沫炭板栅是又一种。

“863”计划应该支持“超级电池”，不宜迟疑。为此，我建议政府拿出 4500 万人民币（相当于美国的 1/10），支持 2、3 个产研组合，再加上企业的 1:1 配套资金，用两年的时间研制“超级电池”及其电容碳，并形成一定规模的生产能力。这也是应对金融危机、拉动内需的最好举措之一。

三、“超级电池”有利于减轻铅的污染

一说到铅酸电池，往往必说铅有污染环境的问题。其实铅酸电池是所有电池中回收率最高的品种，而且大企业生产过程对铅也已有严格控制。要切实解决的是铅矿开采冶炼中和废电池再生中的铅、酸污染；只要环保部门认真负责抓紧，问题并不难解决。

“超级电池”内的用铅量比现有铅酸电池大为减少，使用寿命延长又能减轻再生的工作量，这些均直接有利于减轻铅的污染。

发展“超级电池”，利莫大焉！

节油率是衡量电动汽车的根本标准*

发展电动汽车，目的在于缓解汽车普及带来的石油紧缺、空气污染和二氧化碳排放加重三大直接恶果，其中最根本的是节油。

当前，电动汽车按电源及其使用模式可划分为 5 种："油-电"混合动力汽车有两套动力系统，以内燃机动力系统为主，电动机动力系统在车辆起动和爬坡时提供辅助功率，电池的电来自车上的内燃机发电和制动回收的电能，节油效果有限；"外充电式（plug-in）"混合动力汽车又称"电-油"混合动力汽车，也有两套动力系统，电池由市电充电，在市内可行驶 40 公里左右而完全不用油，郊外、长途则直接用油行驶；燃料电池电动汽车以氢气作为燃料电池发电的燃料，为汽车电动机提供电能，需并联动力型电池或超级电容器以提高起动和爬坡时的功率；纯电动汽车完全由蓄电池供给电能，用市电充电；"双充式"电动汽车又称"增程式"电动汽车，其电池先由市电充电供市内行驶，长途行驶中由车上的小型发电机（用油）不断给电池充电，传到车轴上的动力完全由电动机提供。在同样满足车辆安全性、可靠性、经济性、实用性的前提下，能源利用（含转换）效率应作为评判电动汽车价值的首要标准。

一、"油-电"混合动力汽车节油效果有限

"油-电"混合动力汽车可以省油百分之几（也有人说可达 15%~20%），有其可取之处，典型的是日本的丰田普锐斯（Prius）混合动力轿车，采用动力型氢-镍电池，安全性较高。由于氢-镍电池比能量不够高，装配在纯电动轿车上重量太大，于是在保留强大、先进内燃机工业的意愿下，出现了这种完全用油但节油效果不高的车种。在动力型锂离子电池出现且价格不断下降的今天，"油-电"混合动力汽车已遭遇强劲的竞争对手。

二、"电-油"混合动力汽车是过渡性车种

美国热衷的"plug-in"混合动力汽车行驶 40 公里以内用市电，不用油，平均节油率可达 20%~35%。目前动力电池的比能量还难以满足长途行驶的要求，中途充电的条件尚不具备，这种过渡性车种在一定时期内有一定的生存空间。但由于其内燃机动力系

---

* 本文原载于《中国高新技术产业导报》，2009 年 8 月 17 日。

统仍是“大马拉小车”，油、电两套动力系统混联，结构复杂，增加了车辆成本，严重影响竞争力。随着动力电池的比能量提高，使用寿命延长，成本下降，充电方便起来，“电-油”混合动力汽车的竞争力将不断下降。

三、燃料电池电动汽车的前景还要“走着瞧”

质子交换膜燃料电池的化学原理简单，氢气易制，无污染，比能量高，这些优点极易使初识者对其产生美好的印象。然而，由于制氢耗能大，氢在燃料电池中发电效率不高，能量总转换效率仅 30%，远低于锂离子电池的 90%，同时还有其他问题需要解决，燃料电池电动汽车的产业化来日方长。

四、纯电动汽车最为节能减排

纯电动汽车的优势最大：一是不用油，100 万辆纯电动轿车每日约可替代汽油 1 万吨；二是无污染；三是全费用（车价 + 能源价）有可能低于燃油汽车；四是结构简单，无油路和水路，使用、维修方便；五是电池可在夜间利用廉价“谷电”和现成的电网线路充电，既推销了“谷电”（主要是核电和风电），替电网“分散调峰”，又可节省大量建设抽水蓄能电站的经费。

动力型锂离子电池的售价目前每千瓦时容量约为 3000 元，随着隔膜等材料的国产化，价格还将不断下降，有的企业已报出 2500 元的价格。如果分摊到 2000 次充放电，再加上夜间的电费低廉，电动大客车行驶 1 公里的总费用可控制在 1.5 元，低于燃油车行驶 1 公里耗油 0.4 升的油费 2.5 元（油价以每升 6.19 元计），而且还可省下大功率内燃机与电动机的差价。我国应该跨越式、优先发展一次充电可行驶 150~200 公里的纯电动汽车。

五、“双充式”电动汽车性能引人注目

“双充式”电动汽车的概念国外曾有人以“增程式”提出，但真正突破技术难关、成功做出大客车且显著节油的事例却发生在中国。

一般说来，公交车所需峰值功率可达 100 千瓦，故需装配功率很大的内燃机。但由于城市公交车平均速度极少超过每小时 50 公里，11 米长的客车实需平均功率仅 30 千瓦 左右。所以，如果电池组能提供功率 30~40 千瓦、可行驶 50 公里的能量，事先充电，电动公交车就能正常运行 40 公里；如果车上再配一个有动态控制功能的 30~40 千瓦发电机组以满足平均功率，在行驶中连续发电给电池组充电，电池组就不会缺电，电动公交车就能连续正常运行。由于车上的发电机组只需应用于轿车的小型内燃机带动且基本恒功率运行，能量转换效率大幅提高，节能效果明显。并联的超级电容器在车辆起动和爬坡时提供辅助功率，在制动和下坡时回收部分能量，既可减少电池用量，

又为节能锦上添花。

不久前，北京科凌公司对该公司生产的两辆“双充式”电动客车进行了一次测试：6 月 16 日中午，两辆客车充电后从北京密云出发，中途再充电一次，18 日中午抵达扬州，共行驶 1100 公里。其中一辆 11.3 米长的客车百公里耗油 18.4 升，远低于燃油公交车的 40 升油耗，节油率达 54%；另外一辆 8.5 米长的客车百公里耗油 14.5 升，节油率达 52%。

“双充式”技术同样适用于电动轿车，预计百公里耗油 3 升左右，节油率相当可观。

“双充式”电动汽车采用全电力驱动，是纯电动汽车的扩展，动力结构简单，维护费用也可大幅降低；燃油发电增程，可降低电池的用量、延长电池使用寿命；用定型小内燃机发电，可降低一次性投资和运行成本。

由此可见，“双充式”电动汽车在能源利用效率、价格、使用的方便性等方面具有优势，预计其将以强大的竞争力迅速发展。

铅酸电池的明天会更好
——杨裕生院士山东圣阳考察报道

2009年12月13日，中国工程院杨裕生院士和电化学专家曹高萍博士、张浩博士一行到山东圣阳电源股份有限公司进行了参观考察，并与圣阳电源董事长宋斌先生和公司有关人员就新能源储能和车辆电动化所需电池的发展前景做了深入、广泛的交流和探讨。

杨院士居高分析了新能源和电动车产业发展对电池的需求，综合阐述了各类电池发展面临的问题后，认为铅酸电池经历150年而不衰，至今仍能牢固地占据半数以上的市场份额绝非偶然，除了其技术成熟、价格低廉、安全性高和可再生循环等传统的突出优点外与它近些年在竞争中发展了许多新技术密切相关。如阀控密封结构、新组份铅合金正极板栅、新型负极添加剂、超级电池等，都促进铅酸电池比能量、比功率和循环性能逐渐提高，最新数据铅酸电池的循环寿命已长达6000次（70%DOD）。所以说，有了新技术，铅酸电池没有、也不会过时，而是会大有新作为，铅酸电池的明天会更好。

一、新能源规模储能中铅酸电池大有作为

规模储能技术事关国计民生，具有越来越重要的社会价值和经济地位。从能源可持续发展的角度来说，未来人类依赖的是可再生能源，而只有应用规模蓄电才能调节可再生能源的连续性和稳定性，如风能、太阳能等。

规模蓄电（储能）技术可以广泛应用于电动车、电动船、后备电源及电网的"削峰填谷"方面。仅就削峰填谷讲，中国电网 8 亿千瓦，峰谷比一般为 1:0.7，（而美国、日本、德国、英国、法国和俄罗斯的峰谷比分别为：1:0.25，1:0.4，1:0.2，1:0.35，1:0.35 和 1:0.52，一般发展中国家的峰谷比是 1:0.63），由于我们国家用电结构已经并将继续发生根本性的变化，随着高耗能企业（昼夜用电较均衡）用电比例的下降和核电（恒功率发电）、风电（大风电场多在北方，夜间风大）的快速发展，电网峰谷差将日益增大，电网面临的调峰任务和压力日趋严峻。但发电侧调峰能力是有限的，且是以牺牲能源转换率、设备利用率等为代价的。所以，为了做到资源的合理配置，用电则也必须采取调峰措施。普及分时计价、拉开峰谷电价差距，推动采用规模蓄电技术进行"分散调峰"，对节能减排具有重大意义。

规模储能技术的应用是为了节约能源、减少污染，故储能技术的评价标准首要的是安全性，即不燃烧也不爆炸，在确保安全下才能考虑提高循环寿命、比能量、比功率；其次就是能量转换效率与自放电：即输出能量和输入能量的比率，也包含体系在全寿命周期中的工作效能，还有就是成本、可维护性和环境友好等方面。

在循环寿命相当的前提下，目前每 KWh 电池成本铅酸电池按 1000 元计算，锂电池约为其 3 倍、全钒液流电池约为其 10 倍、钠硫电池约为其 20 倍。可见在各类规模储能技术的竞争中，铅酸电池具有资源丰富、回收利用率高，性能稳定、安全可靠，价格低廉、经济高效的竞争优势。

二、铅酸电池技术进步应紧跟车辆电动化发展趋势

2009 年中国汽车销量将超过 1300 万辆，成为世界汽车销量第一大国。面对石油紧缺、有一半需从国外进口的国家能源安全问题，减轻城市空气污染、减少二氧化碳排放缓解温室效应的国家节能减排承诺兑现问题，发展电动车是刻不容缓的。

客车、轿车、自行车、摩托车都应该电动化，哪一种电动车应该优先发展？首先杨院士强调电动自行车也是"电动"车，国家已无法再"限制"使用，而应在车身重量和行驶速度上严格规范管理、引导发展；其次，中国的纯电动车应该先做电动摩托车（现有燃油摩托车的量大、油耗高、污染重）、微型四轮车，本着先小后大、先易后难、先低速后提高的原则，吸取电动自行车的教训，政府要引导、鼓励和帮助，这样才能在耗电少、电池少的上述这些小车上面做成价格比较低的车子，使之和我们国家当前

的消费水平相当，使群众能买得起，这样用户才能多，同时电池企业的风险也会比较小。

目前电动汽车选择什么样的车种优先发展还有着不同的认识和估计。在同样满足车辆安全性、可靠性、实用性的前提下，节油（含能源转换效率）应作为评判电动汽车价值的首要标准。当前电动汽车按电源及其使用模式可划分为5种，以日本的丰田普锐斯（Prius）为代表的“油-电”混合动力车，美国人热衷的“外充电式(plug-in)”混合动力车又称“电-油”混合动力车（以上两种统称为混合动力车）、燃料电池电动汽车、纯电动汽车和“增程式”电动汽车又称“双充式”电动汽车（以上三种为纯电驱动）。通过如下对比，杨院士明确指出：跨越式一步发展纯电动汽车是正确的选择。

1. 前两者均需要两套动力系统、结构复杂、节能有限、成本偏高，而且我国没有技术优势，只能作为企业行为的过渡性车种发展；

2. 因氢在燃料电池中发电效率不高，能量总转换效率仅 30%，远低于铅酸电池的 80%、锂离子电池的 90%，同时还有其他如氢的储运困难、电池寿命不长、维护困难、铂的资源稀少等问题需要解决，燃料电池电动汽车的产业化还来日方长；

3. 纯电动优势最大。一是不用油，100万辆纯电动轿车每日约可替代汽油1万吨；二是无污染；三是全费用（车价 + 能源价）有可能低于燃油汽车；四是结构简单，无油路和水路，使用、维修方便；五是电池可在夜间利用廉价“谷电”和现成的电网线路充电，既推销了“谷电”（主要是核电和风电），替电网“分散调峰”，又可节省大量建设抽水蓄能电站的经费。我国应该跨越式、优先发展一次充电可行驶几十至150公里左右的纯电动汽车。

4. “增程式”电动汽车采用全电力驱动，是纯电动汽车的扩展。其动力结构简单，维护费用也可大幅降低；燃油发电增程，可降低电池的用量、延长电池使用寿命；用定型小内燃机在最佳工况下发电，可降低一次性投资和运行成本。由此可见，“双充式”电动汽车在能源利用效率、价格、使用的方便性等方面具有优势，预料其将以强大的竞争力迅速发展。

由上述分析可见，车辆电动化为动力型电池提供了广阔的市场空间。电动车辆从小到大的发展趋势，对动力型电池需求也提出了同样的要求，正如铅酸电池在电动自行车上应用有明显的优势一样，在电动摩托车、微型四轮车上铅酸电池也已成功应用并取得一定的领先优势，同时铅酸电池顺应汽车电动化的发展向超级电池的技术进步，也使铅酸电池有技术能力参与今后的竞争，特别是“增程式”电动汽车上。

三、铅酸电池不应背负“污染严重”的“罪名”

针对当前铅酸电池背负“污染严重”“罪名”的现象，杨院士明确指出应该科学认识、有效治理、不要“谈铅色变”。美国作为当今世界唯一超级大国，耗用的铅酸电池 70%是国内制造，仅 30%依靠进口。图 1 是 2002 年美国每年铅排放来源的统计资料：

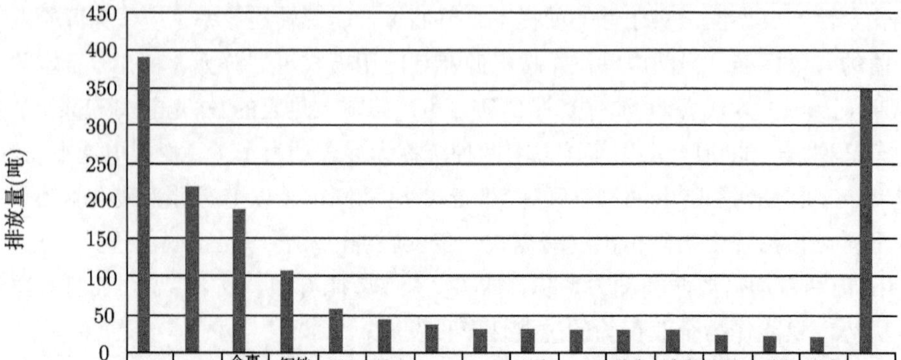

	航空燃料	电厂锅炉	企事业单位锅炉	钢铁铸造厂	原生铅冶炼	再生铅冶炼	采矿	军事设施	市政废物燃烧	电弧炉	综合钢铁厂	玻璃及制品	铅酸电池制造	再生有色金属	危险废物焚烧	其他
排放量(吨)	392	221	191	110	59	46	38	33	33	32	32	32	25	23	22	351
占比	23.9%	13.5%	11.6%	6.7%	3.6%	2.8%	2.3%	2.0%	2.0%	2.0%	2.0%	2.0%	1.5%	1.4%	1.3%	21.4%

图 1　铅排放统计

从图 1 数据可见，美国位于铅排放首位的是航空燃料，铅酸电池制造过程的铅排放量都低于玻璃及制品。2003 年美国环保局调查统计，铅酸电池制造飞散排放的铅未进入前 100 种排放源；由此，美国拟修改标准把铅酸电池制造业从铅主要污染行业中取消掉。铅酸电池制造产业链上，原生铅冶炼和再生产铅冶炼的铅排放均高于铅酸电池制造。全部铅冶炼和电池制造排放铅的总和都低于电厂锅炉的铅排放量，故美国把对铅酸电池防止污染的治理重点放在回收环节，进行立法有效管理。

在参观圣阳电源的生产基地、了解了圣阳电源的铅防治情况后，杨院士对圣阳电源环境保护和职业安全工作给予了充分肯定。我们国家铅酸电池制造作为生产许可证管理行业，只要有效把住生产许可口，保证生产企业环保设施到位、有效控制达标排放，则铅酸电池制造过程对环境的污染就不存在严重之说；借鉴国际先进管控经验，国家工业、环保部门和地方政府认真负起责任，有效管理铅酸电池的回收、及原生铅冶炼和再生产铅的冶炼过程，同样也可解决其污染环境的问题。

四、各种电源应在发展中竞争、在竞争中发展

电源行业当前存在一种现象，各种新型电源都喜欢拿铅酸电池作为比较（负面）对象，给人的印象好像 150 岁的铅酸电池应该或者很快就要被全面替代。实际上，在镉-镍电池、氢-镍电池、锂离子电池等新型电池相继上市几十年后，铅酸电池依然牢

固地占据二次电源市场半壁以上的江山，且至今都不存在一种新型电源将会全面替代铅酸电池。究其原因，一方面具有资源、成本优势的铅酸电池本身从未停止过技术进步（国外尤其明显），从而能够不断创新满足新需求；另一方面，各种电源都各有利弊，很多新型电源本身工业化生产的时间就很短甚至尚未大规模生产和应用，尚存很多问题需要发现和解决，以偏代全的结论是不实事求是的。

2009 年 8 月美国总统奥巴马宣布，拨款 24 亿美元支持美国 48 个项目发展"下一代电池和电动车"生产，用于电池及其材料生产的为 15 亿美元，其中安排了 3430 万美元和 3250 万美元分别支持两家公司发展"超级电池"项目，这一支持做法值得中国借鉴。杨院士强调自己愿继续呼吁在中国戒除对铅酸电池的偏见，以使铅酸电池技术进步获得扎扎实实的支持。

在全面阐述锂离子电池、钠硫电池、钒液流电池和燃料电池等各类新型电源优势和当前面临问题的基础上，杨院士明确指出：各类电源应在竞争中发展、在发展中竞争，把不断提升性能，延长使用寿命，提高性价比、减少能耗和对环境的不良影响作为企业不懈的追求。

五、行业骨干企业要勇于担负起铅酸蓄电池技术发展的重任

在参观考察的基础上，杨院士对圣阳电源持续的研发投入、深厚的技术积累和企业的健康发展给予了高度评价。

当前企业普遍存在要现成的新技术产品的观念：给我建一条生产线、把钥匙交给我。杨院士指出：一种新技术从实验室到产品，至少要经过两个阶段即放大试验和工程化，这些工作谁来做？现成技术的知识产权掌握在别人手里，工程化过程中有很多专有技术，通过开展工程化工作可以掌握在企业自己手中。这些工作要求小公司来做显然是不现实的，但行业中的大公司应该有一个长远打算，发挥自己的专长，应担负起放大试验和工程化的工作，这对企业未来的发展有益。只有这样，企业的技术水平才能提上去、并进一步赶超业内领先者。圣阳电源作为行业骨干企业之一，要勇于担负起铅酸电池技术发展的重任。

用新技术武装铅酸电池为我国科学发展做出更大贡献
——祝贺首届全国铅酸电池新技术研讨会闭幕*

我们开了一个很有成效的铅酸电池新技术研讨会，15位不同专业的专家在会上做了精彩的报告，200多位代表坚持始终，进行了深入而热烈讨论。

15个报告的主要部分，反映了近些年发展了的许多铅酸电池新技术，如新结构、耐腐蚀铅合金正极板栅、泡沫铅板栅、泡沫炭板栅、新型负极添加剂、减铅添加剂、超级电池新技术、铅炭电池新技术、双极陶瓷隔膜电池等。所以说，铅酸电池是老树发新芽，没有过时，也不会过时。

这些报告的另一部分，是铅酸电池生产、回收的零污染环保技术、卫生新技术；这些报告指出，铅酸电池生产中的污染是有治理技术的，也是能治理的。

这些报告还有一部分，是铅酸电池在可再生能源规模储能和车辆电动化发展的应用和快速充电新技术。这些报告指出了铅酸电池在能源的可持续发展中能够发挥很大的作用，给铅酸电池发展带来新的要求和新的机遇。

大会的报告给我们深刻的印象是，铅酸电池的明天会更美好。

大会的报告也提出了中国铅酸电池三方面问题：寿命不长，污染严重，能量不高（比能量、比功率）。本次新技术交流会的目的就是让我们全面了解铅酸电池技术的状况和自己的差距，看出努力方向。

我们应该认为，本次新技术研讨会圆满地达到了目的。

针对中国铅酸电池三方面问题，我们的努力方向是：延寿、摘帽、加力。我们相信，本次交流会上介绍的新技术应该能够在这三个方面发挥很好的作用。

延寿：有利于节省能量，节省材料，又能减轻电池再生的工作量，直接有利于减轻铅的污染。国外能做到6000次循环，我们也要达到，让一块电池顶十块用。因此，延寿是铅酸电池生产的最大节能、减排。而且，未来人类依赖的是可再生能源，必需通过规模储能来调节可再生能源的连续性和稳定性，就迫切需要长寿命的储能电池。延寿将最有效地降低蓄电成本，推动可再生能源的发展。总之，延寿是铅酸电池对我国实现科学发展的重大贡献。

摘帽：铅酸电池顶着污染的帽子，不仅是个名声问题，更重要的是要对人民健康、

---

* 本文是为“全国首届铅酸电池新技术研讨会（南京）”的闭幕词，2010年4月26日。

对子孙后代负责。有的铅酸电池大企业对生产制造过程的环境保护和职业安全做得很好，这说明生产中的污染要治理，也能治理。只要很重视，就能办好。要严格生产许可证的发放，并由发证部门负责督促已领生产许可证、而污染严重的生产厂限期治理污染；当然，其他大部分铅酸电池厂也都有彻底治理污染的工作要做，应以高度社会责任心舍得作必要的投入。搬迁工厂而不治理污染的做法很不好，以邻为壑，不应鼓励。铅对环境的污染还发生在落后的冶炼和废旧电池再生中，这应该看成也是铅酸电池整个产业链上的一环，国家工业、环保部门和地方政府要认真负起责任，有效管理。我国的废旧电池再生新技术，电耗降至<350 千瓦时/吨铅以下、回收率 98.5%，应加速产业化。

加力：提高比功率和比能量，是增强铅酸电池今后竞争力的必由之路。在我国电动自行车的大发展中，铅酸电池大显了神威；在纯电动汽车和"增程式"电动汽车研制中，已有成功使用铅酸电池的例证。铅酸电池要全面提高性能（包括抗震性能），才能在前景广阔的电动汽车中大显身手，产生巨大的经济效益和社会效益。我们要想抓住这历史性的机遇，就必须在技术上有突破。

总之，要使铅酸电池在各类电池的竞争中站稳脚跟，要在中国消除对铅酸电池的偏见，关键就在铅酸电池技术上不断进步。我们这次研讨会看到了国内铅酸电池技术与国外的差距，为此，要重复会上代表的如下强烈呼声：

1. 请求各级政府部门重视铅酸电池的发展，支持铅酸电池的技术进步，加大对铅酸电池技术研究的投入；

2. 加强铅酸电池的产—学—研结合，充分发挥各自的优势，紧密配合；特别要切实强化企业本身的研发力量，使企业真正成为技术创新的主力。

要说到本次会议的不足之处，主要是以庞大的铅酸电池生产规模来衡量，到会人数还算不上很踊跃。下次会议在明年举行，希望有很多国内的新技术到会上来交流。

本次会议由中国工程院能源与矿业工程学部、中国电池工业协会主办；防化研究院、江苏省科学技术厅、江苏省环境保护厅、泰州市人民政府、苏州大学、南京工业大学联合支持；双登集团承办会议，做了大量的工作。我们全体与会代表对他们表示衷心的感谢。

谢谢大家！

“未来电动汽车高能电源研讨会”开幕词*

全世界正在兴起一个电动车的高潮，铅酸电池、镍氢电池和锂离子电池均在不同的车种中发挥作用。纯电动车是解决石油供应紧张、城市空气污染和气候变暖的最有效车种。但是，目前纯电动车即使使用锂离子电池，合理设计的续驶里程大约也只有150 公里，远远低于传统的燃油汽车。当然，锂离子电池当前也还有巩固成绩、提高一致性和循环寿命、降低成本的任务，这个任务很重要、也有一定难度，一定要在近几年内完成好，这不在话下。

我们今天举行一个未来电动汽车高能电源研讨会，目的是针对当前动力电池满足不了电动汽车发展的要求，研讨比能量更高、安全又长寿命的新型电池。

比能量更高、安全又长寿命，三位一体，密不可分，又相互矛盾，是一项极具挑战性的、长期性的研究任务，我国应该及早谋划，抢占先机。可以设想，未来电动车要求的电源应该有如下性能：

一、不断提高的实用比能量（不是实验室数据）。

从目前 100W·h/kg 分阶段提高，例如：

2015 年——200 W·h/kg，新型锂离子电池可能参与发挥作用；

2020 年——300 W·h/kg，必需发展新的体系；

2025 年——400 W·h/kg，要有创新的新思路；

二、安全性高，在比能量提高之后，这个问题将更加突出。

三、很长的循环寿命，从目前的 1000~1500 次提高到 3000 次。

四、低廉的价格，从目前锂离子电池的 5 元/每瓦时，逐步降到 2 元/每瓦时以下。

五、最好还有足够高的比功率（功率性能可以用超级电容器来补偿，所以还可有些弹性）。

可以看出，这是一项难度很大、持续时间很长的、富有挑战性的研究任务。现在日本、美国都已经制订了发展计划，最近美国能源部成立了高级研究计划局–能源办公室（ARPA-E），部长朱棣文说要实行“寻找奇迹行动”，研究优质电池和开发植物燃料。我国政府在《十二五计划》中，也将以“空前巨大”的经费资助动力电池的发展，既要完善现有的动力电池，也将着手新型电池开发。针对新型电池，我们应该拓宽思

---

* 《未来电动汽车高能电源研讨会》2010 年 9 月 16 日举行于上海复旦大学。

路，大胆探索多种电池体系。

本次会议集中研讨金属空气电池和锂硫电池。虽然从理论上讲锂氧（金属空气）电池和锂硫电池可以达到很高的比能量，而且也已经进行了不同程度的研究或探索，有的甚至已经做成电池，但是我们不妨回忆一下，20 世纪 90 年代锂电池为何转向锂离子电池，现在如果又回过头去研发锂电池，又有哪些问题等待我们去解决；尤其从"未来电动车"的实用需求来衡量，还存在许多有别于移动通讯电源的特点。

锌–空气电池和铝–空气电池的比能量虽高，但充电问题始终困扰着人们；要想出比"换极板"更好的方法，才能普遍推行。

为此，本次会议汇聚多方英才，交流国内外研究动向，畅谈学术思想，特别是要充分揭示出这两种电池的问题和难点。我们应该不拘一格，敞开思想，畅所欲言。

希望通过本次会议，大家能够有所收获，提高使命感，加强信心。

预祝会议圆满成功。

客观看铅酸电池*

编前：日前，本报刊发了郭孔辉院士关于应当支持低速电动车发展的专论，在业界引起反响，支持者与反对者各执一词。针对低速电动车的车用动力电池问题，中国工程院院士杨裕生表示，人们对铅酸电池的认识有些偏颇。杨院士将从技术和环保两个方面阐释自己的观点，本报将分两期刊出。

现在有些人认为铅酸电池太古老了，没有前途；认为它是落后的，难以技术创新，不该支持它发展。

在我看来，这是一种偏见。为什么这么说呢？古老的，就一定是落后的吗？未必！

燃料电池172岁了，比铅酸电池整整年长20岁，我国的“863”计划不是对这172岁的古老技术关爱有加、持续支持吗？目前，国内外公认质子交换膜燃料电池至少要在10年甚至15年之后才可能用在电动车上。但“十二五”时期，“863”计划仍然重金支持质子交换膜燃料电池电动车。

与此形成鲜明对比的是，全国数千万辆使用内燃机的车辆，其发动机都必备一块铅酸电池，人们在享受铅酸电池带来的现代物质文明的同时，不仅不给予铅酸电池以支持，反而把铅酸电池贬低为“落后”的技术。这种“双重标准”就是的典型“偏见”。

铅酸电池是落后的吗？肯定不是！

近些年国外持续研究铅酸电池，发展了许多新技术。新材料方面，有耐腐蚀铅合金正极板栅、泡沫铅板栅、泡沫炭板栅、新型负极添加剂、减铅添加剂等；新品种方面，有阀控式电池、胶体电解质电池、超级电池、铅炭电池、双极陶瓷隔膜电池等；新电极结构方面有管式、卷绕式、网式等。

在科技的推动下，铅酸电池的比能量已从过去的20多瓦时/公斤提高到40瓦时/公斤以上，动力电池可以20以上倍率放电，循环寿命可达6000次（放电70%）。2009年，美国总统奥巴马拨款24亿美元支持美国发展“下一代电池和电动车”生产，其中就有3430万美元和3250万美元分别支持两家公司发展“超级电池”“铅碳电池”等新型铅酸电池，如换算成人民币是4.5亿元，可见力度很大。那么，我们为什么要放弃铅酸电池呢？

我国电动自行车在短短的几年中，发展成年销售额几百亿规模的产业，铅酸电池

---

* 本文原载于《中国汽车报》，2011年3月21日A11。

起了不可抹煞的作用。随着生活水平的提高，使用自行车、电动自行车和摩托车的几亿人开始要求有遮风挡雨的代步工具，于是廉价的小型低速电动车应运而生。广东，山东、江苏、浙江、安徽等省，正在兴建或已经建成若干座年产 20 万辆左右的这种电动车工厂，有的已将产品远销到国外。

我曾考察过被贬称为“山寨车”的一款低速电动车。这种车总重约 900 公斤（含铅酸电池 300 公斤），可蓄电 10 度，最大行程 200 公里，推荐使用行程 160 公里；耗电少，充电问题很易解决；结构简单，节材节能，使用、维修方便；价格约 3 万元，其中电池价格为 5000 元，失效后可花费 2 千元以旧换新。可见，铅酸电池以其安全性高、技术成熟、价格低廉等突出优点，以及够用的比能量和比功率性能，足以满足小型低速电动车的需求。这种以铅酸电池为能源的纯电动小型车，不用油，节能量大，无排放，更适合于城镇、乡村路况行驶，十分符合中国国情和广大中低收入消费群体的消费理念。

我认为，以铅酸电池为动力电池的小型低速电动车，是我国电动汽车真正产业化生产的第一代品种，是我国电动技术产业的开路先锋和形成规模的突破口，也是我国未来电动汽车发展的基础，它将为电动汽车技术不断提高作出重要贡献。

为促进电动汽车产业的健康发展，我们应以高度的热情，积极加以扶持；政府部门要主动引导，尽快制定标准、规章，发放“准生证”，加快产品准入，使之造福于广大百姓。

铅酸电池本身不会污染环境*

一说到铅酸电池，人们往往立刻会谈及它污染环境的问题，并草率地得出不应发展它的结论。其实，铅酸电池是所有电池中回收率最高的，它不像其他电池那样废弃后到处扔，污染环境。

通常，铅酸电池的污染可发生在三个阶段。

一是铅矿的开采和冶炼环节。这主要发生在使用“土法”生产的小厂矿。如果能够克服地方保护主义，对小厂矿限期改造或关停，是可以在技术上杜绝这部分污染的。

二是铅酸电池的生产环节。一些大企业对制造过程的环境保护和安全做得很好，还有企业获得了“国家环境友好企业”称号，这说明铅酸电池在生产环节的污染是能治理的。当然，也确实还有相当数量的铅酸电池生产企业仍需要加强污染治理。解决这个环节的污染控制问题，首先要求相关部门严格生产许可证的发放，对污染严重的生产厂应限期治理，到期不达标者应由发证部门负责撤销生产许可证。值得一提的是，目前出现了有的企业搬迁工厂而不治理污染的做法，政府应严格制止这种行为。

三是废铅酸电池的再生环节。现在铅酸电池再生环节常用干法再生技术，其缺点是铅的回收率不高，能耗却不低，应该升级换代。此外，应该坚决取缔手工式的铅酸电池再生“作坊”。目前，我国已有成熟的废旧电池再生新技术，可使电耗低于 350 千瓦时/吨铅，回收率达 98.5%，这种新技术应该加速产业化推广，将铅酸电池再生环节的污染降到最低。

综上所述，当下我国铅酸电池生产链中确实存在着污染问题，但这个问题不是铅酸电池所谓的“古老”或“落后”造成的，是管理上的问题，是可以通过努力解决的。有关部门和地方政府只要认真负起责任，有效管理，就一定能够将铅污染的治理工作做得和欧美一样好。因此，我们不能因噎废食，放弃使用铅酸电池，不再支持它的发展。

但现状是，在我国，铅酸电池的研发得不到政府的经费支持，大批科技人员不得不转变研究方向，大型企业只得花大钱购买国外技术设备，小企业因陋就简以低成本参与不正当竞争而造成环境污染；再加上管理不力，形成了先进技术与落后技术生产并存的产业格局，既扰乱了市场，也败坏了铅酸电池的名声。

---

* 本文原载于《中国汽车报》，2011 年 3 月 28 日。

目前，铅酸电池技术还在继续发展，其比功率和比能量还可继续提高。特别是延长寿命，不仅有利于节省能量，节省材料，更有效地降低蓄电成本，又能减轻电池再生的工作量，直接减轻铅污染。国外铅酸电池能做到 6000 次循环，我们也应该向这个方面努力，使一块电池顶十块用，让铅酸电池对我国经济和社会发展作出更大贡献。

铅酸电池是老树，老树能发新芽，它没有过时，在可预见的未来也不会过时。

在张家港华盛公司的讲演

尊敬的沈董事长、尊敬的各位来宾、女士们、先生们：

今天是张家港市华盛化学有限公司新工厂落成的喜庆日子，我对新工厂的落成表示最热烈的祝贺，对沈董事长和华盛化学有限公司全体员工致以最崇高的敬意。能有机会出席这次庆典仪式，我感到非常荣幸。

锂离子电池的应用已从电子信息领域扩展到了新能源领域，成为电动车动力和可再生能源储能的主角，是我国未来低碳经济的重要组成部分，发展前途不可限量。电解液好比是锂离子电池的血液，添加剂是电解液中不可或缺的组分，它在锂离子电池中起着四两拨千斤的作用，可以说，没有性能良好的添加剂，就没有高可靠性、长循环寿命的锂离子电池。在过去的 23 年里，华盛化学有限公司把锂离子电池添加剂作为事业来做，突破技术难关、打破国外垄断，一步一个脚印地、踏踏实实地发展，取得了主要添加剂 VC 和 FEC 作为全球最大供应商的业绩，促进了我国锂离子电池的发展。此外，还开发出了特种有机硅系列产品。

华盛化学有限公司荣获了江苏省“高新技术企业”、“苏州市重点民营科技企业”、“江苏省民营科技企业”、“张家港市首批创新试点企业”，可喜可贺。新工厂的落成是过去成绩的累积，也是一个新的起点。我预祝华盛化学有限公司新工厂蒸蒸日上，华盛化学有限公司的未来更加辉煌。我十分相信，华盛化学有限公司将为我国能源事业做出更大贡献。

谢谢大家。

杨裕生

2011 年 11 月 20 日

要十分重视“镍碳超级电容器”报道引起的负面效应

能源与矿业工程学部
化工冶金与材料工程学部
环境与轻纺工程学部并呈
周济院长及中国工程院科学道德委员会：

国家科技部的机关报《科技日报》2011 年 9 月多次在显著位置报道了军服材料专家周国泰院士研制出“镍碳超级电容器”的消息和事迹，周国泰院士并表示：“高能镍碳超级电容器的研发成功，是电动车电源的一个新突破，它将对电动车产业发展带来深刻影响。”此事引起了电池和电动车专业人士的很大关注和议论。我们也认为，科技人员应该实事求是地介绍自己的业绩，媒体在报道时要“拧干水分”，更不能“添油加醋”，以免误导读者，尤其不要给政府机关和决策者以虚假信息。

归纳起来，《科技日报》的报道存在如下几个问题：

1. 按照超级电容器的定义，其两电极中必须至少有一个电极是单纯的电容储能机制，主要是用高比表面炭材料作为活性物质。周国泰研制的所谓“超级电容器”，是在镍氢电池的负极中加了 30%的活性炭，负极的主要成分仍是储氢合金，不符合“超级电容器”的定义和实质，所以不是“超级电容器”，而只是一种比功率较高的镍氢电池。

2. 镍氢电池的储氢合金负极中添加高比表面炭（如添加比表面约 $1400m^2/g$ 的科琴炭 1%~3%），已是国内外众多镍氢电池生产用的工艺（如原天津和平海湾公司购自日本的工艺、江苏海四达公司的工艺等），目的是提高电池的比功率和循环寿命。但是，目前动力型镍氢电池的功率特性完全能够满足混合动力汽车(HEV)的要求，丰田的 Prius 已经在全球大批量销售，电池的循环性也非常好，并可实现很深的放电深度，其技术措施只是将电极片改薄而已。周国泰研制的所谓“超级电容器”，将加入到镍氢电池负极的活性炭比例提高到 30%，企图用于电动车，其比能量（推算应在 42 瓦时/千克上下）并未超过现有动力型镍氢电池（45 瓦时/千克）。所以，这项工作的创新性并不强，效果也不突出，不是“电动车电源的一个新突破”，而且其综合性能还有待仔细测试和研判，不宜大肆渲染。

3. 电池的充电–放电循环寿命与充放电的深度密切相关联。电池如按超级电容器的比能量（一般为 5 瓦时/千克左右）进行“浅充、浅放”，则寿命可达几千、几万、乃至十几万次。以《科技日报》报道的情况折算起来，该电池(比能量若为 42 瓦时/千克)每次放电只约 1 瓦时/千克，放电深度仅约为2%,寿命当然可以很长（与之相比较，商品镍氢动力电池比能量 45~50 瓦时/千克，40%放电深度，可循环 30~40 万次)。以这种放电方式下的“长寿命”，含混地代表电池在纯电动汽车行驶中深充、深放方式的寿命，显然是有意蒙混局外人以制造轰动效应，使公众误认为是一项了不起的成果。

4. 纯电动车的续驶里程主要取决于电源所储电能的多少，即电池重量 × 比能量。据《科技日报》的报道，电动客车使用周国泰院士的电池进行满员路试，结果一次充电行驶了 210 公里，但只字不提电池的重量。周国泰则说，每百公里耗电 70 度。（看来，这是一辆不太大的电动客车。）由此可以算得，电源所储电能至少应为 147 度，电池的净重应在 3.5 吨左右。人们不禁要问，电动客车装如此多的电池进行行车试验，有何意义呢？是否有哗众取宠之嫌呢？还是续驶里程数据有水分呢？

现在，这个“一次充电行驶了 210 公里”的“成绩”，已经在层次相当高的人士中造成了错觉，好像真是我国“电动车电源的一个新突破”。作为一种特殊的优待，不经专家评审就轻易地获得了国家相关部门的大笔、大笔拨款。有了政府的上述支持作为基础，现又在运作若干亿的产业化项目，民间资金很有可能误入，令人担忧。

鉴于以上情况，为了正视听、正学风、正党风，我们建议：

1. 由中国工程院尽快组织一次学术报告会，请周国泰院士介绍此工作；

2. 邀请国内电池界和电动汽车领域的专家,也邀请国家科技部相关领导及《科技日报》等媒体参加此学术报告会。

当否？请示。

能源与矿业工程学部　　　杨裕生
化工冶金与材料工程学部　陈立泉
2011 年 11 月 30 日

谈铅酸电池行业的转型与发展*

一、如何看待2011年铅酸电池行业整顿

铅酸电池本身不污染环境。铅的冶炼、电池生产和再生铅加工过程如管理不善，就会对环境造成危害。

今年政府部门抓紧铅污染的治理，一是做了早就该做的事，是“亡羊补牢”之举。但还是晚了些！

二是铅污染的治理，为行业的健康发展开辟了大道。有人认为“政府部门抓紧铅污染的治理，意味着打击了铅酸电池行业，铅酸电池没有发展前途了”，这是短视之见。可以预测，铅酸电池将比我们所有在座的人存在更长，我们的孙子辈、孙子的孙子辈还要用铅酸电池！

三是铅污染的治理，将淘汰落后产能，消除残次产品对市场的干扰，优秀企业的利润将更丰厚。

四是今年政府部门抓的铅污染治理，只是第一步；后续任务还很重，应持续抓下去，不可松懈。

要进一步加强管理，严格铅酸电池的准入条件，同时对现有企业不断进行整顿，治理污染环境，优化工业卫生，生产企业围墙里要做到文明生产，才能彻底摘除铅酸电池生产链的污染帽子。

我相信，外国人能做到的，中国人也一定能做到，而且可以做得更好。

二、国家应怎样对待铅酸电池行业的发展

一要如实地认识铅酸电池，部分官员要消除对铅酸电池的偏见。

铅酸电池是化学电池中市场份额最大、使用范围最广的电池，尤其在汽车和移动通信中占据极其重要的位置。它的优点突出：安全性高；廉价；功率特性、高低温性能优越。

我国的铅酸电池，因部分官员的“古老”、“污染”、“落后”等不实之词，新技术的研究已多年得不到国家支持。“古老”不等于“落后”。燃料电池比铅酸电池老20岁，还

---

* 本文原载于《电动车与经销商》杂志，2012年1月（总第07期）。

不是被人捧上了天！铅酸电池使用中不污染环境；不能因政府部门对铅酸电池生产中的污染监管不力，而说铅酸电池“污染”。

二要大力支持铅酸电池的技术进步。

发达国家一直没有中断铅酸电池新技术的研究，卷绕式、管式、长循环寿命阀控式、双极性等先进铅酸电池已在各类电动汽车中进行批量路试，部分新型电池已进入产业化。我国铅酸电池技术研究已多年得不到国家支持，与发达国家差距拉大了！

要大力支持铅酸电池的技术进步，加大对铅酸电池新技术研究的投入，发展铅酸电池新技术，不断提高其比能量、循环寿命等指标；要在我国快速推行铅酸电池生产新工艺。

三要将铅酸电池列为电动车、规模储能的首要电源。

铅酸电池是微混/轻混型节能汽车的理想电源。微混/轻混型节能汽车的发展已成国际趋势，北美、欧洲、日本等发达国家已明确 2020 年全部淘汰纯燃油车，实现汽车电源由 12V/14V 向 36V/42V 系统转换，汽车电源系统将更新换代。我国应制定燃油车微混化的进程，根据此进程提前形成配套活性炭的批量生产。铅酸电池还是微小型纯电动汽车最现实的电源，安全、价廉，市场前景广阔，并已外销，应该允许在国内生产和销售。

可再生能源发电，尤其是风能发电，要首先用铅酸电池进行储能。美国已开始建设 300 兆瓦时的大型铅酸电池蓄电站，值得参考。

三、国外同行业的战略规划对我国的借鉴意义

美国政府拨款 24 亿美元支持美国 48 个项目发展“下一代电池和电动车”生产，其中就包括了铅酸电池，分别安排 3430 万美元和 3250 万美元支持两家发展铅酸“超级电池”项目。而我国部分官员持有铅酸电池“古老”、“落后”等偏见，是发展中的中国“超前”发达国家的特有现象，是不明智、片面性、缺乏科学知识的表现。而且任凭旁人怎样解释和说明，他们依然坚持己见。熟话说，外来的和尚会念经。我希望，美国和尚念的经能够打动中国的菩萨。

对我国的铅酸电池行业而言，应该不等不靠。铅碳电池和超级电池是铅酸电池和超级电容器技术的结合，是燃油车微混化的基础，在其他电动车中也可应用，铅碳电池比超级电池的生产工艺简单。我们和几家院校分别与很多企业合作，已经积极行动起来了。

我们还应该研制有自主知识产权的高比能量、长寿命铅酸电池（第一阶段：比能量 60Wh/kg，寿命 1000 次以上），增强我国铅酸电池行业的生命力和竞争力。新型铅酸电池的比能量和循环寿命大幅度提高、并改变不宜深度放电等不足之后，其性能可

与其他电池相媲美，并仍能保持安全、廉价的优势，将有力推动我国电动汽车和可再生能源的发展。

四、目前铅酸电池技术的发展环境

政府的支持对任何技术的发展都是十分重要的！希望政府部门尽快改变在铅酸电池技术发展上被动、滞后局面，担当起应有的领导作用。

少数官员对铅酸电池的偏见，对铅酸电池发展有十分严重的负面影响。不给铅酸电池微型电动汽车发“准生证”，不给发牌照，就是典型表现。甚至还有官员说，清华大学研制铅酸电池电动汽车是丢清华的脸。今年我在科学时报 7 月 28 日发表文章“别藐视铅酸电池微型电动汽车”，就是希望消除这类偏见的大声疾呼。

我国政府应该全面地评价铅酸电池的性能，如实地认识铅酸电池的现实重大作用，摈弃藐视、轻视铅酸电池的偏见，积极支持使用铅酸电池的各种电动车、储能电站的发展。

五、铅酸电池行业的转型与发展

铅酸电池行业要紧紧抓住当前的有利时机，改进生产工艺，继续治理污染；企业要实现技术创新主力军的作用，开发“微混、轻混”等节能型汽车用的铅碳电池新技术，以及电动汽车和可再生能源所需的新型铅酸蓄电池技术。

我送给铅酸电池行业一段顺口溜：

铅行业，当自强；
企业家，放眼光。
少挣钱，治污染；
厂清洁，人健康。
再生能，要配合；
电动车，紧跟上。
技术新，大发展；
前程远，无限量。

电池中添加活性炭与超级电容器*

超级电容器的主要不足是比能量不高，而电池的主要问题是要提高比功率和延长循环寿命，二者并联使用在一定程度上可以互补而得较好的效果。近些年来，在超级电容器和电池的内部进行“交叉”，即在超级电容器里加入电池的电极材料，也在电池中添加活性炭，使二者的性能均有相应的改善而又可简化外电路。随着研究的进展，衍生出许多不同的组合方式，产生了许多新的名称，虽然大多数的组合方式与名称相符，但也有个别是有意无意的名不符实。本文意想整理一下，首先划分“电池”的变种与“电容器”的变种，然后再行细分，供大家讨论。

一、超级电容器及其变种

超级电容器是两个电极均以双电层原理蓄电的储能器件(图 1)，主要用活性炭(大比表面的炭)作为储能材料，其电解液有水溶液体系（包括酸、碱、中性）和有机溶液体系，后者可以有较高的电压。超级电容器的主要特性是充放电循环寿命长，比功率高，但比能量低。

混合型超级电容器是一个电极以双电层原理蓄电、另一电极为具有氧化还原作用的电池电极材料的蓄电器件。以双电层原理蓄电的电极既可以作为正极，也可以作为负极。例 1：正极为 PbO_2，负极为活性炭（图 2a）；例 2:正极为 NiOOH，负极为活性炭（图 2b）；例 3:正极为活性炭，负极 $Li_4Ti_5O_{12}$（图 2c）。混合型超级电容器的比功率、比能量介于电池与超级电容器之间，而更接近超级电容器。

混合型电池超级电容器（图 3）是混合型超级电容器的活性炭正极中混入小部分锂离子电池电极材料，活性炭仍是该电极的主要成分：

图 1　超级电容器

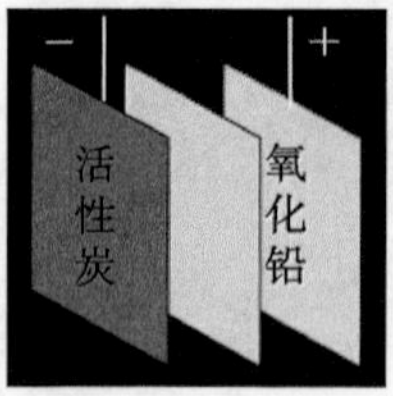

图 2a　氧化铅混合型超级电容器

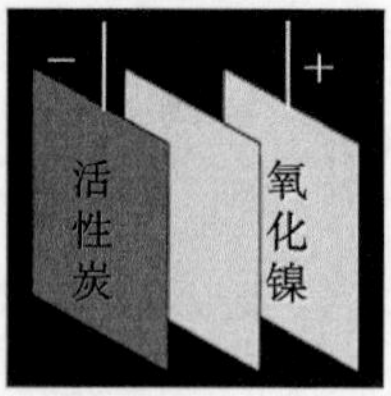

图 2b　氧化镍混合型超级电容器

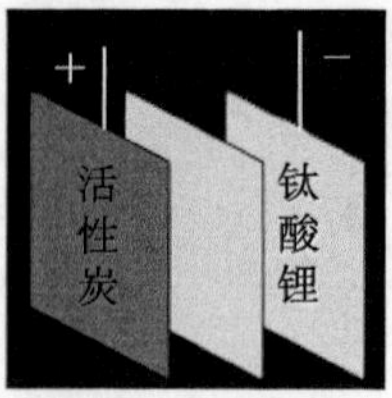

图 2c　钛酸锂混合型超级电容器

* 本文原载于《锂电世界》创刊号 2012 年第一期，74-77 页。

图 3　钛酸锂混合型电池超级电容器

①A.D.Pasquier 等报道(J Power Sources, 2004, 136: 160)的混合型电池超级电容器（Hybrid battery-supercapacitor）是由上述例 3 的混合型超级电容器衍生出来的，其正极活性炭电极中加入了少部分的 $LiCoO_2$；负极仍为 $Li_4Ti_5O_{12}$；

②成都有机所和中科来方的胡学波等报道(J PowerSources, 2009, 187: 635)的混合型电池超级电容器，其正极活性炭电极中加入了 15%~30% $LiMn_2O_4$，活性炭电极占 60%~45%比例，负极也是 $Li_4Ti_5O_{12}$。该混合型电池超级电容器 4C 恒电流下的比能量达 14.47Wh/kg，5000 次循环后衰减小于 8%。

二、电池添加活性炭的变种

电池添加活性炭的变种可分两类：

第一类是电池中的一个电极与活性炭电极并联，现只有“超级电池”（Ultrabattery 图 5），它是铅酸电池（图 4）的铅负极与活性炭电极并联。（L.T.Lam & R.Louey, J Power Sources, 2006, 158: 1140）此特有名称已获普遍使用，主要是尊重发明者的首创命名，同时也因为它基本表达了电池的本质。更为完整的名称应是“并联电极电容型铅酸电池”。

图4　铅酸电池

图5　超级电池

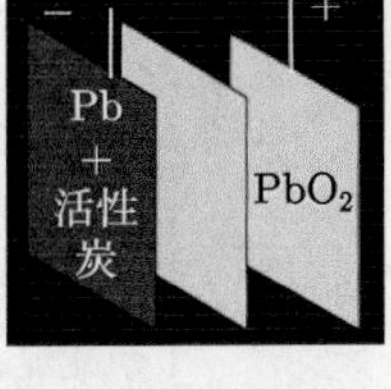

图6a　电容型铅酸电池
(铅碳电池)

图6b　电容型锂离子电池

图6c　电容型镍氢电池

第二类是电池中的一个电极中混入活性炭——电容型电池。例 1：将活性炭混入铅酸电池的铅负极，正极仍为 PbO_2，美国人称为 “advanced lead-acid batteries(先进的铅酸电池)”，我们曾称为 “铅炭电池”（图 6a）；例 2:活性炭混入锂离子电池正极（图 6b），负极为石墨；2011 年 6 月江苏常州和辽宁朝阳两企业同时在北京的一次学术会议上报道，他们均称其为 “电容电池”；例 3：活性炭混入镍氢电池的储氢合金粉负极中，正极为氧化镍（图 6c）。2011 年 9 月《科技日报》报道周国泰院士的事迹中称之为 “镍碳超级电容器”，显然此名称不确切，而应称为 “电容型镍氢电池”。

电池的一个电极中混入活性炭，正面的效应是比功率提高，循环性改善；负面的效应是比能量减低（活性炭占了电极部分位置），还可能增加电极析气量和调浆、涂布难度。减低负面效应的主要方法是将活性炭加入量控制在一个合适的范围，活性炭的品质也重要。电容型电池的比功率、比能量通常也介于电池与超级电容器之间，但接近电池。

电容型铅酸电池，简称“铅炭电池”，活性炭加入到铅酸电池的负极中使电池的比功率显著提高，寿命延长；其生产工艺较超级电池的简单，正在为我国许多铅酸电池企业试行生产。

电容型锂离子电池是在锂离子电池磷酸铁锂正极中加入少量活性炭。①常州的华日升凯晟能源科技有限公司 2011 年 6 月会议后，又于 7 月在京举行技术论证咨询会。他们将该产品称为“高功率、高能量和高安全性磷酸铁锂锂离子动力电容电池”，名实基本相符。②朝阳立塬新能源有限公司 2011 年 6 月会议后，2012 年 1 月举行成果鉴定会。该电池的 $LiFePO_4$ 正极中加少量自产的活性炭，负极也是石墨。其功率型电池的比能量为 78Wh/kg，3000 次衰减至 65.8Wh/kg（84%），比功率达 2243W/kg；−20℃下比能量为 71.2Wh/kg；能量型电池的比能量为 117Wh/kg，500 次容量保持 97.0%，比功率达 1740W/kg；−20℃下，比能量为 94.2Wh/kg。该电池定名为 “电容型磷酸铁锂锂离子电池”。

上述的名称都较长，是为了准确、全面地反映蓄电器件的实质。当然，应该允许有简称，但是无论如何简化，是 “电池” 还是 “电容器” 必须正确地表达清楚，不要混淆。现将超级电容器与电池变种的分类与名称，归纳于表 1。

表 1　超级电容器与电池的变种

	分类、名称	电极材料举例	
		负极	正极
超级电容器及变种	超级电容器	活性炭	活性炭
	混合型超级电容器，又称不对称型超级电容器	活性炭	氧化镍、氧化铅
		钛酸锂	活性炭
	混合型电池−超级电容器	钛酸锂	活性炭+锂盐

续表

分类、名称			电极材料举例	
			负极	正极
电池添加活性炭的变种	电池电极与活性炭电极并联	超级电池，或并联电极电容型铅酸电池	并联的铅电极与活性炭电极	氧化铅
	在电池的电极中加入少部分活性炭	电容型铅酸电池	铅+少量活性炭	氧化铅
		电容型锂离子电池	石墨	锂盐+活性炭
		电容型镍氢电池	AB_5+活性炭	氧化镍

三、对混入电池的活性炭的要求

为达到好的效果，活性炭的性能应有如下要求：高比表面；高中孔孔容；高电导率；高纯度；高密度；高性价比；电解液的浸润性好。“六高”之间相互制约，不宜过分突出某一指标，否则必将严重损害其他一个或多个指标。因此，应从原料的筛选起，系统地研究炭化、活化、后处理各个工序，求得综合最佳的结果。

电容型电池中活性炭的混入量一般在百分之几，不超过百分之十几；多加，则负面效应增加太多。

混入的活性炭在不同的电容型电池中的作用机制可能因电极、体系而有所不同。应深入研究，搞清机制，以利改进活性炭和电池工艺。

四、关于所谓的“镍碳超级电容器”

先说“常规”镍氢电池（又名金属氢化物-镍电池，图 7）。其正极是 NiOOH，负极是 AB_5 型储氢合金，电解液是 KOH 水溶液，电压 1.2V。优点是安全、环境友好，比功率较高，资源可循环利用，循环寿命较长，能量转换效率较高。不足之处是比能量不及锂离子电池，价格不低，稀土价升高后更影响其竞争力。

天津和平海湾公司曾引进日本镍氢电池生产技术，负极的生产配方中加科琴炭（比表面约 1400m^2/g，导电性高，图 7a）1%~3%以提高比功率、延长寿命；国内多家镍氢电池厂也加导电性活性炭，电池比能量约 60~70Wh/kg。日本功率型镍氢电池

图 7　镍氢电池

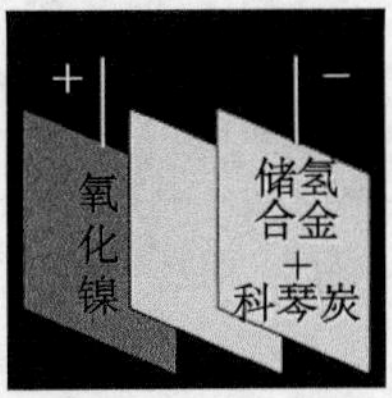

图 7a　镍氢电池

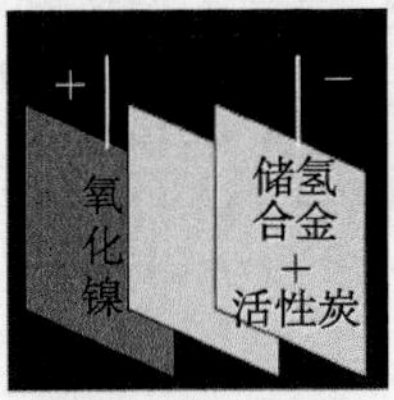

图 8a　电容型镍氢电池

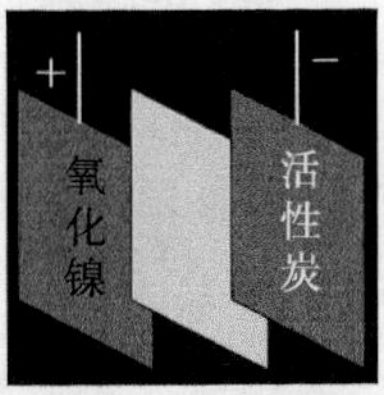

图 8b　混合型镍炭超级电容器

的比能量约 45Wh/kg，用于混合电动轿车 Prius 的电源，比功率和寿命完全满足混合电动车要求；国内也已将功率型镍氢电池用于多种混合电动车。

新出现所谓的"*镍碳超级电容器*"与镍氢电池有何差别？据《科技日报》采访报道的"*镍碳超级电容器*"，活性炭在负极中占 30%（其余主要应为储氢合金）。可见"*镍碳超级电容器*"与镍氢电池的差别只在高比表面炭的品种和用量不同（对比图 7a 与图 8a、图 8b）。其实，以氧化镍为正极、活性碳为负极的"混合型镍炭超级电容器"（也可称为"不对称型镍炭超级电容器"，图 2b）早已问世，我的学生程杰的博士学位论文研究的就是它，该博士论文还被评为"全军优秀"。由此可见，所谓的"镍碳超级电容器"，是混淆了概念，错用了科学术语。

所谓的"*镍碳超级电容器*"是创新吗？活性炭在负极中占 30%，储氢合金用量减少。于是：

1. 这是以镍氢电池为基础的电池，是电容型电池，而不是超级电容器；

2. 其比能量应约为（60~70）Wh/kg × 70%≌（42~49）Wh/kg；《科技日报》报道其比能量是锂离子电池的 2/3，要打个大问号；

3. 活性炭密度低于储氢合金，故负极体积增大，电池的体积能量密度将显著降低；

4. 双电层放电可减轻储氢合金大电流负担，负极寿命可能延长，但电池的寿命还受限于正极。

所以，将活性炭混入镍氢电池负极不是创新，只能算是一个企图进一步提高重量比功率的镍氢电池——电容型镍氢电池。

所谓的"*镍碳超级电容器*"优于功率型镍氢电池吗？现有常规的镍氢电池改为功率型时，主要是将电极减薄、面积增大，比功率就已满足混合电动车要求，比能量约为 45Wh/kg，与所谓的"*镍碳超级电容器*"相当。再有，"*镍碳超级电容器*"中加入 30% 的活性炭，在充电后期活性炭上容易析出氢气，同时又因减少了储氢合金而减弱了消除正极析出的氧气的能力。于是，充电后期电池中将同时积累氢气和氧气，增加了安全隐患，这可能是其在天津装车使用时燃烧的起因。可见，与现有功率型镍氢电池相比，其负面效果明显，故其优越性成问题。

所谓的"*镍碳超级电容器*"的循环寿命数据有意义吗？电池的充电–放电循环寿命与充放电的深度密切相关联。以《科技日报》报道的情况折算，该电池每次放电深度仅约为 2%，寿命当然可以很长。以这种"浅放方式"下的"长寿命"，含混地代表电池在纯电动汽车行驶中"深放方式"的寿命，显然是有意制造轰动效应，以使局外的公众误认为是一项了不起的成果。

最后，《科技日报》报道的电动车续驶里程，怎么那么长？电动车的续驶里程主要取决于电池的电能容量即电池重量×比能量。据《科技日报》的采访报道：该电动客车满员路试结果，一次充电行驶 210 公里；报道又说，此公交车百公里耗电为 70 度 (姑且不谈此数偏小)。由此可以算出，此次路试用电 147 千瓦时。电池比能量以 42~49Wh/kg 计，则该电池应净重 3.5~3.0 吨！如果电池确实重达 3 吨多，这样的"一次充电行驶 210 公里"的记录又有何价值呢？是报道有哗众取宠之嫌呢,还是续驶里程数据不可靠呢? 然而，经过一系列运作，现在这个"一次充电行驶了 210 公里"的"成就"，已经在一些高层的人士中造成了错觉，方便之门为之大开，好像真是我国"电动车电源的一个新突破"!

镍氢电池比能量远低于锂离子电池，而价格不低于锂离子电池，又远高于铅酸电池，真处于锂离子电池和铅酸电池的"夹击"之中，市场不振，产能严重过剩。曾花费巨资购进日本设备和工艺、专门生产镍氢电池的天津和平海湾公司，刚倒闭两年。现在如再大量投入资金搞所谓的"*镍碳超级电容器*"产业化，不仅风险太大，是否必要都值得怀疑!

结束语

超级电容器中加入电池的电极材料，或者电池中添加适量活性炭，均可能改善超级电容器或电池的某些性能，尤其是电池中添加活性炭更值得重视，但是活性炭的品质和添加量有讲究，机制要研究，名称要对头。政府要支持特种活性炭的开发、生产，企业要勇于投入。

所谓的"*镍碳超级电容器*"性能很"一般"，更不是"电动车电源的一个新突破"，产业化的风险太大。科技工作者要实事求是地做事，媒体不要夸大其词。

纯电动公交车：怎样补充电能最有利*

一、当前纯电动公交车电能补充中的问题

纯电动公交车有节电、省油、低排放的优点，是当前“十城千辆”示范运行的重要车种。现今动力电池比能量下，合理的设计里程仅约150公里；但是大多城市公交车一日需行200—300公里。因此，电池夜间充满电尚不足白天行驶所需，白天还得补充电能。北京奥运会锂离子电池公交车使用的“换电”方法，有人认为可作为成功范例在平时的城市公交车中推广应用。其实缺点明显：换电站建设费用大，换电站占地面积大，要增加50%的备用轮换电池，运行维护费用高，车上电池箱设计复杂，线端反复接拆隐患多，故用于商业运行的经济效益不高。

快速充电似乎很有吸引力，而实际上有三个问题不容忽视：一是快速充电对电池的寿命严重影响，使电池原本难与车辆“白头偕老”的问题更加突出；二是快速充电要用大功率，对电网的冲击大，以12米公交车为例，装2.2吨电池，蓄电200千瓦时，如以6C倍率充电，需使电网承受高达1200千瓦负荷的陡然起落，将严重影响电网的供电质量；三是要建造大容量的充电器，难度大，耗费大。

我们一再推荐增程式公交车，由车上的发电机补充电能，相信不久将有快速的发展。但这是题外话，现在还是回到目前纯电动公交车补充电能的问题上来。

二、锂离子电池公交车在站上补充电能的新方式

1. 本文提出的方法之一，可用一句话表示：“白天间歇补电”。纯电动公交车的电池组在夜间以小倍率充电，白天每行驶一个来回后利用驾驶员在起点站休息的时间充电一次（如有条件，也可在终点站再用更短的时间充电一次）。

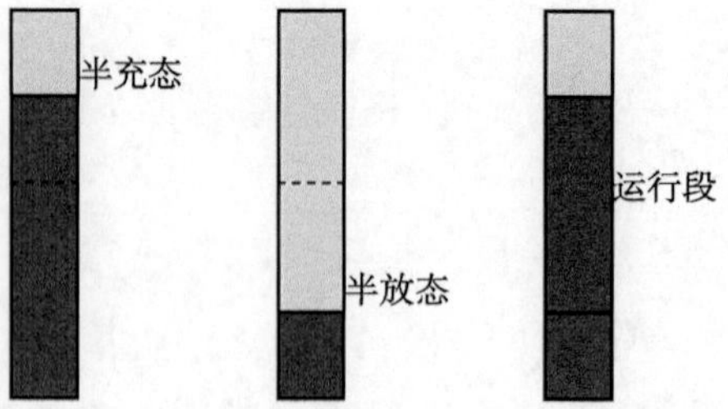

图1

还以12米公交车为例，电池组的蓄电容量200度，出车来回一次如用电40度，占电池容量20%。以1C倍率充电，直流功率为200千瓦，用12分钟可补电40度，公交车电池组就可保持原有荷电态继续运行（图1）。

---

* 本文原载于《第一电动月刊》，2012年第5期28页。

起点站上间歇补充电能的优点可以概括为：①在停车场建充电器，不必另占土地；②不需要换电的复杂设备和周转电池，建设和运行费用低；③电池组常在“半充–半放”下工作。

如将电池组的荷电态（SOC）始终控制在 70%至 30%之间（甚至是 60%至 40%之间）进行“半充/半放”运行，即以电池 50%SOC 为基准线的“半充/ 半放”，则好处很多：①内阻最小，发热量小，能量转换效率高；②不过充，安全有保障；③不过放，循环寿命长；④淡化了电池组内各电池的不一致性问题；⑤可减轻电源管理系统的负担。

此法的缺点是“谷电”使用的很少（最后收车后的充电可用“谷电”），主要用的是高峰电。

2. 本文提出的方法之二也可用一句话表示：“夜间缓慢充电为主，白天间歇补电为辅”。纯电动公交车的电池组在夜间以小倍率充电至荷电态 80%，白天每行驶一个来回后利用驾驶员在起点站休息的时间以 1C 倍率充电一次，用 6 分钟可补电 20 度，公交车电池组荷电态每次降低 10%，就全天而言，荷电态控制在 80%与 20%之间。然后，再在夜间以小倍率充电从荷电态 20%充至 80%（表 1）。

表 1

<table>
<tr><th>荷电态%</th><th>第一次</th><th>第二次</th><th>第三次</th><th>第四次</th><th>第五次</th></tr>
<tr><td rowspan="5">每次用电 20%；前四次后每次充电 10%（即 20 千瓦时）。</td><td>80-60</td><td></td><td></td><td></td><td></td></tr>
<tr><td></td><td>70-50</td><td></td><td></td><td></td></tr>
<tr><td></td><td></td><td>60-40</td><td></td><td></td></tr>
<tr><td></td><td></td><td></td><td>50-30</td><td></td></tr>
<tr><td></td><td></td><td></td><td></td><td>40-20</td></tr>
</table>

此法除具有上述优点外，还将每次的补电时间缩短到 6 分钟，四次共用峰电 80 千瓦时；而夜间充电的“谷电”用量占 60%，有利于降低运行成本和电网调峰 。

如果每次出车的行驶里程，或每天出车次数不同于上表的设定，则可根据具体情况参照上表的原则自行设计之。如能将电池组的荷电态控制在 75%与 25%之间，则可能更有利于延长电池的寿命。

第五部分
可再生能源与规模蓄电

液流电池及其与其他储能方式的比较*

电是国民经济的命脉。然而，电不能简单地储存，必须通过转换。电的这种特性要求电能的生产与耗费时刻保持匹配，给电能的供需造成了极大的矛盾。因此，电能的储存与转换系统在解决电能的供需矛盾中正发挥着愈来愈重要的作用。

液流电池（Redox Flow Battery）是一种新型的规模储能电池，依氧化-还原体系的不同可分为多硫化钠-溴液流电池（Polysulfide Bromide Flow Battery 或 PSB）、全钒液流电池（Vanadium Redox Flow Battery 或 VRB）、锌溴液流电池（Zinc Bromide Flow Battery 或 ZnBr）等。以全钒液流电池为例，其原理图如图 1 所示。目前，液流电池已在英国、美国、日本、澳大利亚等国获得实际应用，而我国只有大连化物所等少数几个单位在进行研究和开发。

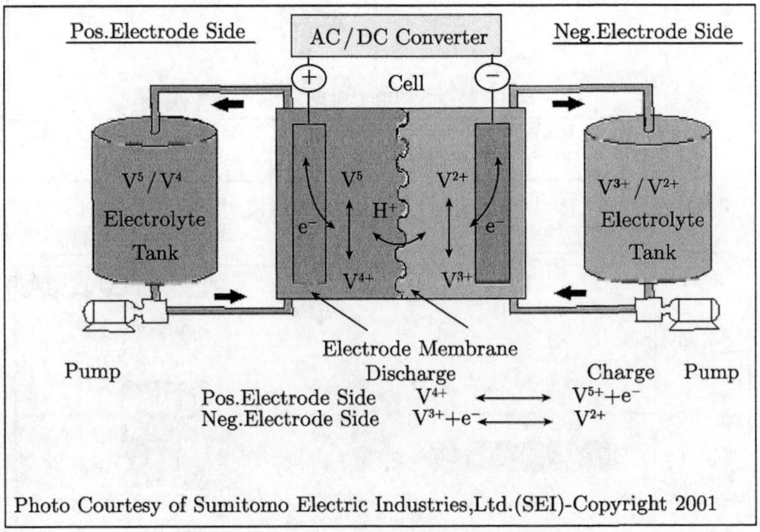

图 1　液流电池（VRB）原理图[1]

在储能规模、储能效率和循环寿命、成本、比能量等方面，液流电池与抽水蓄能（Pumped Hydro Storage）、压缩空气蓄能（Compressed Air Energy Storage）、飞轮蓄能（Flywheels）、铅酸电池（Lead-Acid Battery）、金属-空气电池（Metal-Air Battery）、钠硫电池（Sodium Sulfur Battery）、锂离子电池（Lithium Ion Battery）、超级电容器（Super

---

* 本文由谢自立、杨裕生撰写，原载于《全国节能蓄能技术研讨会论文集》，上海交通大学，2004 年。

Capacitor）等储能方式的比较如图 2~图 5 所示。

与抽水蓄能和压缩空气蓄能相比，液流电池不受地理环境的限制；与飞轮蓄能和超级电容器相比，液流电池具有较高的比能量；与铅酸电池相比，液流电池具有较长的循环寿命且无自放电现象；与金属-空气电池相比，液流电池具有较大的规模、较高的效率和较长的循环寿命；与锂离子电池等相比，液流电池具有较低的成本；与钠硫电池相比，液流电池具有较温和的操作条件和较高的安全可靠性。此外，液流电池还具有随充随放的突出特点。

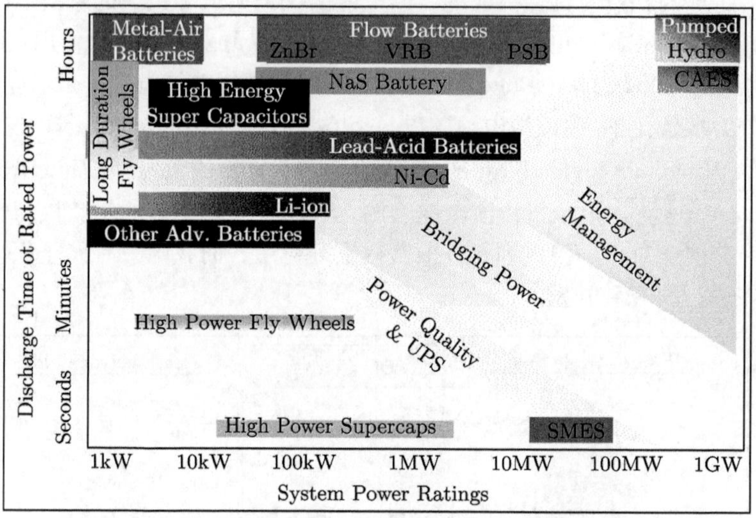

图 2　几种储能方式的储能规模对比[1]

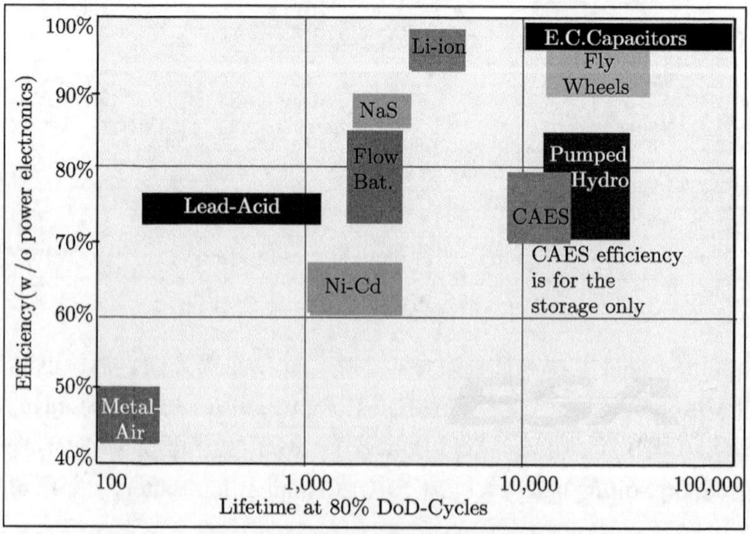

图 3　几种储能方式的储能效率和循环寿命对比[1]

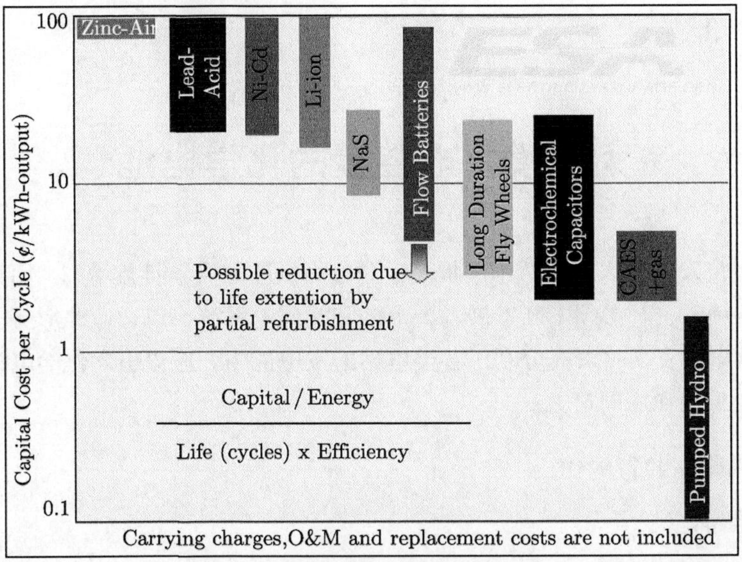

图 4　几种储能方式的成本对比[1]

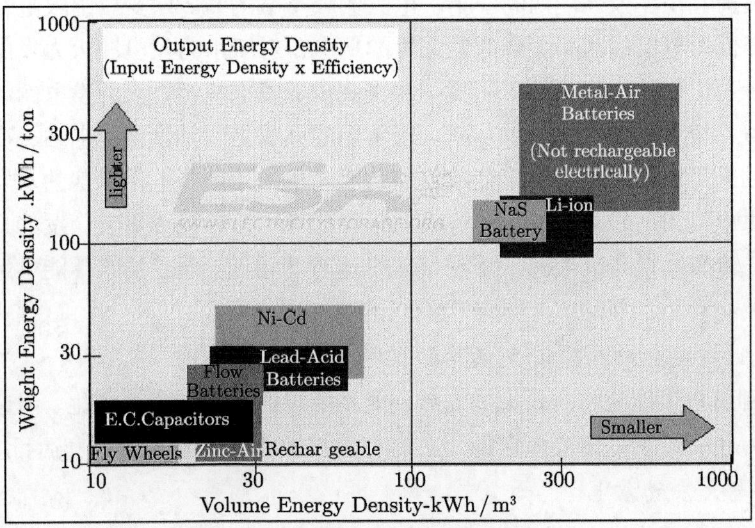

图 5　几种储能方式的比能量对比[1]

因此，作为一种很有特点的规模储能方式，液流电池在电力调峰、谷电和可再生能源利用、军事领域等方面都必将发挥十分重要的作用，应加大力量进行深入研究和开发。

---

[1] 参见 http://www.electricitystorage.org/。

大规模蓄电装置的化学电池*

随着经济发展和人民生活水平提高，对电力供应的需求日益增加，而且将在相当长的时期持续下去。必须不断发展各类电站和输配电系统，以适应此形势。同时，发展大规模蓄电装置，将可充分利用各类电站的发电能力，应该引起化学电源界和相关行业的高度重视和协同努力。

一、大规模蓄电装置的作用

1. 电网的调“峰”

电网的负荷，白昼有一个长达十几小时的高“峰”，夜间有一个数小时的深“谷”，“谷”期的负荷甚至不及“峰”期的一半。电力紧缺季节的“峰”期要拉闸限电，而电站要在“谷”期降低发电机的功率。降低发电机的功率，对于水力发电和火力发电而言，在一定程度上可以做到，但也等于闲置了相当规模的发电机组，火力发电的煤耗也要增高。而核电站很难调低发电机的功率。现常用的办法是建抽水蓄能电站，夜间将湖水泵到山顶的人工水池，白天水泵变成发电的水轮机，用山顶人工水池的水发电上网，从而增加供电能力。抽水蓄能电站规模大，可达几十万千瓦或更大；发的是交流电可直接上网；转换效率高达 75%，循环寿命长,运行费用低。但是抽水蓄能电站也有其局限性，一要有合适的场地，二是一次投入的建造费用高。

2. 太阳能发电站和风能发电站的蓄电

这两种可再生能源将有较大的发展，电站的规模也将不断大型化。但这两种电站的发电能力在一天里是无法恒定的，必需有大规模蓄电装置与之配套运行。

3. 用电大户的蓄电

电解（含有机电化）、电镀、电冶金等企业，电车、轻轨、地铁等交通部门，都是集中的用电大户，在电网负荷中占有一定的比例，拉闸限电对他们的生产影响也很大。如建自备电厂，10 万千瓦以下的燃煤电站已淘汰；石油涨价，柴油机发电的成本越发攀高。如利用“谷”电蓄电在成本上合算，则利在企业，功在国家。

4. 军用蓄电

常规潜艇早已成功地进行大规模蓄电，只是所用大型铅酸电池的充放电循环寿命

---

* 本文原载于《第 26 届全国物理化学电源年会论文集》，厦门大学，2004 年。

较短，价格较高，难以适应民用要求。潜艇和指挥工事的电源正求升级换代，高性能大规模蓄电技术将有甚佳的军用前景。

二、适合于大规模蓄电的化学电池

1. 各种蓄电技术的比较

经过对锂离子电池、钠硫熔融电池、铬镍电池、铅酸电池、液流蓄电池及超级电容器等蓄电器件的性能作综合分析比较，特别是性/价比的评估，目前比较有现实可能性的是铅酸蓄电池和液流蓄电池。其他电池更难以规模化用于大规模蓄电。

2. 铅酸蓄电池

铅酸蓄电池是古老的品种，其优点是成熟、价较廉、安全，而且有一万安时以上的大型产品；缺点是循环寿命短。近些年铅酸蓄电池的比能量、免维护性、循环寿命等性能均有明显提高，但是，按大规模蓄电的要求，仍有较大的差距。例如，“峰”电与“谷”电价格相差如达 0.6 元/度，铅酸蓄电池的价格为 0.6 元/瓦时，以 80%DOD 进行放电，循环寿命需达 1500 次以上方能收回投资。要达此指标显然难度不小，需有新的研究思路。

3. 液流氧化还原电池

原文为 Flow Redox Cell 或：Redox flow cell energy storage systems ，可简称液流蓄电站或液流电池，是 1974 年 Thaller, L. H.（NASA Lewis Research Center, Cleveland, United States）提出的一种电化学储能装置。与通常蓄电池活性物质包含在阳极和阴极内不同，液流电池作为氧化-还原电对的活性物质分别溶解于装在两个大储液罐中的溶液，各用一个泵使溶液流经液流电池堆中高选择性离子交换膜的两侧，在其多孔碳毡电极上发生还原和氧化反应。电池堆通过双极板串联，结构类似于燃料电池。

由于功率与储能容量可单独考量，因而，设计的柔性大，易于模块组合，没有尺寸限制，可大规模蓄电，应用范围可广。所有单池的反应物流体相同，容易保证所有单池在全部时间内的一致性，并可通过一个单池来监测整个系统的充电状态。还可能使不同的电池组段接上分立的负载，提供不同的输出电压。再有，在负载变化时或放电深度增加时，可用附加电池维持电压恒定。还可用“再平衡电池”连续校正阳极和阴极流液中引起电化学不平衡的轻微副反应。

电池寿命长，可靠性高，无排放和噪声，1—2 年可建成，运行和维持费较低，是一类更有效地利用能源和发电能力的大规模蓄电装置。

液流电池的关键技术有：①氧化还原电对的选择（两个全溶的电对，两个电对的电位差大；两个电对的可逆性好；电对无（小）副反应）；最早是 Cr(Ⅲ)/Cr(Ⅱ)–Fe(Ⅲ)/Fe(Ⅱ)的酸性氯化物溶液，后有多硫化钠/溴电池 PSB、全钒电池 VRB、锌/溴电池等。

②离子交换膜，要求高选择性、高稳定性、高离子电导率、高强度、高性价比。③催化剂，包括正极催化剂、负极催化剂。④碳毡及电极制备技术，要求导电性好、负载催化剂稳定。⑤"三合一"电极制备技术，离子交换膜与正极、负极的良好结合。⑥电堆结构，双极板、密封件等部件研制。⑦总体设计技术，等于建一个"电化工厂"。⑧控制技术。

英国建成了多硫化钠/溴电池的大型蓄电站，可蓄 150 兆瓦时电能，功率 15 兆瓦，10 小时放电；后又为美国建了一座，据称有军用背景。

三、结束语

国内除常规潜艇用的铅酸蓄电池堪称大规模蓄电之外，可蓄万度量级电能的事例还不多见。

液流电池研究有北京大学的全钒电池，大连化物所的多硫化钠/溴电池，新疆大学的 Mn^{3+}/Mn^{2+}电对等。其中大连化物所在质子交换膜燃料电池研究的雄厚基础上，多硫化钠/溴液流电池已达到 500 瓦的规模。

我国电力紧缺，应大力发展蓄电站,充分利用"谷电"！铅酸蓄电池和液流蓄电站是可选方案，但均有技术问题有待研究解决，尤其是对液流蓄电池更应下大力量。

参 考 文 献

[1] 葛善海，衣宝廉，张华民. 多硫化钠–溴储能电池高效电极的研究. 电源技术，Vol.27, No.5,2003

[2] 葛善海，衣宝廉，顾红星，张华民. 高效率多硫化钠/溴储能电池的研究. 电池.Vol.33, 2003

[3] 葛善海，衣宝廉，付宇，刘浩，张华民. 多硫化钠/溴新型再生燃料电池的研究. 电源技术，Vol. 26 (5), 2002

中国风能发电的蓄电技术*

摘要：本文论证了风能发电的蓄电必要性，指出我国现阶段将风电与大规模蓄电两者结合起来的特殊意义和重要性，比较了各种类型的蓄电技术。介绍了一种新近迅速发展的大规模蓄电技术——液流蓄电池，叙述其原理和优势、国内外发展现况和关键技术，分析了其作为风能发电的蓄能的应用前景。
关键词：风能发电；蓄电；液流蓄电池

一、引　言

在未来十五年里，我国将大量兴建风力发电场、太阳能光伏发电场、小水电站，风能发电将有较快的发展，单机容量和电站的规模也将不断大型化。但风力发电（与太阳能、潮汐和波浪发电相似）的发电能力具有天生的不稳定性，甚至是间歇式的，而且是无法控制的，与用电量（负荷）的变化更不能同步。风能发的电如何有效、合理运用，逐渐引起重视。本文认为，风电应与蓄电并举，前景看好的大规模蓄电设备是液流蓄电池，我国应该大力发展这项技术。

二、风能发电蓄电的必要性

国外（尤其是欧洲）电力充足，现在发展风力发电是为了节省燃料、减轻排放，因此强调将风电并网。我国风力规模很小，风电并网虽然也有节省燃料、减轻排放的作用，但首先是为了将电网当作容纳风电的“电库”，电网是作为国家任务不得已而接收风电的，风电的上网电价问题令人烦恼。而且，我国有的大风场多在半夜 12 时以后风力增大，而这时本来就是电网负荷的“谷”期，电网并不缺电，风电上网实际上是增加了电网“调峰”的负担。特别是实行分时计价中，“谷”电的电价很低，此时上网的风电越多，电网公司的经济损失就越大，燃煤电厂因电网需要“调峰”而减少发电的任务也加重。

我国广阔的西部地区及大量海岛，难通大电网，独家使用的微、小型风机数量不断增加。随着生活水平的提高和风机价格的下降，有可能发展以大、中型风力发电机为主力的小型局域电网，为分散的村镇提供生活和生产用的电能。这一类分布式电站无法以电网为“电库”，而必须有相应规模的蓄电装置与之配套运行，才能发挥好风电的作用，保证供电的连续性和稳定性。

---

* 本文原载于《中国风能发展论坛论文集》，北京，2006 年 9 月 21 日。

所以，现阶段中国风能发电必须与蓄电同步而行，大力发展大规模蓄电技术。

我们曾将大规模蓄电装置的作用[1]归结为：①电网的调“峰”，从而提高电网的供电能力；②太阳能发电站和风能发电站的蓄电；③用电大户的蓄电，包括电解（含有机电化）、电镀、电冶金等企业，电车、轻轨、地铁等交通部门；④军用蓄电，如潜艇和指挥工事的电源等四个方面，其中已经指出风能等可再生能源发电应与大规模蓄电装置联合运行。目前风电只与铅蓄电池配套组成独立运行的微型（百瓦—千瓦）供电系统，一是由于铅蓄电池和其他蓄电技术的弱点，现在尚难适合大规模蓄电，二是中、大型（百千瓦—兆瓦级）风电兴起不久，人们的注意力集中在“风电并网”上。此种状况应该改变，也可能改变。

三、规模蓄电技术及其评价

可进行充、放电循环的蓄电方法很多，如抽（扬）水蓄能电站、压缩空气储能、可再生燃料电池储能、钠硫熔融电池、超级电容器、氢镍电池、锂离子电池、铅酸蓄电池等。大规模蓄起的风电在白天上网调峰，对电网和风电站都有利。“蓄电”这一工序既可由电网结合调峰统一安排，也可由风电站经营。关键是能否真正带来经济效益，经济效益有多大，除电价政策外，这与所选蓄电方法（装置）很有关系。

可用 E_f 来衡量储能装置的经济效益的相对大小，它由放出单位能量的投资 C、储能–放能全寿命的循环次数 L、储能–放能循环的转换效率 T 等 3 个因子组成，即

$$E_f = \frac{LT}{C}$$

对各种储能装置效益（不考虑安全等因素）以“五分制”打分作比较，结果见表 1。

表 1　各种储能装置效益比较结果排序

蓄能方式	按出能投资排序 $1/C$（分）	循环寿命排序 L（分）	能量转换效率排序 T（分）	E_f 排序（分）
超级电容器	1	5	5	2
铅酸电池	3	2	3	2
镉–镍电池	2	4	2	2
锂离子电池	2	4	5	3
钠硫电池	3	3	4	3
液流电池	3	4	4	4
压缩空气	4	4	3	4
抽水蓄能	4	5	4	5

铅酸蓄电池的价格约为 0.6 元/Wh，如果用于电网调“峰”，“峰”电与“谷”电价格相差如为 0.4 元/度，以 80%放电深度进行放电，循环寿命需达 2250 次以上方能收回投

资，铅酸蓄电池要达此指标显然很难，要做艰苦的研究工作。何况目前风电本来价高，与“峰”电的价差难以达到 0.4 元/度。超级电容器循环寿命可达若干万次，但是，它比容量太小，单位能量投资太高，所以此种储能装置在大规模蓄电中不占优势。

应该指出，上述 3 个因子是在不断变化、发展的。例如，近两年锂离子电池的价格在迅速下降，全寿命的循环次数在上升。这就是表 1 中锂离子电池的排序优于铅酸蓄电池的原因，而这在 2 年前是不可能设想的。

经过综合分析比较，目前除抽水蓄能外，最适合于大规模蓄电的方法是液流电池[2]。而抽水蓄能电站也有其局限性：①要有合适的场地；②一次投入的建造费用高；③响应速度较慢。

四、适合大规模风电蓄电的液流蓄电池

液流氧化还原电池（Flow Redox Cell 或 Redox flow cell energy storage systems），也可简称液流蓄电站，原理是 1974 年由 Thaller, L. H.（NASA，Lewis Research Center, Cleveland, United States）提出的[3]。

1. 液流蓄电池的原理

液流蓄电系统的核心是进行氧化–还原反应、实现充–放电过程的单电池。单电池由正极、负极和高选择性离子交换膜组成。与通常蓄电池的固态活性物质包含在阳极和阴极内不同，液流电池中作为高、低电位的 2 个氧化–还原电对的活性物质，分别溶解于装在 2 个大储液罐中的溶液中，各用一个泵，使溶液流经液流电池中离子交换膜的两侧，在两侧大面积多孔炭电极上发生还原和氧化反应。以铬–铁体系为例（图 1），充电时，高电位电对的活性物质在正极由低价态的 Fe^{2+} 氧化成高价态的 Fe^{3+}；在离子

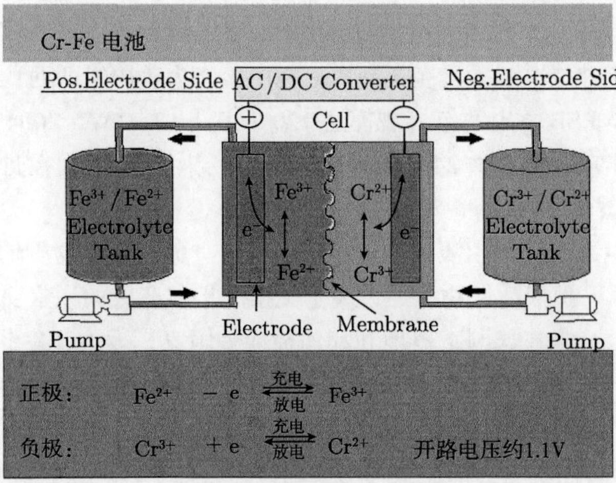

图 1　铬–铁体系液流电池的示意图

交换膜另一侧的负极上，低电位电对的活性物质由高价态的 Cr^{3+} 还原成低价态的 Cr^{2+}。放电时，上述两过程反向进行。此等期间，膜两侧溶液的电荷为要平衡，必定有一种离子（如 H^+）同步地由一极溶液通过离子交换膜向另一极溶液迁移。

用不同的氧化–还原活性物质可组合成不同电化学体系，各有其特定的反应过程、反应产物和迁移离子，电压也不尽相同。

2. 液流蓄电池的结构和特点

单体电池的电压随电化学体系而异，在 1~1.5V。为了得到高电压，可将若干单体电池按特定要求通过高导电性的双极板串联成“电堆”，结构类似于燃料电池。液流蓄电系统的功率取决于单电池的面积、电堆中的单电池数和电堆的串并联数，而储能容量则取决于储液罐的容积和溶液的浓度，两者可单独设计。因而，设计的柔性大，易于模块组合，储液罐更没有尺寸限制，蓄电规模可大可小。所有单池里的反应物流体相同，容易保证所有单池在全部时间内的一致性，并可通过一个单池来监测整个系统的充电状态。另外，还可使不同的电池组段接上分立的负载，提供不同的输出电压；在负载变化时或放电深度增加时，可用附加电池维持电压恒定。随着关泵停止溶液流动，正极、负极不再与新鲜的活性物质溶液接触，因而液流电池还具有无自放电现象的突出特点，储存的能量可长期备用。与抽水蓄能电站和压缩空气储能相比，液流电池不受地理环境的限制，建设时间短，运行和维持费较低，而且充电–放电的转换时间小于 0.1 秒，是一种很有效的大规模蓄电装置。

3. 国外液流电池的发展

30 年来，多国学者通过变换两个氧化–还原电对，提出了不同的液流电池体系。其中英国的 Innogy 公司于 20 世纪 90 年代初开始研究多硫化钠/溴液流蓄电（PSB）体系，其负极活性物质为多硫化钠、正极活性物质为溴，1999 年正式公布了 PSB 储电技术。2000 年 8 月，Innogy 公司开始建造储电容量达 120 MWh、最大输出功率为 15MW 的蓄电站，2002 年建成并投入示范运行[4]；2001 年又为美国密西西比的哥伦比亚空军基地建造了第二座 PSB 蓄电系统，规模达 120 MW·h/12 MW，2004 年投入使用，可为该空军基地在非常时期提供 24 h 的电能。Innogy 为 Eltra 公司在丹麦的一个沿海风能电站建造 PSB 蓄电系统。

全钒体系蓄电系统最初由澳大利亚提出，其正、负极活性物质均为钒，只是价态不同，可以避免正、负极活性物质通过离子交换膜扩散造成的元素交叉污染，优势明显。现在加拿大、日本、德国、奥地利和葡萄牙等国家，大力开发此技术[5]。加拿大 VRB 能源系统公司开发出用于电站调峰的全钒液流蓄电系统，蓄电容量为 2MWh，输出功率 250kW；用于风力发电配套的全钒液流蓄电系统，蓄电容量为 800kWh，输出功率 200kW。日本的住友电气工业公司与关西电力公司合作开发出输出功率为 100kW 的全钒电池储能系统，获 2001 年度日本能源与资源技术进步奖；日本的电化学实验室、Kashima-Kita 电力公司相继开发成功 2kW、10kW 钒电池电堆，其中 10kW 电堆完成了 1000 次循环试验，能量效率保持在 80%左右。德国、奥地利和葡萄牙等国家也在开展全钒液流蓄电系统研究，并希望将其应用于光伏发电系统和风能发电系统的蓄电。

可见，随着可再生能源的不断应用，大规模高效液流蓄电技术的研究开发已成为国际上能源领域的热点。但是国外对此技术，十分重视保密，英国拒绝参观其 15MW 的多硫化钠/溴（PSB）液流蓄电站。加、日等国的全钒液流蓄电系统拒绝卖给我国。

4. 国内的液流电池研究

从 20 世纪 80 年代末开始我国多所大学研究全钒液流电池原理。中国科学院长春应用化学研究所与大连化学物理研究所则研究铁–铬液流电池。近年来，中国工程物理研究院电子工程研究所开发了千瓦级全钒液流蓄电系统。大连化学物理研究所成功开发出 4kW 多硫化钠/溴蓄电电堆和 8×1.25kW 全钒液流蓄电电堆，近几个月内，又有中南大学（4×500W）和清华大学（1000W）的 2 套全钒液流蓄电系统通过专家验收。防化研究院则研究新的液流电化学体系，并提出了“蓄电–电合成双功能液流电池”新概念和锌–镍单液流电池新体系。

上述高校和研究院所的液流蓄电研究，虽然开始得不晚，但需求不明、经费不多，规模也不大，与风电配套还有相当距离。近几年，随着国内外液流蓄电研发的进展，不断有从事化学电源研究的单位加入这个行列，为大规模高效液流化学蓄电系统的研究奠定了良好的知识和人才基础。液流电池也逐渐受到由下而上的领导机关的认识，最近发布的“十一五”国家“863”计划 2006 年指南中，列有液流电池储能系统的课题，要求储能量>100kWh（但未要求循环寿命），虽说只能促成个别单位去做一个可以短期演示的大电池，但对该技术的发展还是可能会“刺激”一下的。

我认定，让风电界认识液流蓄电的性能和作用，根据风电的发展对液流蓄电提出需求，并有风电企业的积极参与，液流蓄电技术将有更快的提高和发展。

五、结束语

1. 我国应大力发展蓄电技术，配合风电的有效利用

目前风电的蓄电还是要立足于铅酸蓄电池，特别是微、小型风机发电的利用。政府要支持此“古老”品种里的新技术研究，提高其循环寿命和比能量。企业要大力指导用户正确、合理使用铅酸蓄电池，以尽量延长其寿命。同时，要多种蓄电技术并举，在竞争中发掘它们与风电的相容性。

2. 大力发展前景很好的液流电池

与分布式发电的发展趋势和电网调峰需求相适应，要将适合于大规模蓄电的液流

电池技术研究放到足够重视的位置，政府加大经费投入，企业也应及早介入。国家电网公司作为一个企业，拟大手笔地投入 2000 万支持上海开发钠硫熔融电池，看来有其理由；如若全面衡量大规模适用性、安全性、使用寿命、见效速度等因素，给液流电池技术开发投入 4000 万也不为多。

3. 要重视液流蓄电技术的基础研究

若要保证液流电池作为一个电化工系统高效益地、长期地运行，必须围绕提高液流化学蓄电系统的比功率、转换效率和稳定性三大主要目标，深入研究多学科交叉的理论和材料等许多基础性问题，如氧化还原电对的电化学过程，溶液浓度的提高与稳定，离子交换膜、催化剂、电极材料、双极板、电堆结构和密封件等材料的研制，液流蓄电系统的模拟仿真和设计优化，自动检测和控制技术，这些问题涉及电化学、溶液化学（特别是多种价态金属离子的浓溶液化学），特殊条件下的催化化学、膜科学，以及化学工程学科的流体流动、流动液体与异型固体电极表面的传质过程等方面。因此，当前的主要研究任务还不是将有限的国拨经费去着急做出一个比一个大的演示性样机（虽然这容易快见"实绩"）。希望政府科技部门要恰当地进行引导，全面安排。

此外，还应抓紧时机尽快发展拥有我国自主知识产权的新型液流蓄电体系。

可以预料，在政府有关部门的重视和支持下，在电网公司和风电站的积极参与下，基础研究与技术开发并重，基于新概念、新材料和新技术的液流蓄电装置很快将在我国诞生，高效、长寿命、低成本、大规模的液流蓄电站，将与我国电力、特别是可再生能源发电同步、配套发展。

参 考 文 献

[1] 杨裕生. 大规模蓄电的化学电源[C]. 全国第26届物理与化学电源学术讨论会论文集. 厦门，2004

[2] 谢自立，杨裕生. 液流电池与其他储能电池的比较[C]. 高效储能科学与技术学术会议论文集. 上海，2004

[3] Thaller L H. Ninth Intersoc.Energy Conv[P]. NASA Lewis Research Center, Cleveland, US, Eng.Conf, San Francisco, CA, 1974, 8: 26–30, 924–928

[4] Remick R J, ANG P G P. Electrically rechargeable anionically active reduction-oxidation electrical storage-supply system[P]. US: 1984, 4485154

[5] Fabjan C H, Garche J, Harrer B. The vanadium redox-battery: an efficient storage unit for photovoltaic systems[J]. Electrochimica Acta, 2011, 47: 825–831

“非并网风电”应与大规模蓄电相结合*

我国的风力发电技术和设备生产能力进步很快，风能发电将有较大的发展，电站的规模也将不断大型化。目前微型（百瓦级）风机与（也只能与）铅酸蓄电池配套组成独立运行的供电系统，是典型的分布式供电。由中大型（百千瓦～兆瓦级）风力发电机组成的风电场所发的电目前只有上网一条路。一是由于现在铅酸蓄电池的循环寿命短，而其他迅速发展的大规模蓄电技术尚少为人知；二是顺着西欧的思路，人们的注意力过分集中在“风电并网”上。

风能发的电如何有效、合理运用，是一个新问题，值得研讨，需要集思广益。

一、顾为东的“非并网风电”倡议

江苏顾为东提出：“非并网风电”是中国风电发展的一种选择。所谓“非并网风电”，就是大规模风电的终端负荷不再是电网，也与铅酸蓄电池配套的小型独立运行供电系统不同，而是将风电直接输送到某些特殊的企业。其优点表现在：①可以简化风电并网运行所需的大量辅助设备，大幅度降低风电场的设施规模和成本；②风电经过简单处理就可以直接应用于某些特定产业，企业能享受到较低的风电价格，节约成本；③减轻风电并网时对电网系统的冲击。该作者认为，可通过直接应用“非并网风电”的方式来形成风电—高耗能工业产业链，并结合江苏的情况设想了两大方向：①形成独特的风电—氯碱—PVC 及其他氯产品的产业链，同时开展氢燃料的制取、存储，推动专用燃料电池的产业化；②利用当地港口优势，整合全球资源，将风力发电与电解铝、电解铜等金属冶炼及金属和非金属产业的精深加工相结合。

顾氏为“非并网风电”直接应用于氯碱产业设计了两套模拟方案：第一套方案是完全独立利用风电；第二套方案是以风电为主、市电为辅，二者分别整流后并联的双路供电。试验结果表明，这两个方案均是可行的。

的确，“非并网风电”直接应用于高耗能工业的概念具有创新性和实用性。

二、风能发电的蓄电

“非并网风电”与我们提出的可再生能源和用电大户利用大规模蓄电的设想有异曲同工之妙。而且有一共同点，即这两种设备均可成为用电大户的自备电源。

---

* 本文原载于《科学时报》，2006 年 11 月 8 日。

在《大规模蓄电的化学电源》（见全国第 26 届物理与化学电源学术讨论会论文集）一文中，我们对大规模蓄电装置归结了四大用途：①电网的调峰，从而提高电网的供电能力；②太阳能发电和风能发电等可再生能源的蓄电；③用电大户的蓄电，包括电解（含有机电化）、电镀、电冶金等企业，电车、轻轨、地铁等交通部门；④军用蓄电，如潜艇和指挥工事的电源。其中，特别强调了风能等可再生能源发电应与大规模蓄电装置联合运行；上述电解、电镀及电冶金等行业，电车、轻轨和地铁等交通部门，都是直流电的用电大户，在电网负荷中占有一定比例，电网事故或拉闸限电对它们而言不堪设想。因此，上述用电大户可利用电网负荷"谷"期的电对蓄电装置充电，而在用电高峰期将蓄电装置输出的直流电直接应用于本企业的生产,可以不像调峰那样要经"变流/升压"等步骤返回电网而损失能量,故而电能的总转换效率高,在用电成本上更为合算，利在企业，功在国家。

在中国工程院主办的"中国风能发展战略论坛"（2006 年 9 月，北京）上，笔者作了题为《中国风能发电的蓄电技术》的报告，进一步论述了风能发电蓄电的必要性、技术现状和解决途径。

三、"非并网风电"与大规模蓄电相结合

将"非并网风电"与大规模蓄电结合起来以进一步发挥两者的优势，不仅突破了大规模风电仅有并网运行一种方式，而且使"非并网风电"的质量提高、范围扩展、效益增大。

"非并网风电"与大规模蓄电两者的结合方式可有三种：

一是风电与蓄电完全匹配，即风力发电总量与该企业的总用电量平衡，风力发电的所有波动完全由大规模蓄电装置平抑。这是一种理想的方案，该企业的用电自给自足，不依赖市电，不受电网的任何影响，电费在生产成本中比例应该最小。此方式适用于风力季节性波动不大而主要用大规模蓄电抑制昼夜波动的地区。此方式与顾氏第一套方案在完全独立利用风电这一点上相同，但电流的稳定度要高得多。

二是蓄电容量按风电的"旺季"与风电匹配，蓄电在平抑风电昼夜波动之后电能有余，过剩的风电通过蓄电池将部分容量用于电网调峰，在白天用电高峰期以较高的价格售给电网。季节性波动过大的地区，要达到此目的必须有很大的蓄电容量。所幸的是，在近来迅速发展的液流蓄电池中，容量与功率可分别安排，如采用这种蓄电技术，只要加大电解液储罐的体积即可增大蓄电量。

三是蓄电容量按风电的"淡季"与风电匹配。在风电的"淡季"里，企业的生产用电仍以风电为主、蓄电为辅，蓄电池的电能由夜间的电网提供，而不是直接将白天高价的市电用于生产，从而既节省了电费，又助电网消化"谷"电一臂之力。此方式与顾氏第二套方案在利用市电弥补风电的间歇性与不规则性缺陷这一点上相同，但不是直接

将市电整流与风电整流并联用于生产。

至于选择何种方式，应根据风场风力的波动规律，风电成本、下网电价、上网电价、风电并网运行所需辅助设备的造价、蓄电设备的造价和循环寿命及运行费用等具体情况，综合对比核算而定。但有一点是肯定的：风场风力的波动越大、风电成本越低，越值得蓄电。

“非并网风电”与大规模蓄电两者结合，还有如下优点：

1. 均衡供电，提高风电对本企业的供电质量和能力

风能的间歇性、不稳定性是无法人为改变的，而用电的生产设备则力求连续、均衡、按最佳条件运行，以求得生产的高效率和高质量。大规模蓄电正可起此作用，风大电多时进行大规模蓄电，风小电少时由蓄电池随时补充。液流电池的充—放电切换时间仅 20 毫秒，尤为可取。

2. 减轻电网“谷”期的压力，增加“峰”期的供电能力

我国有的大风场多在半夜 12 时以后风力增大，而这时本来就是电网负荷的“谷”期，风电并网实际上是增加了电网调峰的负担。特别是实行分时计价中，谷电的电价很低，此时上网的风电越多，电网公司的经济损失就越大，燃煤电厂因电网调峰需要而减发的任务也加重。风电经蓄电后上网，可大大减轻对电网“谷”期的压力，并增加“峰”期的供电能力。

3. 提高风电的使用价值

“非并网风电”与大规模蓄电两者结合后，售给电网的电能只是过剩的部分，其规模远小于风电直接并网，所需的辅助设备大幅度降低，从而可降低风电成本；而在“峰”期售给电网的电能一定会受电网的欢迎，上网电价将不再是国家政策照顾的“平均价”，而可提高至接近“峰”期的市价，至少较易达成协议。

4. 充分发挥风电分布式供电的优势，扩展风电的作用

我国广阔的西部地区及大量海岛难通大电网，独家使用的微小型风机数量不断增加。随着生活水平的提高和风机价格的下降，有可能逐步发展以大中型风力发电机为核心的小型局域电网，为分散的村镇提供生活和生产用的电能。与电网不联结的这一类分布式风电站必须有相应规模的蓄电装置与之配套运行，才能发挥好风电的作用，保证供电的连续性和稳定性。

所以，与大规模蓄电相结合，是单纯“非并网风电”的发展和拓宽，既适用于大型风电场，也适合中小型风电场，可提高分布式供电的质量和经济性，探索出有中国特色的、有自主知识产权的风能利用的新途径。

包括风电在内的各种间歇式可再生能源应与大规模蓄电技术同步发展，建议政府有关部门加强对大规模蓄电技术（特别是液流蓄电）发展的指导和投入，风电界和电网公司也要一起来关注和参与。

简述发展大规模蓄电的液流蓄电池*

Developing Flow Battery for Large Scale Energy Storage

杨裕生/YANG Yu-sheng[1]，蔡生民/CAI Sheng-min[2]，
林祖赓/LIN Zu-geng[3]，衣宝廉/YI Bao-lian[4]，郑健超/ZHENG Jian-chao[5]，
陈立泉/CHEN Li-quan[6]

1. 防化研究院第一研究所，北京　100083
2. 北京大学，北京　100080
3. 厦门大学，福建厦门　361005
4. 中国科学院大连化学物理研究所，辽宁大连　116023
5. 中国广东核电集团有限公司，广东深圳　518031
6. 中国科学院物理研究所，北京　100080

1. Department of Chemical Protection，Research Institute of Chemical Defense，Beijing 100083，China
2. College of Chemistry，Peking University，Beijing 100080，China
3. Department of Chemistry，Xiamen University，Xiamen 361005，Fujian Province，China
4. Dalian Institute of Chemical Physics，Chinese Academy of Sciences，Dalian 116023，Liaoning Province，China
5. China Guangdong Nuclear Power Holding Co. Ltd.，Shenzhen 518031，Guangdong Province，China
6. Institute of Physics，Chinese Academy of Sciences，Beijing 100080，China

摘要：介绍一种新近发展迅速的大规模蓄电技术——液流蓄电池。叙述了其原理和优势、国内外发展现况和关键技术；分析了其作为风能与太阳能发电的蓄能、电网调峰、用电大户自备电源的应用前景；提出了发展我国液流电池的意见、建议。

关键词：液流蓄电池；储能；蓄电池

[中图分类号]TM711,TM919　[文献标识码]A　[文章编号]1000-7857(2006)08-0063-04

Abstract: This article introduces a fast-developing large scale energy storage technology-flow battery, narrates its principles, advantages, development status and key technologies of both domestic and abroad. This article also analyzes the application prospects of the flow battery when it is used as

---

* 本文原载于《科技导报》2006 年第 24 卷 8 期 63-65 页，由李慧政编辑。

the energy storage device for wind and solar power plant，in power management，and as the standby power source of the big electricity-consumer. The proposals of developing flow battery are also presented.

Key Words: flow battery； energy storage； battery
CLC Numbers:TM711，TM919 Document Code:A Article ID:1000-7857(2006) 08-0063-04

电能是国民经济发展和人民生活的重要能源。随着我国经济的发展和人民生活水平的提高，对电力供应的需求日益增加,而且将会在相当长的时期内持续下去。因此，必须不断发展各类电站和输配电系统,以适应此形势； 同时发展大规模蓄电装置,以充分利用各类电站的发电能力。对此，化学电源界和相关行业应高度重视和协同努力。

一、大规模蓄电装置的作用

1. 电网的调"峰"

电网的负荷，昼夜间变化幅度很大，一般白昼达到高"峰"，而在夜间进入低"谷"，"谷"期的负荷甚至不及"峰"期的一半。电力紧缺季节的"峰"期要拉闸限电，而电站要在"谷"期降低发电机的功率。但这等于闲置了相当规模的发电机组。大规模蓄电装置能完成用"谷"电补"峰"电的任务。

2. 太阳能发电站和风能发电站的蓄电

太阳能发电站和风能发电站这两种可再生能源将有较大的发展，但这两种电站均属间歇式电源，其发电能力是无法控制的，与电网不联网的这一类电站必须有大规模蓄电装置与之配套运行。

3. 用电大户的蓄电

电解(含有机电化) 、电镀、电冶金等企业，电车、轻轨、地铁等交通部门，都是集中的用电大户，在电网负荷中占有一定的比例，拉闸限电对他们的生产影响很大。企业的自备电厂由于燃料涨价等诸多原因，也面临不少困难。如果峰谷电价合理，利用"谷"电蓄电，企业自备的大规模蓄电装置在经济上会有竞争力。

4. 军用蓄电

常规潜艇早已实现了大规模蓄电，只是所用大型铅酸电池的充放电循环寿命较短，频繁更换的成本较高，难以适应民用要求。潜艇和指挥工事的电源正求升级换代,高性能、大规模蓄电技术将有甚佳的军用前景。

二、大规模蓄电的物理方式

1. 抽水蓄能电站

抽水蓄能电站是现在最常用的大规模蓄(电) 能方法。夜间将下池的水抽到高处的上池，白天水泵变成发电的水轮机，将上池的水的位能转换为电能上网，从而增加电网的供电能力。抽水蓄能电站规模大，可达百万千瓦以上；转换效率可达 75%，循环寿命长，运行费用低，是当前主要的大规模储能方法。但是，抽水蓄能电站也有其局限性：①要有合适的场地；②一次投入的建造费用过高；③响应速度慢。

2. 压缩空气储能

利用“谷”电压缩并储存空气于数百米深的地(或海水) 下气库，用电高峰时，将压缩空气供燃气轮机燃烧燃料发电，从而省去燃气轮机前置的空气压缩段，就可使气轮发电机增加电能输出几十个百分点。德国 1979 年建成岩洞容量 30 万立方米、气压 68~48 atm 的压缩空气储能电站，输出功率 29 万千瓦。美国和日本分别于 1991 年和 2001 年建成了压缩空气储能电站。压缩空气储能的优点是规模大、运行成本低；局限性也是要有合适的场地，一次投入的费用也很高，并且必须与不装前置空气压缩段的燃气轮机相配合使用，故这种储能方式应用不多。

三、适合于大规模蓄电的化学电池

可进行充、放电循环的有铅酸电池、镉镍电池、锂离子电池、钠硫熔融电池、液流蓄电池及超级电容器等蓄电器件。但是，如用于大规模蓄电，则必须是“效益储能”，即储能–放能的循环过程才能够带来经济效益。可用 E 来衡量储能装置的经济效益的相对大小，它由放出单位能量的投资 C、储能–放能全寿命的循环次数 L、储能–放能循环的转换效率 T 等 3 个因子组成，即:$E = L \cdot T/C$。

对各种储能装置以“五分制”打分作比较，结果可见表 1。

表 1　各种储能装置比较结果排序

(Table 1　Comparison of various energy storage devices)

	蓄能方式	体积比能量排序（分）	重量比能量排序（分）	按功率投资排序（分）	按出能投资排序 $1/C$（分）	循环寿命排序 L（分）	能量转换效率排序 T（分）	E 排序（分）
化学电池	超级电容器	1	5	5	5	5	5	2
	锌空电池	2	2	1	3	1	1	1
	铅酸电池	3	2	3	2	2	3	2
	镉–镍电池	2	4	2	4	4	2	2
	锂离子电池	2	4	5	4	4	5	3
	钠硫电池	3	3	4	3	3	4	3
	液流电池	3	4	4	4	4	4	4
物理蓄能	压缩空气	4	4	3	4	4	3	4
	抽水蓄能	4	5	4	5	5	4	5

目前，与小型风力发电机配套的是古老的品种铅酸电池，其优点是成熟、价格低

廉、安全，而且有 1 万 A·h 以上的大型产品。美国加利福尼亚州建有 40 MW·h 的铅酸蓄电池蓄能电站。铅酸蓄电池的缺点是循环寿命太短，深度放电的循环寿命只有几百次，一两年就需要更换。铅酸蓄电池的价格约为 0.6 元/W·h，如果"峰"电与"谷"电价格相差可达 0.6 元/度，以 80% DOD 进行放电，循环寿命需达 1 500 次以上方能收回投资。要达此指标显然难度很大。应该指出，上述 3 个因子是在不断变化、发展的。例如，锂离子电池的价格在迅速下降，全寿命的循环次数在上升。这就是表 1 中锂离子电池的排序先于铅酸蓄电池的原因，而这在 1~2 年前是不可能的。经过对各种储能装置的性能作综合分析比较，目前最适合于大规模蓄电的化学电池是液流电池[1]。

四、液流电池

液流化学蓄电系统又称液流氧化还原电池(Flow Redox Cell 或 Redox flow cell energy storage systems)，可简称液流蓄电站或液流电池，是 1974 年 Thaller L H (NASA Lewis Research Center，Cleveland，United States)提出的一种电化学储能技术[2]。液流蓄电系统的核心是进行氧化–还原反应，实现充、放电过程的单电池。单电池由正极、负极和高选择性离子交换膜组成。与通常蓄电池的固态活性物质包含在阳极和阴极内不同，液流电池中作为高、低电位的 2 个氧化–还原电对的活性物质，分别溶解于装在 2 个大储液罐中的溶液中，各用一个泵，使溶液流经液流电池中离子交换膜的两侧，在两侧大面积多孔炭电极上发生还原和氧化反应。图 1 和图 2 为铬–铁体系和全钒体系 2 种液流电池的示意图。

以铬–铁体系为例，充电时，高电位电对的活性物质在正极由低价态的 Fe^{2+} 氧化成高价态的 Fe^{3+}； 在离子交换膜另一侧的负极上，低电位电对的活性物质由高价态的

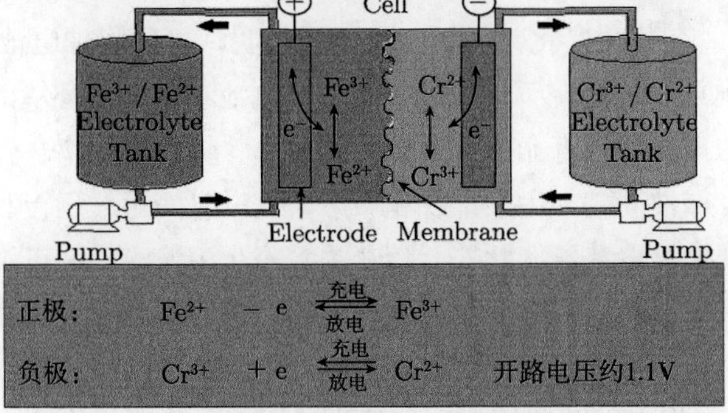

图 1 铬–铁体系示意图
(Fig. 1 Schematic diagram of Cr-Fe system)

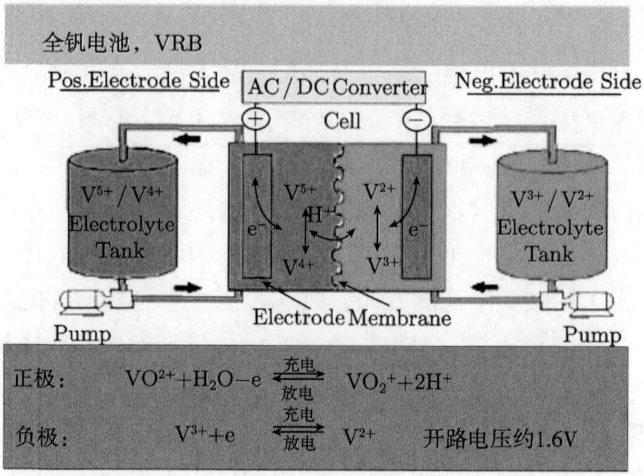

图 2　全钒体系示意图

(Fig. 2　Schematic diagram of all V system)

Cr^{3+}还原成低价态的 Cr^{2+}。放电时，上述两过程反向进行。此时，膜两侧溶液的电荷为要平衡，必定有一种离子(如 H^+) 同步地由一极溶液通过离子交换膜向另一极溶液迁移。

用不同的氧化-还原活性物质可组合成不同电化学体系，各有其特定的反应过程、反应产物和迁移离子，电压也不尽相同。单电池的电压随电化学体系而异，均略高于 1 V。为了得到高电压，可将若干单电池按特定要求通过高导电性的双极板串联成“电堆”，结构类似于燃料电池。液流化学蓄电系统的功率取决于单电池的面积、电堆的层数和电堆的串并联数，而储能容量则取决于储液罐的容积，两者可单独设计。因而，设计的柔性大，易于模块组合，储液罐更没有尺寸限制，蓄电规模可大可小。所有单池里的反应物流体相同，容易保证所有单池在全部时间内的一致性，并可通过一个单池来监测整个系统的充电状态。另外，还可使不同的电池组段接上分立的负载，提供不同的输出电压；　在负载变化时或放电深度增加时，可用附加电池维持电压恒定。

与抽水蓄能电站和压缩空气储能相比，液流电池不受地理环境的限制，具有较高的比能量、很长的理论循环寿命，可有较大的规模、较高的效率、较低的成本；操作条件温和，安全可靠性高，无污染排放和噪声，建设时间短，运行和维持费较低，是一种很有效的大规模蓄电装置。此外，随着关泵停止溶液流动，正极、负极活性物质不再接触，因而液流电池还具有无自放电现象的突出特点，储存的能量可长期备用。因此，作为一种很有特点的规模储能方式，液流电池在电网峰、谷电调整和可再生能源(风能、太阳能) 发电的蓄能等方面，都可发挥十分重要的作用。液流蓄电不用大量的易燃、易爆物，有很高的安全可靠性，噪声极小，而且电能可长期储存备用，启动时间短，正符合潜艇和军事基地、指挥工事用电的特点。英国国防部正在试验将多硫化钠/溴液流蓄电系统作为潜艇主电源。与现在潜艇中的铅酸电池相比，此电源成本低、维护要求低、寿命长，充电状态容易控制，充电时没有酸雾，系统可完全自动化。

五、液流蓄电技术的发展现况

30 年来，多国学者通过变换 2 个氧化还原电对，提出了不同的液流电池体系。最近几年研究的新体系渐多，如铈钒体系[3,7]、全铬体系[4]、钒–溴体系[5]、全铀体系[6]、液流电池等。近些年来，高性能离子交换膜的进展推动了液流蓄电技术的进步。发达国家政府的高科技研究计划均将大规模高效液流蓄电技术列为其主要内容之一，如日本政府的“新阳光计划”、美国的“DOE 项目计划”、欧盟的“欧盟框架”中都将其作为研究重点。现在，电化学体系增多，蓄电的功率和容量竞相突破，在英国、日本和美国等国家已经建成多座 MW 级功率、几十甚至百 MW·h 容量的示范演示系统。英国的 Innogy 公司于 20 世纪 90 年代初开始研究负极活性物质为多硫化钠、正极活性物质为溴的多硫化钠/溴液流蓄电（PSB）体系，先后开发出 5 kW、20 kW、100 kW 3 个系列的电池模块，经串、并联组合出多种功率的蓄电系统。1996 年，英国南威尔士 Aberthaw 电站的 MW 级 PSB 储能系统在技术、环保和安全上都达到了设计要求，1999 年正式公布了 PSB 储电技术。2000 年 8 月，Innogy 公司开始建造储电容量达 120 MW·h、最大输出功率为 15 MW 的蓄电站，2002 年建成并投入示范运行[8]；2001 年又为美国密西西比的哥伦比亚空军基地建造了世界上第二座 PSB 蓄电系统，规模达 120 MW·h/12 MW，耗资 2 500 万美元，2004 年投入使用，可为该空军基地在非常时期提供 24 h 的电能。Innogy 正为 Eltra 公司在丹麦的一个沿海风能电站建造 PSB 蓄电系统。

全钒体系蓄电系统的正、负极活性物质均为钒，只是价态不同，可以避免正、负极活性物质通过离子交换膜扩散造成的元素交叉污染，优势明显。从澳大利亚发祥以来，加拿大、日本、德国、奥地利和葡萄牙等国家已对其广泛地开展了研究工作[9]。加拿大 VRB 能源系统公司开发出用于电站调峰的全钒液流蓄电系统，蓄电容量为 2MW·h，输出功率 250 kW；用于风力发电配套的全钒液流蓄电系统，蓄电容量为 800kW·h，输出功率 200 kW。日本的住友电气工业公司与关西电力公司合作开发出输出功率为 100 kW 的全钒电池储能系统，获 2001 年度日本能源与资源技术进步奖；日本的电化学实验室、Kashima-Kita 电力公司相继开发成功 2 kW、10 kW 钒电池电堆，其中 10 kW 电堆完成了 1 000 次循环试验，能量效率保持在 80%左右。德国、奥地利和葡萄牙等国家也在开展全钒液流蓄电系统研究，并希望将其应用于光伏发电系统和风能发电系统的蓄电。2004 年英国科学家提出一种单储液罐的新型液流电池，以可溶性铅盐为电解质，充电时在正、负极分别沉积二氧化铅和金属铅，无需离子交换膜，造价低，有很大的创新空间。可见，随着可再生能源的不断应用，大规模高效液流蓄电技术的研究开发已成为国际上能源领域的热点。对于如此敏感的技术，国外十分重视技术保密，例如英国拒绝参观其 15 MW 的多硫化钠/溴(PSB)液流蓄电站。

中国地质大学与北京大学从 20 世纪 80 年代末在我国开始研究全钒液流电池原理。广西大学研究了碳类材料的电极对钒的电化学可逆性及快速充放电能力。东北大学在钒硫酸溶液中添加适量的硫酸钠和甘油可以提高钒离子的溶解度，同时也提高了溶液的稳定性。中国工程物理研究院电子工程研究所和中南大学分别开发了 kW 级全钒液流蓄电系统。中国科学院长春应用化学研究所与大连化学物理研究所在 20 世纪 80 年代末，研究了铁–铬液流电池；近 10 年来，大连化学物理研究所的质子交换膜燃料电池开发，为液流蓄电系统的研究奠定了更为坚实的基础，近年成功开发出试验用百瓦级实验电池、4 kW 多硫化钠/溴蓄电电堆和 1.5 kW 全钒液流蓄电电堆，研制了高效催化剂以及廉价电极材料。新疆大学针对液流电池新体系研究 Mn^{3+}/Mn^{2+}等电对。防化研究院则研究新的液流电化学体系，并提出了“蓄电–电合成双功能液流电池”新概念。近几个月内，先后有中南大学(4 × 500 W)、大连化学物理研究所(8 × 1 250 W)和清华大学(1 000 W)的 3 套全钒液流蓄电系统通过专家验收。

上述高校和研究院所的液流蓄电研究，虽然投入甚小，规模不大，有的单位甚至由于经费的原因中断了研究，但是还是有较多的研究单位坚持不懈。随着国内外液流蓄电研究的进展，近来又有从事化学电源研究的单位不断加入这个行列。他们的研究积累，进一步加深了我国化学界和能源界对液流蓄电的理解，也为大规模高效液流化学蓄电系统的基础研究奠定了良好的知识和人才基础。不过，对液流蓄电的认识深度、研究规模、投入强度，与液流蓄电的潜在作用以及在我国科技开发中应有的位置，仍相去甚远。

六、发展我国的液流化学蓄电应首先加强其基础研究

液流电池的原理很简明，要着急做出一二个演示性样机也不是十分困难的事。但是，若要保证作为一个电化工系统高效益地运行若干年，必须围绕提高液流化学蓄电系统的比功率、转换效率和稳定性三大主要任务，深入研究多学科交叉的理论和材料等许多基础性问题，还应抓紧时机尽快发展拥有我国自主知识产权的新型液流蓄电体系。主要的基础研究包括以下几个方面。

1. 氧化还原电对——组成液流蓄电体系的 2 个电对，要求电位差大、可逆性好、电对无副反应；还要求活性物质的溶解度高，以利于提高蓄电体系的比能量和比功率。目前，液流蓄电研究与开发，均集中于多硫化钠/溴液流蓄电和全钒液流蓄电 2 种体系，两者各有优点，也存在许多各自独有的和共有的问题，孰为最优尚未见分晓。

此外，现有的液流蓄电体系均为外国人提出，他们申请了许多专利。我们应该系统地研究变价元素的电化学和溶液化学，力争发展有我国自主知识产权的新型液流蓄电体系。

2. 离子交换膜——这是液流蓄电体系的核心功能材料，要求具有高选择性、高稳定性、高离子电导率、高电子电阻率、高强度、高性价比。

3. 催化剂——包括正极催化剂、负极催化剂。不同活性物质的氧化-还原反应有其合适的催化剂，它们是活性物质在电极表面氧化-还原反应速率的决定性因素。

4. 电极材料——高比表面电极材料的选择及制备技术，并要求电极材料导电性好、耐电腐蚀，负载催化剂牢固稳定。

5. 双极板——既是单电池间的连接物和导体，又是 2 个活性物质溶液的隔板。在厚度尽量薄的双极板的双面，既要刻有供溶液均匀、顺畅流动而特别设计的流道，又要隔绝溶液的渗透。此外，双极板与正极、负极的良好结合，是降低液流蓄电系统内阻、提高功率和能量转换效率的关键。

6. 电堆结构设计和密封件等部件的材料——这是液流蓄电系统长期、高效、稳定运行的重要保证。

7. 液流蓄电系统的总体设计技术——等于建一个“电化工厂”。

8. 自动检测和控制技术——确保液流蓄电系统按最优化的工艺条件运行。

由于液流蓄电的历史不长，有许多基本问题还未来得及研究。这些问题涉及电化学、溶液化学(特别是多种价态金属离子的浓溶液化学) ，特殊条件下的催化化学、膜科学，以及化学工程学科的流体流动、流动液体与异型固体电极表面的传质过程等方面。研究这些问题将不仅从基础上推进液流蓄电技术的发展和提高，而且对这些相关学科的发展也是良好的机遇和促进。

可以预料，在国家有关部门的重视和支持下，在加强基础研究的前提下，基于新概念、新材料和新技术的液流化学蓄电体系将在我国迅速发展； 高效、长寿命、低成本、大规模的液流蓄电站，将与我国电力特别是可再生能源同步、配套发展。

注：本文其他作者简介如下。

蔡生民，男，北京大学，教授，主要研究方向为光电化学和半导体电化学、电动车用化学电源，E-mail:caism@pku.edu.cn

林祖赓，男，厦门大学，教授，主要研究方向为电化学方法和化学电源，E-mail:zglin@xmu.edu.cn

衣宝廉，男，中国工程院院士，中国科学院大连化学物理研究所，研究员，主要研究方向为化学能与电能的相互转化，E-mail: blyi@dicp.ac.cn

郑健超，男，中国工程院院士，中国广东核电集团有限公司，研究员，主要研究方向为高电压技术，E-mail: zhengjianchao@cgnpc.com.cn

陈立泉,男，中国工程院院士，中国科学院物理研究所，研究员，主要研究方向为无机功能材料，E-mail:lqchen@aphy.iphy.ac.cn

参 考 文 献

[1] 谢自立，杨裕生. 液流电池与其他储能电池的比较[C]. 高效储能科学与技术学术会议论文集，上海，2004

[2] Thaller L H. Ninth Intersoc. Energy Conv [P]. NASA Lewis Research Center，Cleveland，US (NASA TM X-71540)Eng. Conf，San Francisco, CA: August，26–30, 1974: 924–928

[3] Fang B , Iwasa S , Wei Y , et al. A study of the Ce (Ⅲ)/Ce (Ⅳ) redox couple for redox flow battery application [J]. Electrochimica Acta，2002, 47: 3971–3976

[4] Bae C H，Roberts E P L，W.DRYFE RA. Chromium redox couples for application to redox flow batteries [J]. Electrochimica Acta，2002，48: 279–287

[5] Maria Skyllas-Kazacos，Novel vanadium chloride/polyhalide redox flow battery [J]. J.power sources，2003，124: 299–302

[6] Yamamura T，Shirasaki K，Shiokawa Y. et al. Characterization of tetraketone ligands for active materials of all- uranium redox flow battery [J]. J.of Alloys and Compounds , 2004 , 374: 349–353

[7] Liu Y，Xia X，Liu H. Studies on Cerium (Ce^{4+}- Ce^{3+})-Vanadium (V^{2+}- V^{3+}) Redox flow cell-cyclic voltammogram response of Ce^{4+}/Ce^{3+} redox couple in H_2SO_4 solution [J]，J. of Power Sources，2004，130: 299–305

[8] Remick R J，Ang P G P. Electrically rechargeable anionically active reduction-oxidation electrical s torage-supply system [P]. US, 1984: 4485154

[9] Fabjan C H，Garche J，Harrer B. The vanadium redox-battery: an efficient storage unit for photovoltaic sys tems [J]. Electrochimica Acta，2001, 47: 825–831

液流电池蓄电技术的进展与前景*

Development and prospect of Redox flow cell energy storage systems

杨裕生[1,2]　张　立[2]　文越华[1]　程　杰[1]　曹高萍[1]
YANG Yu-sheng[1,2]; ZHANG Li[2]; WEN Yue-hua[1]; CHENG Jie[1], CAO Gao-ping[1]

（1. 防化研究院, 北京 100083　2. 北京科技大学理化系, 北京 100083）
（1. Institute of Chemical Defence; Beijing 100083; China; 2. Department of Physical Chemistry; University of Science and Technology Beijing; Beijing 100083; China）

摘要：本文按照液流电池的各种特征对液流电池系统进行分类和比较，评估了多种氧化还原电对和液流电池系统的性能和主要优缺点，并重点指出了进一步研究的方向。
Abstract: In this paper, redox couples and redox flow cell energy storage systems have being evaluated. Redox flow systems are compared and in the light of characteristics. The key advantages and disadvantages of redox flow cells are considered while areas for further research are highlighted.

关键词：储能；氧化还原液流电池；液流电池
Keywords: Energy storage; Redox flow batteries; Redox flow cells

电能是国民经济发展的重要保障。随着核电和风能、太阳能、潮汐能等可再生能源的规模开发、利用，为实现稳定供电，开发高效的规模储能技术意义非常重大。规模储能技术中首推扬水蓄能，它规模大、寿命长，但地理条件要求苛刻，且建造费用高。化学蓄电池中以目前正在发展的液流电池（Flow cell，Flow battery）最适宜规模化储能[1]。最近，de Léon[2]也评述了各类液流电池技术。本文简述液流电池的研究概况，试图按照电池的各种特征从新的角度对液流电池进行分类和比较，评估其性能和主要优缺点，提出还需深入研究的一些问题，并展望其发展前景。

一、液流蓄电池概述

氧化还原液流电池或氧化还原液流蓄能系统（Redox flow Cell 或 Redox flow systems），可简称为液流电池。最早由美国航空航天局（NASA）资助研究，1974 年

* 本文原载于《电源技术》2007 年第 31 卷，175-178 页。

由 Thaller L.H.提出[3]并申请了专利。与通常蓄电池的活性物质被包容在固态电极之内不同，液流电池的正、负极活性物质主要存在于电解液中，通过送液泵流过液流电池，电池内的正、负极电解液由离子交换膜隔开。在电池充、放电过程中，电解液中的活性物质离子在惰性电极表面发生价态的变化。液流电池的正/负极电对应具有以下特点：正/负极电对电位差大，可逆性好，副反应小，溶解度高且稳定，易于制备，价格便宜，环境友好，腐蚀性小等[4]。

30 多年来，各国研究者获得了多种可用的液流电池体系。液流电池的主要特点归纳于表 1[5]。

表 1　流液蓄电池的特点
(Tab.1 Feature of redox flow battery systems)

优点	缺点
（1）大规模蓄电——储罐没有尺寸限制；选址不受地域限制 （2）安全，可深度放电； （3）有很大的充放电速率； （4）长寿命，高可靠性； （5）无排放，噪声小； （6）启动快，充、放电切换只需要 0.02 秒；	（1）正极、负极电解液交叉污染； （2）要用价贵的离子交换膜； （3）两份溶液，体积大，平均之后比能量低。

液流电池的结构类似于燃料电池，可分为三个层次：单体（Cell）、电堆（Stack）和系统（System）。电池单体通过双极板串（并）联成“电堆”，就可以形成不同规模的蓄电装置。液流蓄电系统的功率取决于单电池内电极板的面积和堆的节数，储能容量则取决于储液罐的容积和电解液的浓度，因此功率与储能容量可单独设计，适用于大容量蓄电。

二、液流电池的种类

随着研究的深入，不断有新的氧化-还原电对应用到液流电池中，形成新的体系。为了方便理解和研究各种液流电池的原理和特点，可以有多种方法对其进行分类。

按照电化学体系进行分类：（1）正负极电对为两个变价元素：①阳离子变价；②阴离子变价；③阴、阳离子变价。（2）正负极电对为同一个变价元素，则该元素至少有三个价态。

按电解液数目分类：（1）双流动电解液；（2）单流动电解液。

按电极反应形式分类：（1）无沉积反应——离子在电极表面变价后又回到液流中去；（2）有沉积反应：①双沉积反应；②单沉积反应。

按电堆的功能分类：（1）单纯蓄电；（2）双功能——蓄电/电化学合成。

以下主要按照电化学体系为主线，分别介绍各种液流电池。

1. 阳离子变价元素体系

NASA 的 Lewis 研究中心提出 Fe-Ti 和 Fe-Cr 体系。研究发现，Fe^{3+}/Fe^{2+}半电池具有较好的可逆性和较快的动力学特征，但 Ti 半电池反应速度慢，易形成 TiO_2 钝化层[6]，且 Fe-Ti 电池电压为 0.67V，与 Fe-Cr 的 1.18V 相比较低，因而 Fe-Cr 体系研究最广泛[7]。

Cr（Ⅲ）离子在 HCl 溶液中形成三种内层配离子[8]，这些配离子相对惰性，降低了 Cr^{3+}/Cr^{2+}的氧化还原反应速度，且充电时易析氢，要在惰性电极上沉积痕量金和铅，起催化剂和提高析氢过电位双重作用。此外，正/负极溶液离子交叉污染严重，系统需要单独的再平衡电池，因而此电池最终未能走向实用。

Ce 来源丰富，Ce（Ⅳ）/Ce（Ⅲ）的氧化/还原电位高达 1.74V（vs. NHE），在硫酸中，Ce 可与 SO_4^{2-}形成配合物，有助于提高其溶解度。2002 年，日本 B.Fang 等[9]指出 Ce（Ⅳ）/Ce（Ⅲ）的电极过程为准可逆，与 V（Ⅲ）/ V（Ⅱ）组成全电池，开路电压达到 1.87V，库仑效率约 87%。夏熙等[10]的研究表明，增加 H_2SO_4浓度有助于提高 Ce^{4+}/Ce^{3+}电对的可逆性。但 A. Paulenova 等认为铈盐在硫酸中的溶解度不高，动力学过程较慢，并不适于液流储能电池。

2. 阴离子变价元素体系

20 世纪 90 年代初，英国的 Innogy 公司开发了正负极活性物质均为阴离子变价的多硫化钠/溴液流电池，放电状态时，正极活性物质为溴化钠，负极为四硫化钠[11]，这些化合物资源丰富，易溶于水，成本较低。充电时正极溴离子氧化为溴分子并络合为 Br_3^-离子，负极 Na_2S_4 还原为 Na_2S_2，半电池的电位分别为+1.09V vs SHE 及−0.265V vs SHE。此液流电池的电解液被阳离子交换膜隔开以阻止硫阴离子与溴直接反应，通过钠离子的传导来实现电荷平衡。存在的问题包括：①正负极电解液的性质不同，经过一段时间后电解液之间交叉污染；②电解液平衡维护困难；③膜上沉积硫；④硫化氢和溴的生成和挥发；⑤溴腐蚀。

3. 阴、阳离子变价元素体系

2003 年，M.S.Kazacos 等基于 V（Ⅲ）/ V（Ⅱ）在 HBr 中溶解度高的考虑，提出了钒/多卤化物新体系，电解液浓度达 4M，能量密度为 $50Wh·kg^{-1}$。但此体系正/负极溶液的交叉污染较为严重，电池的能量效率较低。当用 Br_2/Br^-（V^{4+}）和 VBr_3/VBr_2 作正、负极活性物质时[12]，电解液浓度为 2M，虽电压效率偏低，但电流效率提高至 92%。2004 年 M.S.Kazacos 成立了开发低成本钒/溴液流电池的公司，同时澳大利亚政府也资助此项研究。

4. 正、负极同种元素的离子变价体系

为了克服正负极溶液间元素交叉污染，研究者开发了同元素的离子变价体系。

（1）配位改变电极电位

1981 年，Y.D.Chen 等[13]通过邻二氮杂菲或联吡啶配体与 Fe^{2+}的较强配位，使 Fe^{3+}/Fe^{2+}的氧化/还原电位显著正移（~1.0V vs.SCE），且电极反应速度提高了一个量级。1989 年，印度 Murthy 等[14]在弱酸中，采用二乙三氨五乙酸（DTPA）、氨三乙酸（NTA）和乙二胺四乙酸（EDTA）与 Fe（Ⅲ）/Fe（Ⅱ）配位，使 Fe（Ⅲ）/Fe（Ⅱ）的电极电位降至 0V（vs. SCE），试图组成全铁电池体系。1982 年，Y.D.Chen 等[15]采用邻二氮杂非等配体与 Co（Ⅲ）/Co（Ⅱ）络合，电位负移至~0.1V（vs.SCE），可逆性和溶解性较好，组成了 Co（Ⅲ）/Co（Ⅱ）和 Co（Ⅱ）/Co（Ⅰ）全钴体系液流电池，但 Co（I）离子不稳定，需选择适宜配体。

此外，还有联吡啶（BIPY）与 Ru^{3+}/Ru^{2+}配位，电位 1.0V（vs.SCE）。但 Ru 的成本高，且配合物的溶解度低，未能实用。

（2）全钒液流储能电池（Vanadium Redox Battery，缩写为 VRB）

全钒液流储能电池由澳大利亚新南威尔士大学的 Skyllas-Kazacos 课题组在 1980 年代末期开发成功，正极为 VO^{2+}/VO_2^{+}，$E^0 = 1.00V$（vs.SHE）；负极为 V^{3+}/V^{2+}，$E^0 =-0.26V$（vs.SHE），支持电解质为 H_2SO_4[16]，两个反应在碳毡电极上均为可逆反应，反应动力学快、电流效率和电压效率高，是迄今最为成功的液流电池。存在的问题是五价钒离子有很强的氧化活性，会降解离子交换膜[17]。新南威尔士大学[18, 19]和其他单位[20]对该电池进行了详尽的研究，主要包括电极材料、隔膜、溶液化学和电化学性能的研究。日本住友电工（SEI）从 20 世纪 90 年代初也开始研发 VRB。

（3）全铬液流电池

Cr（Ⅲ）与 EDTA 配合，使得 Cr（Ⅲ）/Cr（Ⅱ）的标准电位接近−1.23V（vs.SCE），且电荷转移由水化离子的内层机制变为配位后的外层机制，动力学速度加快。在此基础上，C.H.Bae 等[21]提出了 Cr-EDTA 配合物的全铬体系液流电池，但正极电对 Cr（Ⅴ）/Cr（Ⅲ）（EDTA 配合）的反应可逆性差，且活性物质溶解度较小（仅 0.1M）。

（4）锕系元素液流电池

2002 年，日本的 T.Yamamura 等基于四种锕系元素（U、Np、Pu 和 Am）的离子具有与钒类似的特征，分别就 Am、U 和 Np 组成新体系的可行性进行了探讨。在水溶液中，U（Ⅴ）因发生歧化反应而不能稳定存在，需采用非质子型溶剂，并需与β-二酮类有机配体组成配合物[22]。在 2004 年[23]测试了全铀电对的反应速率常数，铀电极反应速度快；后又通过模拟计算，得出全铀电池能量效率超过钒电池约 16%的推断。世上现有大量贫化铀，放射性不强，是唯一可有实用价值的锕系元素。

5. 沉积型液流储能体系

沉积型液流储能体系，是指在充（放）电过程中至少有一个电对的充（放）电产物沉积在（或原本在）电极上。沉积型电池正负极一般使用同一种液体，避免了液相储能液流电池的交叉污染和昂贵的离子交换膜问题，具有较大的实用性。

（1）锌/溴电池

周德璧等对锌-溴液流电池作了综述[24]。

1885 年，C.S.Bradley 首先提出了 Zn/Br_2 二次电池的概念。20 世纪 70~80 年代，Exxon 和 Gould 公司将电池电解液设计为流动式，有效解决了 Zn 枝晶问题[25]。Zn/Br_2 电池电解液为 $ZnBr_2$ 水溶液，在正/负极间采用微孔隔膜。充电时锌沉积在负极上，而正极上产生的溴单质留在液相中。这类电池可称为单沉积型液流电池或单液流电池，其容量受限于沉积在负极上的锌的总量，锌的担载量一般在 $60\sim150mAh\cdot cm^{-2}$ 范围内。为降低 Zn 的腐蚀速率，需控制溶液的 pH 值和电极组分。此外，电堆还需通过优化设计或电极保护的方法，减少漏电电流导致的容量损失。

（2）全铁电池

1981 年，L.W.Hruska 等提出的全铁电池[26]也属于单液流电池。负极反应为 Fe^{2+}/Fe，$E^0 = -0.441V$（vs. NHE）；正极反应为 Fe^{3+}/Fe^{2+}，$E^0 = 0.771V$（vs. NHE）。该体系采用氯化物为支持电解质，惰性电极常采用耐腐蚀的钛、石墨电极。该电池具有低温性能好、原料便宜、结构材料成本低的特点，但存在两个问题：三价铁离子易扩散至负极表面，发生自放电反应；酸性条件下，单质 Fe 易被腐蚀析氢。因此，溶液的 pH 和电极的组分须严格控制。另外全铁电池的电压较低（仅 1.21V），能量密度不高。

（3）铅酸液流储能电池

2004 年英国南开普敦大学 Pletcher 课题组[27]基于传统铅酸二次电池的概念，提出一种新的全沉积型液流储能电池体系。该电池的负极电对为 Pb^{2+}/Pb，$E^0 = -0.146V$（vs.NHE）；正极电对为 PbO_2/Pb^{2+}，$E^0 = 1.586V$（vs. NHE），正负极反应的活性高，可逆性好。但二氧化铅成核的过电位较大，易产生氧气，造成能量损失（能量效率为 65%左右），且电池放电后负极有铅剩余，多次循环后造成铅积累，需要通氧溶解。为降低负极 Pb 沉积的粗糙度和提高 Pb^{2+}/PbO_2 的反应动力学，研究了有机和无机添加剂的影响，但效果均不理想。

三、液流电池的应用进展

液流电池储能系统已用于光伏电池、风力等不稳定性发电的蓄电。迄今各国研究的兆瓦级电堆体系有锌-溴电池、多硫化钠-溴和全钒液流电池，应用在备用电源、电动汽车和规模储能等方面，技术主要由美、日、加拿大等国的公司掌握。

奥地利、美国和日本等国组装了 5~45 kWh 的锌-溴电池模块，用作电动车电源。在电能储存方面，ZBB 能源公司设计了 400 kWh 示范电堆。1990 年，日本由 25kW

的子模块装配成功 1MW~4MWh 的电堆，能量效率约 65.9%。

日本通产省电工实验室于 1975 年开始研究液流电池，1980 年列入新型电池电力储存系统的研究开发计划（月光计划）。11 年用经费 170 亿日元，至 1990 年进行了 60kW 级的铁/铬电池实证试验[28]；1988 年起开发全钒液流电池，与日本电力公司合作于 1997 年 9 月建成 200kW×4h 的 VRB 电堆，联入公司电网系统[29]。住友电工（SEI）与关西电力公司于 1985 年合作开发出 450kW 级 VRB 系统，作为电力公司子变压电站的一个基本单元进行充放电试验，经 530 次循环能量效率均值达 82.3%（电流密度 $50mA \cdot cm^{-2}$）。2000~2002 年，SEI 分别完成了用于办公楼供电的 800kWh、用于风力发电场的 1.0MWh 及用于大学校园的 5.0MWh 系统的建设[30]。

2003 年加拿大 VRB Power Systems 公司[31]为澳大利亚 Hydro Tasmania 公司在 King Island 建造了容量为 800kWh、输出功率 200 kW 的风能及柴油机发电配套 VRB 系统，提高了岛上电能供应功率水平并使风力发电系统稳定供电。2004 年为美国 Pacific Corp 公司建造了容量 2MWh、功率 250kW 的 VRB 储能系统，以满足犹他州东南部偏远地区用电。

20 世纪 90 年代初，英国 Innogy 公司开始开发多硫化钠/溴氧化还原液流储能电池，已成功开发出 5kW、20kW、100kW 三个系列的电堆，进入商业化示范阶段，分别在英国和美国各建造了一座规模为 120MWh 的储能电站。

四、国内的液流电池研究

我国 VRB 研究始于 1990 年代，中国地质大学和北京大学[32]、中国工程物理研究院电子工程研究所[33]、广东工业大学[34]、东北大学[35]、中国科学院金属研究所[36]、中南大学[37]、中国科学院大连化学物理研究所[38]、北京科技大学[39]和清华大学[40]等先后发表过有关 VRB 研究的论文，内容涉及溶液的制备、单电池充放电特性、电解液成分及稳定性、电极电催化、廉价复合膜及复合电极等。近年内，中国工程物理研究院电子工程研究所、中南大学、中国科学院大连化学物理研究所和清华大学先后研制成功单机 500—1000W 的四套演示电池系统。

中国科学院大连化学物理研究所研究了多硫化钠/溴液流电池[41]，开发出千瓦级多硫化钠/溴液流电池。防化研究院研究“蓄电–电化学合成”双功能液流电池[42]，目的是收蓄有机电合成中消耗的部分电能。

我们在此首次报道防化研究院研究的新型液流电池——锌–镍单液流电池，其电解液为 $K_2Zn(OH)_4$ 的浓 KOH 溶液，负极电对为 $Zn(OH)_4^{2-}/Zn$，$E^0 = -1.215V$（vs. NHE）；正极为固定的氧化镍，$E^0 = 0.490V$（vs. NHE）。此单液流电池除具有全钒液流电池等的基本优点外，还具有如下优点：①碱性电解液，较易解决电池材料的长期抗腐蚀问题；②一个电极是固定的，电堆结构较简单；③只有一个电解液回路，电池系统较简单；④不存在离子交叉污染问题；⑤不必使用价昂的离子交换膜；⑥除镍价稍高（约为钒的1/3）外，不使用价昂的电极材料。

五、液流电池的展望

液流电池是世界上规模最大的储能电池，由于设计灵活，适合各种储能场合，全寿命成本最低，因此竞争力很强，应用前景非常广阔。我们对大规模蓄电装置（主要是液流电池）归结了四大可能用途[43]：①可再生能源的蓄电；②电网的“调峰”；③用电大户的蓄电；④军用蓄电。

我国具有丰富的风能、太阳能和潮汐能资源，但用这些可再生能源发电时，功率、电压和频率的波动大，而且难以人为控制，如果直接并入电网，将会影响电网的供电质量。而且，我国有的大风场多在半夜 12 时以后风力增大，而这时本来就是电网负荷的“谷”期，风电并网实际上是增加了电网“调峰”的负担。特别是实行分时计价中，“谷”电的电价很低，此时上网的风电越多，电网公司的经济损失就越大，燃煤电厂因电网“调峰”需要而减发的任务也加重。如果风电经蓄电后上网，可大大减轻对电网“谷”期的“调峰”压力，并增加“峰”期的供电能力，一定会受电网的欢迎，上网电价将不再是国家政策照顾的“平均价”，而可提高至接近“峰”期的市价。因此，开发可再生能源必须同时大力发展配套规模的蓄电装置。直接输入用户的“非并网风电”，更应与大规模蓄电相结合[44]。

从安全、储能效率、性价比等方面比较来看，液流电池是最适宜规模化储能的电池体系。因而在太阳能、风能等可再生能源发电的储存中液流电池是首选器件。巨大的需求必将催生液流电池新技术、新产品的迅速发展。液流电池的开发利用既能减小污染、保护环境，又能推进以可再生能源为主的分布式发电模式，对我国支持西部开发、边远乡村供电、岛屿发电等方面的作用将很大。

我国科技部已开始注视液流电池的研究，在国家“863”计划中给予了一些支持。可以预期，这种高效率、大容量储能电池有可能在今后5—10年内实现相当规模的产业化，不仅会获得巨大商业利益，还能创造非常好的社会效应、生态效应，对国民经济发展具有重大战略意义。

六、结束语

目前液流电池核心技术基本都在外国人手中，因此我们应当迎头赶上，掌握液流电池的自主知识产权。为此，必须加强液流蓄电的基础研究——开发高选择性、长寿命隔膜和新材料；对高浓度、多价态电解质的溶液化学及其稳定化机制问题，电对在溶液中氧化还原机理问题，集催化、集流、导电等于一体的“一体化”电极，以及电堆结构、电池系统设计等进行创新研究，提高电池的稳定性，比能量和能量转换效率。同时，要大力发展液流电池的新体系，从源头上创新。

参 考 文 献

[1] 杨裕生, 蔡生民, 林祖赓, 等. 简述发展大规模蓄电的液流蓄电池[J]. 科技导报, 2006, 24(8): 63–66

[2] Ponce de leon C, Frias-ferrer A, Gonzalez-Garcia J, et al. Redox flow cells for energy conversion[J]. J power Sources, 2006, 160（1）: 716–732

[3] Thaller L H. Electrically Rechargeable Redox Flow Cells[C]. San Francisco, USA: SAE Preprints, 749142, 1974. 924

[4] M. Bartolozzi, Development of Redox Flow Batteries. A Historical Bibliography[J] J. Power Source, 1989, 27（3）219–234

[5] Anon. Major reduction in electric energy storage costs[J]. Industrial Research & Development, 1980, 22（3）: 97–98

[6] Savinell F, Liu C C, Galasco R T, et al. Discharge Characteristics of a soluble Iron-Titanium Battery system [J]. J. Electrochem.Soc., 1979, 126（3）:357–360

[7] Shimada M, Tsuzuki Y, Lizuka Y, et al. Investigation of the aqueous Fe/Cr redox flow cell[J]. Chemistry and Industry, 1988, 3:80–82

[8] David A. J, Margaret A. Reid Chemical and Electrochemical Behavior of the Cr（Ⅲ）/Cr（Ⅱ）Half-Cell in the Iron-Chromium Redox Energy Storage System[J]. J Electrochem Soc, 1985, 132（5）:1058–1062

[9] Fang B, Iwasa S, Wei Y. A study of the Ce（Ⅲ）/Ce（Ⅳ） redox couple for redox flow battery application[J], Electrochimica Acta, 2002, 47（24）: 3971–3976

[10] Liu Y, Xia X, Liu H. Studies on cerium （Ce^{4+}/Ce^{3+}）- vanadium （V^{2+}/V^{3+}） redox flow cell-cyclic Voltammogram response of Ce^{4+}/Ce^{3+} redox couple in H_2SO_4 Solution[J]. J. Power Source, 2004, 130（1-2）:299–305

[11] Remick R J, Pang P G. Electrically rechargeable anionically active reduction-oxidation electrical storage supply system; US Patent 4,485,154（November 1984）

[12] Maria, Skyllas-Kazacos. New vanadium bromide redox fuel cell, Proceedings of the fourth IASTED International Conference Power and energy systems, June 28-30, 2004, Rhodes, Greece

[13] Yih-Wen, DCHEN, K S V Santhanam, et al. Solution Redox Couples for Electrochemical energy Storage[J]. J Electrochem Soc, 1981, 128（7）:1460–1467

[14] A S N. Murthy, Tanuja Srivastava. Fe(Ⅲ)/Fe(Ⅱ)-Ligand systems for use as negative half-cells in redox –flow cells [J]. J. Power Source, 1989, 27（2）:119–126

[15] Yih-Wen, DCHEN, K S V Santhanam, et al. Solution Redox Couples for Electrochemical energy Storage,II.Cobalt（III）-Cobalt（II） Complexes with o-Phenanthroline and Related Ligands[J]. J Electrochem Soc, 1982, 129（1）:61–68

[16] Skyllas-Kazacos M, Grossmith F. Efficient vanadium redox flow cell[J]. J Electrochem Soc, 1987, 134（12）:2950–2953

[17] Haddadi-Asl V, Kazacos M, Skyllas-Kazacos M. Conductive carbon polypropylene composite electrodes for vanadium redox battery[J]. J Appl Electrochem., 1995, 25（1）:29–34

[18] Chieng S C, Kazacos M, Skyllas-K. M. Preparation and evaluation of composite membrane for vanadium redox battery applications[J]. J Power Sources, 1992, 39（1）:11–16

[19] Mohammadi T, Skyllas-Kazacis M. Evaluation of the chemical stability of some membranes in vanadium solution[J]. J Appl. Electrochem, 1997, 27（1）:153–158

[20] Sumitomo Electric. <URL: http://www.sei.co.jp/ index .en.html> （accessed September 27, 2005）

[21] Bae C H, Roberts E P L, Dryfe R.A.W. Chromium redox couples for application to redox flow batteries[J]. Electrochimica Acta, 2002, 48（3）： 279–287

[22] Yamamura T, Shiokawa Y, Yamana H, et al. Electrochemical investigation of uranium β-diketonates for all-uranium redox flow battery[J]. Electrochimica Acta, 2002, 48:43–50

[23] Hasegawa K, Kimura A, Yamamurac T, et al. Estimation of energy efficiency in neptunium redox flow batteries by the standard rate constants [J]. J. Physics and Chemistry of Solids, 2005, 66 （2-4）:593–595

[24] 周德璧, 于中一.锌 溴液流电池技术研究[J]. 电池, 2004, 34（6）:442–443

[25] http://www.electricitystorage.org/tech/technologies_technologies_znbr.htm

[26] Hruska L W, Savinell R F. Investigation of factors affecting performance of the iron-redox battery[J]. J Electrochem Soc, 1981, 128（1）:18–25

[27] Ahmed Hazza, Derek Pletcher, Richard Wills. A novel flow battery-A lead acid battery[J]. Phys.Chem.Chem.Phys, 2004,（6）:1773–1778

[28] 林兆勤, 江志韫. 日本铁铬氧化还原液流电池的研究进展[Jl. 电源技术, 1991, 15(2):32–39

[29] Shibata A, Sato K. Development of vanadium redox flow battery for electricity storage[J]. Power Engineering Journal, 1999, 13（3）: 130–135

[30] Miyake S. Vanadium redox-flow battery for a variety of applications [J/OL]. http://www.electricitystor-age.org/pubs/2001/IEEE_PES_Sumlner2001/Miy-ake_ndf.2004-8-22

[31] http://www.vrbpower.com, 2004-8-22

[32] 彭声谦, 许国镇, 杨华铨, 等. 用从石煤中提取的 V_20_5 制备钒电池用 $VOSO_4$ 的研究[J]. 无机盐工业, 1997, 29（1）:3–6

[33] 孟凡明, 崔艳华, 李茂林, 等. 全钒离子液流电池初步研究[J]. 电源技术, 1998, 22（1）:24–26

[34] 张环华, 肖楚民, 张平民. 金钒离子氧化还原液流电池电极活性物质的研究[J]. 广东工业大学学报, 2000, 17（4）:78–80, 84

[35] 许茜, 赖春艳, 尹远洪, 等. 提高钒电池电解液的稳定性[J]. 电源技术, 2002, 26（1）:29–31

[36] 田波, 严川伟, 屈庆, 等. 钒电池电解液的电位滴定分析[J]. 电池, 2003, 33（4）:261–263

[37] 黄可龙, 伍秋美, 刘素琴, 等. 钒氧化还原液流电池石墨一炭黑复合电极性能[J]. 电源技术, 2004, 28（2）:91–93

[38] 文越华, 张华民, 钱鹏. 全钒液流电池高浓度下 V（IV）/V（V）的电极过程研究[J]. 物理化学学报, 2006, 22（4）: 403–408

[39] 王文红, 王新东. 全钒液流电池荷电状态的分析与监测[J]. 浙江工业大学学报, 2006,

34（2）:119–123

[40] Luo X, Lu Z, Xi J, et al. Influences of Permeation of Vanadium Ions through PVDF-g-PSSA Membranes on Performances of Vanadium Redox Flow Batteries[J] J. Phys. Chem. B, 2005, 109（43）: 20310–20314

[41] 赵平，张华民，周汉涛，等. 多硫化钠——溴化钠氧化还原液流电池研究[J]. 电源技术，2005, 29（5）:322–324

[42] 文越华，张华民，马海鹏，等. “蓄电-电化学制备”双功能液流电池的初步研究[A]. 第27届全国物理与化学电源学术讨论会论文集 D73, 2006年11月，东莞

[43] 杨裕生. 大规模蓄电的化学电源[A]. 第26届全国物理与化学电源学术讨论会论文集 G01, 2004年9月，厦门

[44] 杨裕生. “非并网风电”应与大规模蓄电相结合. 科学时报, 2006年10月11月8日 A4版

关于可再生氢-氧燃料电池的议论*

Discussion about the Regenerative Fuel Cell

摘要：针对间歇式接收太阳光照射的空间飞行器所用电源的特点，本文提出了“黑夜供电系统”的概念——将蓄电装置与其相配套的那部分太阳能电池组成一个“黑夜供电系统”，其余部分的太阳能电池算作“白天”供电，结合蓄电装置的能量转换效率，从而可在同一基础上比较各种蓄电装置的性能。可再生氢-氧燃料电池装置的能量转换效率低，与之组合为“黑夜供电系统”的太阳能电池的重量必需大增。只有在太阳能电池的比功率很高的条件下，一体式可再生氢-氧燃料电池装置方可胜过比能量正在快步提高的锂离子电池装置，而分体式可再生氢-氧燃料电池装置的竞争力就难显现了。

Abstract: Considering the characteristics of power source of space aircraft that receive sunlight intermittently, we present a concept of “night power supply system” in this paper, i.e., combining energy storage device and its corresponding solar batteries to form a “night power supply system”, the other solar batteries are used for power supply in “daytime”, therefore, performance of different energy storage devices can be evaluated equally in consideration of their energy conversion efficiency. Regenerative fuel cells (RFC) have low energy conversion efficiency, resulting that the solar batteries combined with them for “night power supply system” have to be much heavier. Unless solar battery has very high power density, unitized regenerative fuel cells (URFC) will not get ahead of the Li-ion battery with fast-developing specific energy, say nothing of the separated regenerative fuel cells (SRFC).

关键词：可再生燃料电池；“黑夜供电系统”；能量转换效率；比能量

Keywords: Unitized regenerative fuel cells; “Night power supply system”; Energy conversion efficiency; Specific energy.

可再生氢-氧燃料电池（RFC）是一种电能储存装置，它先作为电解池用电能将水电解成氢气和氧气分别收存在密封容器中，从而以化学能的形式（有人称为“氢能”）储存电能；用电时它再作为发电装置用氢、氧气的化学能产生电能，原理简单明了，但实际的装置却很复杂昂贵，技术难度很大。美国首先设想将它用于间隙式接收太阳光照射的空间飞行器，将太阳光照射时（飞行器的“白天”）太阳能电池产生电能的大部分储存起来，以备太阳光不能照射（飞行器的“黑夜”）时使用。

前几年盛行的“氢经济”论，曾将可再生氢-氧燃料电池的运行方式与水能、风能发电相结合，以图解决汽车的动力问题；现在美国的“氢经济”论降调了，对于RFC将

* 本文原载于《化学与物理电源系统》2008年第5期4-7页。

来能否在解决石油能源和空气污染问题中大显身手，本文暂不评论。

与美国航天局（NASA）、欧盟欧空局（ESA）独家研制 RFC 不同，最近我国电源界与航天界对可再生氢-氧燃料电池争相热了起来，多个单位分别按大同小异的使用背景、从不同的渠道争取经费几百万乃至上千万，此外还有跟踪性的研究者，已经出现低水平重复的势头。本文试就一些有关问题进行议论。

一、可再生氢-氧燃料电池的技术特点

可再生氢-氧燃料电池装置有分体式和一体式两种。

分体式可再生氢-氧燃料电池装置（SRFC）由水电解器、氢气-氧气储罐、燃料电池三部件与控制器组成，其水电解、储氢氧、发电三大技术中较难的氢-氧燃料电池近几年在我国发展电动车中有了很大的投入和进步。如果在地面上，在现有三大技术的基础上进行技术集成，经过一定时间的努力是完全有可能实现的。但是，在重量和体积均有苛刻限制的飞行器上，分体式可再生氢-氧燃料电池装置即使经充分优化，其比能量也较低（大约 200Wh/kg）。此值虽已超过镉-镍电池或高压氢-镍电池的数倍，但与目前锂离子电池达到的水平相比，已无优势可言。

这里要说明的是，燃料电池装置的比能量与燃料电池电堆的比能量是完全不同的两个概念：燃料电池装置的比能量是将所有外围零部件的重量计算在内的实际发电性能；而燃料电池电堆作为燃料电池系统的核心部件，不包含气源、水的回收、控制装置等外围零部件，其重量只占燃料电池装置的一部分，故电堆比能量要比燃料电池装置大得多。因而，含糊其词地使用“燃料电池比能量”的说法，以燃料电池电堆高得多的比能量值，代表燃料电池装置实际发电的比能量性能，是不妥的做法。与之相类似的问题，太阳能电池装置的比功率也不应只以太阳能发电元件的重量为基准，而应将其所有配套件的重量一起计算在内。

一体式可再生氢-氧燃料电池装置（URFC）中，将电解水和发电两种功能由同一个燃料电池电堆——电解-发电双功能电堆——完成，故重量比分体式轻，比能量较高，如能实现，当有一定优势。但是，一体式可再生氢-氧燃料电池装置的难度很大，除普通燃料电池装置所有的技术问题外，还要解决的主要难题有：

1. 电解-发电双重性质的电极

一体式可再生燃料电池装置在蓄电时是一个水的电解池，电极必须具有亲水性；而在放电时，向正极、负极分别通入氧气和氢气形成气体电极，电极必须满足气体与电极直接接触的要求，即电极必须具有疏水性，尤其是因电解时初生氧的强活性，使氧电极的疏水性很难保持[1]。此外，氧电极的催化剂既要在水电解时催化氧的氧化，又要在发电时催化氧的还原。这些均与普通 RFC 的电极完全不同，难度大为增加。

2. 高气压设备技术

在飞行器上体积有限制，电解产生的氧气和氢气必须装在高压容器中。电解产生的氧气和氢气可以高压状态直接进入高压容器；耐压 35 兆帕（甚至更高）的容器国外已有成功产品。但是，装置在电解水和发电过程中要长期在高气压下运行，多层异型结构的电堆，以及管道、阀门、接头等另部件的密封问题，都不容易解决。

3. 复杂系统运行的可靠性

普通燃料电池装置的水管理、气管理、热管理、电管理等部件及其相互之间的自动控制，已经很复杂，而一体式可再生氢-氧燃料电池装置的各部件须满足电解和发电两种工况要求，达到热、电的平衡与优化控制，实现水、气的定量回收与循环，多种材料的高强度、耐老化、耐腐蚀，并要保证长期在高气压下运行的高可靠性。

2003 年 6 月 7 日，美国设计 30 公里高空连续飞行半年的“Helios”无人飞机，第一次飞行刚几小时、一体式可再生燃料电池发电系统还未运行时，就因 FC 冷却系统及空气增压供应系统出现泄漏，飞行试验中止（后在第二次飞行中解体）。

二、可再生氢-氧燃料电池的能量转换效率

太阳能电池所发的电能，经可再生氢-氧燃料电池装置的蓄电-发电后要打很大的折扣：①电解水的能量转换效率不到 90%；②目前由氢、氧化学能发电的能量转换效率只有 40%左右（60%为废热），所得总转换效率仅 35%左右。也就是说，太阳能电池发的 1 度电，经可再生氢-氧燃料电池装置蓄能-发电循环后，只剩下 0.35 度电；③与其他蓄电池装置不同，燃料电池装置有许多辅助部件，它们在运行中还得消耗能量，其百分点随设计而异，大约在 10 至 20 之间，即向装置外提供的能量大约只有 0.3 度电，即实际可用的能量转换效率大约只有 30%。美国为“Helios”无人飞机研制的 URFC，系统的效率就是 31.6%[2]。

要特别提醒的是，这里所说的能量转换效率与地面上的实质不完全相同。在地面上，电能来自电网，电网的重量不加考虑；而空间飞行器的电能来自太阳能电池，能量转换效率打三折，意味着用于燃料电池装置电解水的那一部分太阳能电池的发电量也打了三折。如果“白天”、“黑夜”各以 12 小时计（实际上“白天”有效发电时间还不到 12 小时），则整个太阳能电池只有 1/（1+1/0.3）=23%用于“白天”供电，而用于“黑夜”供电的部分要占 77%。可见，燃料电池装置实际可用的能量转换效率越低，所需与之配套的太阳能电池在整个太阳能电池中所占的比例就越大。

相比之下，锂离子电池（LIB）装置的充电-放电循环转换效率可达到 90%，与之配套的太阳能电池就可大为减少。目前,锂离子电池的比能量已达 200Wh/kg（钢壳）或 230Wh/kg（软包装），低倍率（0.1C）充、放电的安全性也不成问题。

一体式可再生氢–氧燃料电池装置虽然目前比能量还较高，但能量转换效率远低于锂离子电池，而且很难显著提高。于是就有一个如何评价、比较它们优势的问题，与之连带的就有在空间飞行器科研项目中如何安排电源分系统的研制问题。

三、“黑夜供电系统”的概念及其比能量计算方法

太阳能电池发的电能，一部分直接用于飞行器的“白天”运行，另一部分进入可再生氢–氧燃料电池装置（或其他蓄电装置）储存起来，以备飞行器“黑夜”使用。于是，可以设想将整个太阳能电池装置划分为两部分，一部分管“白天”供电，另一部分管“黑夜”供电。

合理的做法应是将这后一部分管“黑夜”供电的太阳能电池装置的重量，与可再生氢–氧燃料电池装置（或其他蓄电装置）捆绑在一起计算比能量，来比较各种能量转换效率不同的储能系统。这里，将蓄电装置与其相配套的那部分太阳能电池装置组成一个“黑夜供电系统”。

若在白天每产生 1000Wh 电能的太阳能电池装置的重量为 Zt，/kg；

每输出 1000Wh 电能的可再生氢–氧燃料电池装置（或其他蓄电装置）的重量为 Zr，/kg；

可再生氢–氧燃料电池装置（或其他蓄电装置）的能量转换效率为 η；则有

“黑夜供电系统”的比能量 = 输出的电能/“黑夜供电系统”的重量

$$= 1000/(Zr + Zt/\eta) \qquad (1)$$

设可再生氢–氧燃料电池装置的 $\eta_1 = 0.3$，锂离子电池装置的 $\eta_2 = 0.9$，Zt 取 0.3kg、1kg 和 3kg，设定各蓄电装置的比能量数据和相应的 Zr，由式（1）得各“黑夜供电系统”的比能量如表 1。

表 1　可再生氢–氧燃料电池装置与锂离子电池装置蓄电的比较

Table 1　Comparison of RFC-Device with LIB-device

蓄电的装置	η	电池装置比能量 Wh/kg	Zr/kg	“黑夜供电系统”的比能量 Wh/kg		
				Zt = 0.3 kg	Zt = 1 kg	Zt = 3 kg
可再生氢–氧燃料电池装置	$\eta_1 = 0.3$	200	5	167	120	67
		300	3.3	233	151	75
		400	2.5	285	171	80
		600	1.7	370	199	85
锂离子电池装置	$\eta_2 = 0.9$	200	5	188	164	120
		300	3.3	275	226	150

由上表可知，在设定的 η 和 Zr 值下，随着每产生 1000Wh 电能的太阳能电池装

置的重量 Zt 增大，以可再生氢–氧燃料电池装置蓄电的“黑夜供电系统”的比能量下降快，以锂离子电池装置蓄电的“黑夜供电系统”则下降慢；太阳能电池装置的高比功率对于以可再生氢–氧燃料电池装置蓄电的“黑夜供电系统”较为有利。

由表还可看出，在蓄电装置的比能量相同时，以锂离子电池蓄电的“黑夜供电系统”均要优于以可再生氢–氧燃料电池装置蓄电的“黑夜供电系统”。目前氢–氧燃料电堆比能量的奋斗目标是 400Wh/Kg，组合成分体式可再生氢–氧燃料电池装置，其比能量可能至少要打对折。果如此，则其“黑夜供电系统”的竞争力就难以显现了。

要强调一下的是，上述计算的例子是为了说明“黑夜供电系统”概念，实际情况将因太阳能电池装置的比功率与蓄电装置的比能量的相对关系而异，同时还要结合复杂性、可靠性及其他技术问题考虑，在动态中评价、比较各种技术的优势。

四、几点看法

1. 本文提出了空间飞行器“黑夜供电系统”的概念和评价其比能量的方法。该方法将蓄电装置与其相配套的那部分太阳能电池装置组成一个“黑夜供电系统”，并考虑了蓄电装置的能量转换效率，从而可在同一基础上比较各种“黑夜供电系统”的蓄电装置的优势。

2. 利用“黑夜供电系统”概念，可以统筹考虑可再生氢–氧燃料电池装置、锂离子电池装置（或其他蓄电装置）与太阳能电池装置的发展指标，以便在太阳能电池装置的比功率提高的不同阶段上，选择与之合理相匹配的蓄电技术。

3. 可再生氢–氧燃料电池装置与太阳能电池组合成的“黑夜供电系统”中，可再生氢–氧燃料电池装置的能量转换效率低，浪费了与之组合的太阳能电池发出的电能。为了与燃料电池装置相匹配，必需增大这部分太阳能电池装置，因而降低了此“黑夜供电系统”的比能量。

4. 比能量较高的一体式可再生氢–氧燃料电池装置与太阳能电池组合成的“黑夜供电系统”，在间歇式接收太阳光照射的飞行器上可能有竞争力而找到应用背景。因此，我国可优选个别基础好的单位适当地进行研究，但要避免低水平重复。

5. 除了比能量这一主要参数外，还应考虑其他技术难度、材料的难度、长期运行的可靠性等其他问题，客观地、全面地对蓄电技术加以评价。

6. 在蓄电装置的比能量相同时，以锂离子电池蓄电的“黑夜供电系统”要优于以可再生氢–氧燃料电池装置蓄电。而且，锂离子电池是在完全静态下进行充、放电而无任何运动零、部件；只有电路而无气路、水路及其流量、压力、温度的控制与调节，更不存在高气压设备和管线、接头。装置简单的最直接效果就是电源供电的可靠性高。为此，目前应发展低放电倍率下比能量 300Wh/kg 的二次锂电池技术，我们乐见各种储能技术在竞争和实践中相互促进，都能取得突破性进展，各显神通。

参 考 文 献

[1] 邵志刚, 衣宝廉, 韩明. 可逆式再生氢氧燃料电池初步研究. 电化学, 1998, 4(4): 444–448
[2] 王东, 张伟, 刘向. 质子交换膜燃料电池及其空间应用. 上海航天, 2005, (2): 39–42

储能装置直接经济效益的判据*

A Gauge for Direct Economic Benefits of Energy Storage Devices

摘要：能量储存在社会经济中发挥着越来越重要的作用。当前，各种储能技术迅速发展。为使规模储能装置的选择和规模储能技术的发展朝着更加实用化、更加有序而可持续地发展，本论文从规模储能装置的性能指标和运行经济指标出发，推导出了“规模储能装置的经济效益指数”(YCC) 关系式，由此可得出储能装置运行的利润率（Pm）。并指出对于化学储能装置，循环寿命和成本是其能否在规模储能中获得经济利益的关键因素。

Abstract: Energy storage is playing an important role more and more in the society economy. Presently, there is rapid growth of a variety of energy storage technologies. In order to promote the development of energy storage technologies and the selection of energy storage devices practically, orderly and continuably, this paper, on the basis of the research of energy storage devices' performance and operation economic norms, deduces a formula (YCC) of direct economic benefits of energy storage devices to calculate the profit margin (Pm) of operating energy storage devices. It is shown in the paper that the key factors to reap the economic benefits are the cycle life and the cost of chemical energy storage devices.

关键词：规模储能；经济效益；化学电源

Key words: Large-scale energy strorage; Economic benefits; Chemical power source

电能是国民经济发展和人民生活的重要保障，已经成为人类生产、生活中不可替代的组成部分。电能不能简单地直接储存，电能的生产与耗费必须时刻保持严格的同步，这给电能的供需平衡造成了很大的困难。电力系统内的发电和输配电设备均需按照用电峰值配备，导致资源利用率很低，系统内存在大量可平移的负荷。如果电能可以规模储存，则可降低电力系统内的发电和输配电设备的规模、提高能效和利用率。现代用户对电网提出了越来越高的可靠性要求，这不仅需要电网的智能化，也需要规模储能。我国核能发电迅速增长，核电装置要求恒功率运行，拉大了夜间电网的供需差距。风能、太阳能等可再生能源发电时，功率、电压和频率的波动大，而且难以人为控制，如果直接并入电网，将会影响电网的供电质量；尤其我国北方风场夜间风大，势将增加电网调峰的压力。为实现稳定、均衡供电，将部分电能转换成其他能源形式而储存，显得愈来愈迫切。因此开发高效的规模储能技术意义非常重大。

---

* 本文由杨裕生、程杰、曹高萍撰写，原载于《电池》杂志，2011，41(1)：19-21。

规模储能技术中，物理方法有抽水蓄能(Pumped Hydro Storage)、压缩空气蓄能(Compressed Air Energy Storage)、飞轮蓄能(Flywheel)等。其中实用的当推抽(扬)水蓄能，它规模大，寿命长，但地理条件要求苛刻，且一次投入的建造费用高。

化学方法有铅酸电池(Lead-Acid Battery)、金属－空气电池(Metal-Air Battery)、钠硫电池(Sodium Sulfur Battery)、锂离子电池(Lithium Ion Battery)、镍基电池(Cd-Ni and MH-Ni Battery)、超级电容器(Super Capacitor)、液流蓄电池(Redox Flow Battery)等。化学方法不受地理环境的限制，具有随充随放的突出特点，但使用年限和循环寿命不显优势。

我们对大规模蓄电装置归结了四大可能用途[1]：①可再生能源的蓄电；②电网的调“峰”；③用电大户的蓄电；④军用蓄电。各种用途对规模储能的要求各有侧重，需要综合考虑需求目标和储能手段。高安全可靠性是规模蓄电的首要要求，此外还需要考虑能量转换效率、自放电率、初始投资、目标充放电情况下的循环寿命、维护成本、环境适应性和场地等等。再生能源蓄电及电网的调峰对于储能装置的比能量指标要求不强，而用电大户和军用蓄电还会要求储能装置的比能量达到一定的程度。对于化学电源，工作温度也是必需考虑的，低温(如−40℃)环境以 Cd-Ni 电池和超级电容最合适，高温下(如 60℃)以 Zn-Ni、MH-Ni 和超级电容较好，全钒液流电池的温度范围以 5~40℃为好[2]。而作为商业运行，在选择储能技术时，还必须切实考虑经济效益。当前，大规模蓄电装置发展迅速，应对蓄电装置的经济效益有一客观的判据。

我们曾用①放出单位能量的投资 C，②储能–放能全寿命的循环次数 L，③储能–放能循环的转换效率 η 等三个因子归结为 E，来衡量储能装置的经济效益的相对大小[3]：即

$$E = L \cdot \eta / C$$

据此对各种储能装置定性地以“五分制”打分，得如下的排序：得 5 分的有抽水蓄能，得 4 分的有液流电池，得 3 分的有锂离子电池和钠硫电池，得 2 分的有铅酸电池和超级电容器。同时也指出了，上述三个因子是在不断变化、发展的，例如锂离子电池的价格迅速下降，全寿命的循环次数在上升。这就是上述排序中锂离子电池的排序先于铅酸蓄电池的原因。

用 E 值可以比较各种储能装置的经济效益的相对大小，但是却不能定量地判别各种储能装置的运行结果是否有经济效益。本文考虑，有七项指标与储能装置的经济效益有关，它们是储能装置的电能“进价”(R_{in})、“出价”(R_{out})、能量转换效率(即输出电能与输入电能之比，η)、输出单位电能的初投资(C)、输出单位电能的运行成本(C_O)、储能装置的充放电深度(DOD)和相应充放电深度下的循环寿命(L)，推导出如下“规模储能装置的经济效益指数”(YCC—Yang-Cheng-Cao)关系式，由此可得出储能装置运行的

利润率（Pm）:

$$\mathrm{YCC}=\frac{R_{\mathrm{out}}-\dfrac{R_{\mathrm{in}}}{\eta}}{\dfrac{C}{L\times\mathrm{DOD}}+\mathrm{C_o}}$$

$$\mathrm{Pm}=(\mathrm{YCC}-1)\times100\%$$

上式中，电价$_{进}$(R_{in})、电价$_{出}$(R_{out})的单位为￥/kWh；循环寿命(L)为次数，与能量转换效率(η)及充放电深度(DOD)一样均为无量纲数值；输出 1kWh 电能的初投资(C)与运营成本(Co)的单位为￥/kWh。当计算出的 YCC>1 时，则利润率 Pm > 0，表示储能企业盈利。以上仅以电池系统在常规条件(常压、常温或规定温度、适宜的充放电倍率及充放电制度、不考虑充放过程中的自放电等)下的性能作为输入条件，而没有考虑维持电池系统外环境(厂房及其常规水电配置、用地、环境温度及湿度保持等)、电池对于外环境的特异要求(如锂离子电池防火、防爆设计，有机系超级电容器防火、防爆设计，钠硫电池防火、防爆设计，全钒液流电池台架结构及电解液防泄漏设计等)。经验表明，电池恒温工作循环寿命最长，因此需要保证储能电池工作的环境温度和充放电中的局部温度变化不大。显然，比能量高的电池，其所用厂房、用地及相应费用会低，但比能量高的电池一般需要考虑特异的外设要求(防火、防爆等)，附加费用也会高。这些外环境等条件对于储能投资与收益的影响没有确定指标化数据，本文没有考虑。

牵引型铅酸电池 100%DOD 的循环寿命约 800 次[4]，其一般出厂价约 1￥/Wh(进口电池约是国内生产电池的 3 倍左右)。若企业以铅酸电池储能，设电价$_{进}$、电价$_{出}$分别为 0.15、0.80 元 /kWh，输出 1kWh 的运营/维护成本设定为 0.05 元，能量转换效率为 75%。于是算得 YCC = 0.46，利润率 Pm = −54%，表示该储能企业亏本。如欲保本(Pm = 0)，在其他指标不变的情况下，则初投资应降为￥360 元/kWh(寿命为 100%DOD 下 800 次)；或循环寿命升为 100%DOD 下 1818 次(初投资￥1000 元/kWh)。日本开发了 70%DOD 下循环寿命达到 4500 次的铅酸电池[6]，若以上面提到的条件估算，此电池用于储能的利润率为 63%，储能企业能够赚钱。以上的讨论中没有考虑由于采用蓄电装置储能而带来的间接经济收益和社会效益。

参考文献数据[4-11]将不同的化学电源以此评估，数据见表 1。由表 1 可见，大部分的化学电源不能在储能中取得收益，长寿命铅酸电池、超级电容器和全钒液流电池等循环寿命长的装置最终可能获得经济收益。因此，循环寿命和成本是化学电源是否能够在储能中获得经济利益的关键因素。

由“规模储能装置的经济效益指数”关系式可得到明确的启示：必须提高化学蓄电装置的循环寿命和降低其成本才能够适应规模储能需求的发展，当然拉开昼夜电价也是必须的。

表 1　不同化学储能技术的性能及以电价进出为 0.15￥和 0.8￥估计的经济效益

Table 1 energy storage devices' performance and their operation economic profits based on the prices of input and output electricity　of 0.15￥/kWh and 0.8￥/kWh respectively

电池类型	能量效率/%	自放电率 %/month	DOD×寿命	初始投资 ￥/Wh	维护成本 ￥/kWh**	利润率/%***
铅酸电池	70~75[4-6]	5[4]	1×800[4,5]	1.0[5,11]	0.05	−54
			0.75×1500[5]			−36
			0.70×4500[6]			63
镉镍电池	60~70[4]	~10[4]	1×2000[4]	2.5	0.05	−55
氢镍电池	80~85[4]	60[4]	1×1500[4]	10~ 15[4]	0.05	−91/−94
			0.4×40000[4]			−7.6/−37
金属氢化物镍电池	55~65[4]	15-25[4]	1×900[4]			−75/−87
			0.8×2500[12]	2~ 4.0[5,11]	0.05	−46/−72
锂离子电池	90~95[4]	2[4]	1×1000[4]	4.5	0.05	−86
			0.3×20000[4]			−20
超级电容器	80~95[8-10]	~50[8,11]	1×200000[10,12]	27[11]	0.05	247
全钒液流电池	70~80[5,7]	5-10[4]	1×13000[5]	5~10	0.10	26/−30
多硫化钠溴液流电池	67[7]	5-10[4]	1×2000[4]	1.5~2.0	0.10	−32/−48
锌溴液流电池	64[5,7]	12-15[4]	1×2500[5]	8.0~ 9.5	0.10	−83/−85
钠硫熔融电池	58~62[4,5]	/	1×1500[4]	5.0~ 7.0[5]	0.10	−84/−88
*(维持约 300℃)			1×3000[5]			−68/−77

*Na-S 电池约有 85~90%的能量效率，但因维持高温运行消耗，总能效在 60%左右[比能量也从 200 Wh/kg 左右下降到 90~150Wh/kg]。

**设定值，液流电池设为 0.10￥/kWh，其他设定 0.05￥/kWh；能量效率采用最大值。

***利润率数值中"/"前的数值对应初始投资范围的低端值，"/"后的数值对应初始投资范围的高端值。

电池技术的进步和电池相关材料的价格波动都会影响储能用电池的基本性能，从而影响规模储能装置的经济效益指数。储能电池因其规模巨大，大量生产后，原材料价格可能会大幅度变化。因此，材料来源丰富的电池体系可能具有更强的竞争优势。

我们相信，"规模储能装置的经济效益指数"关系式将有助于储能装置选择和储能技术研究，从而能够推动可再生能源及电网蓄电的健康、有序发展。

参 考 文 献

[1] 杨裕生. 大规模蓄电的化学电源. 第 26 届全国物理与化学电源学术讨论会论文集 G01. 厦门，2004 年 9 月

[2] Marion Perrin, Philippe Malbranche, Elisabeth Lemaire-Potteau, B Willer, M.L. Soria, A Jossen, M Dahlen, A Ruddell, I Cyphelly, G Semrau, DU Sauer, G Sarre. Temperature behaviour: Comparison for nine storage technologies Results from the INVESTIRE Network, Journal of

Power Sources, 2006, 154: 545–549

[3] 杨裕生，蔡生民，林祖赓等. 简述发展大规模蓄电的液流蓄电池. 科技导报，2006，24(8): 63–66

[4] Dsvid Lindenm, Thomas B Reddy. Handbook of Batteries. McGraw-Hill Professional, 2001

[5] Execcutive summary. URL: http://www.ceic.unsw.edu. au/centers/vrb> (accessed June 27, 2006)

[6] Hisaaki Takabayashi, Ichiro Shimoura, Koichi Onoue, Yasuji Matsumura, Satoru Kondo. Valve-Regulated Lead-Acid Batteries with a Long Cycle Life for Power Storage System, Shin-Kobe Technical Report No.15 (2005-3)

[7] C. Ponce de León, A Frías-Ferrer, J González-García, DA Szánto, FC Walsh. Redox flow cells for energy conversion. Journal of Power Sources, 160: 716–732, 2006

[8] Schaber C, Mazza P, Hammerschlag R. Utility scale storage of renewable energy[J]. The Electricity Journal, 2004, 17(6): 21–29

[9] A D Klementov, S V Litvinenko, A B Stepanov, I N Varakin. Internal losses and features of asymmetric capacitor operation, proceeding of the 11th international seminar on double layer capacitors, Florida, US, 2001

[10] I N Varakin, V A Karpov, A D Klementov, S V Litvinenko, V V Samitin, A I Smelkov, N F Starodubtsev. Electrochemical capacitor module for hybrid transport application, http://www.esma-cap.com, accessed 2004

[11] Electrochemical energy storage – a mission to the USA, report of a DTI global watch mission, http://www.globalwatchonline.com, accessed 2008

[12] Günter Gutmann. Hybrid electric vehicles and electrochemical storage systems——a technology push–pull couple, Journal of Power Sources, 1999, 84: 275–279

发展规模蓄电技术要自主创新*

《科学时报》2010年10月11日发表张华民研究员题为《大规模高效储能离我们有多远？》的文章，论述了规模储能的重要性，对比了各种技术的优缺点，突出介绍了液流电池蓄电技术，特别是全钒液流电池蓄电技术。本文提出些补充意见，希望对蓄电技术问题的讨论能够深入一步，认识能够全面一些。

一、化学法规模蓄电的重要性

针对电网的“昼夜峰谷差”调节的需要，抽水储技术已很成熟而且难以替代，而且随着核能发电的发展，抽水储电站益显重要。太阳能发电，从总体上讲正好补充电网白天用电高峰之需，只是云层的影响引起短时间发电量的波动，要求以蓄电进行调节（“太阳能白天发电，蓄电留着晚上用”的逆向“调谷”模式，难得经济效益，在路灯等局部有些使用价值，不宜规模推行。）风能发电受风速的影响更难捉摸，因而是规模蓄电的主要服务对象。但是几十万千瓦“整起整落”、响应缓慢的抽水储技术很难与之匹配，从而显出了化学法规模蓄电在风能发电中应用的重要性。用电大户的蓄电和军用蓄电更应使用化学法规模蓄电。

二、各种化学蓄电技术水平正在快速提高

各种用途对规模蓄电的要求各有侧重，应综合考虑需求目标和蓄电手段。高安全可靠性是规模蓄电的首要要求，装置的工作温度范围、比能量、易维护性、环境友好性也应是考察的内容。

各种蓄电装置性能的比较是相对的，而且是随着各自的技术进步而变的，既不可过分强调某些性能以偏盖全，也不可“一眼看死”而认定它无出头之日。以铅酸电池为例，过去认为它循环寿命短，而国外70%DOD情况下循环寿命可达4500次（2005年）乃至6000次（2009年）。如果我国过去10年中有支持燃料电池的十分之一的力度来支持铅酸电池的研发，其循环寿命短的问题绝不会有今天如此大的差距。“运行和维护费用高等缺点”其实也渐成历史，现在我国已能大量生产密封胶体免维护铅酸储能电池了。至于“失效后的回收难题”，也要实事求是分析。垃圾箱里什么样的废

---

* 本文原载于《科学时报》，2010年11月8日。

电池都常见，唯独见不到废铅酸电池！哪儿去了？全都回收了。可见，铅酸电池的回收并不是难题，而且是最为完全彻底的。现在的问题是，“山寨”型作坊用土法从废铅酸电池中提取铅会造成环境污染，其根本原因是政府部门没有及早、认真对待。这一点，对比一下国外铅酸电池的回收、再生政策措施，情况就很清楚了。据了解，最近有关部门已开始重视，不失为亡羊补牢之举；一些有社会责任心的大型铅酸电池公司也在筹建环保型的铅再生厂，虽然他们明知这是亏本的买卖。希望政府部门能出台系统的政策、措施，下大决心把这件好事领导好、办到底。

综合衡量安全性、成熟性、经济效益等因素，铅酸电池占有较大优势。国外最大的铅酸电池蓄电站容量 40 兆瓦时，10 年前就建成了；我国也已有了百千瓦级的装置。江苏双登集团表示愿意提供兆瓦级铅酸电池参与演示蓄电站的建设。

锂离子电池技术进步速度飞快，真可谓日新月异。有些前几年还存在的问题，到去年、今年就已解决或基本解决了。目前国家电网和南方电网正用锂离子电池分别建设演示性兆瓦级风电场蓄电站和调峰蓄电站，是大规模应用的前奏。特别令人关心的电池安全性问题的解决也有很大进展，天津大学与天路公司合作研制成功的 400 安时钛酸锂–磷酸铁锂电池被称为“木头电池”，就是一例。

三、规模蓄电技术经济效益的判据

作为商业运行的规模蓄电，经济效益必须作为一个十分重要的问题加以考虑。应该有客观的判据来统一衡量各种不同类型蓄电装置的经济效益。我们将蓄电装置的初始投资、能量转换效率、充放电深度、循环寿命、维护成本五项性能与电能的“进价”、“出价”挂钩，推导出包含此七项指标的关系式，以计算规模蓄电装置的经济效益指数——YCC 指数。

$$\text{YCC指数}=\frac{\text{电价}_{\text{出}}-\dfrac{\text{电价}_{\text{进}}}{\text{能量转换效率}}}{\dfrac{\text{输出1kWh的初投资}}{\text{循环寿命}\times\text{充放电深度}}+\text{输出1kWh的运营成本}}$$

当计算出的“YCC 指数”值 >1 时，表示蓄电企业盈利。

遗憾的是，按照目前收集的参数代入上式计算，除长寿命的铅酸电池和超级电容器外，锂离子电池、钠硫电池等大部分的化学电源在规模蓄电中尚不能取得经济效益。

四、赞成大力发展液流电池蓄电技术

规模蓄电就是一个典型的战略性新兴产业。正因为是新兴产业，其发展路径尚在探索中，技术更远未成熟。应该有选择地安排几种蓄电技术在竞争中发展，在发展中竞争，未来让市场作裁判。

液流电池体系繁多，笼统地说具有能量转换效率较高、循环寿命长、蓄电容量大、选址自由、可深度放电、系统设计灵活、安全、与环境隔绝而难形成污染、维护费用较低等优点，是发展前景很好的大规模高效蓄电技术之一。所以，我赞成发展液流电池蓄电技术，选择有优势的体系加紧研究，继续克服缺点，提高水平，将上述潜在的优势转化为现实的优势，全面地在同一个液流电池上发挥出来。

五、要一分为二评价全钒液流电池技术

现在，我国正在形成全钒液流电池的研发热潮，这与全钒液流电池基本具有上述液流电池的优点分不开，也因为我国有一定的钒资源。

但是要请注意，北京普能世纪科技有限公司以 300 万美元收购了加拿大 VRB 公司，经济危机只是 VRB 公司支撑不下去的客观因素；住友电工（SEI）作为日本钒电池的开发商和供应商，前不久来人宣称，该公司从 2006 年起已停止生产新的全钒电池，停止生产的原因是在日本没有市场，并称其全钒液流电池系统的总能量转换效率仅 60%左右。钒和离子交换膜成本高造成电池系统价格昂贵，也是此电池的一个弱点。维护费用主要取决于蓄电装置的复杂程度和稳定性，固态电极的电池似乎更占优势！

所以，我既赞成研发全钒液流电池技术，充分发挥其优势，又建议不要都去跟“风”、走“独木桥”。

六、要大力发展有自主知识产权的液流电池新技术

我不赞成将“国外有应用的实例”作为我国选择、支持研发蓄电技术（以及任何其他技术）的重要根据。要认清，这是一条扼杀自主创新的大棒！这种片面性的思维逻辑在我国科技界（尤其是我国的科技管理部门）有相当的普遍性，副作用不小，切切不可助长。张华民研究员在其作为首席科学家的“973”计划“大规模高效液流电池储能技术的基础研究”项目中，就特别安排了一个专题研究液流电池新体系。在此专题中，我们重点研究单液流电池新体系，其负极活性物质为流动的液态氧化还原电对，充电时活性物质在负极上沉积，放电时溶回电解液；正极活性物质为固态，与通常的电池类似。现在，碱性溶液的锌/镍单液流电池和酸性溶液的铜/铅单液流电池，在面容量高、寿命超长的正极制备技术、制止负极枝晶生长技术、内并–外串电池成组技术、旁路电流截止技术、单液流电池系统集成与控制技术等关键技术都已取得突破性进展，申请了若干专利，并已制成小型样机。这类有完全自主知识产权的单液流电池只有一个溶液，故不需用昂贵的离子交换膜；电池结构简化，制作成本降低；活性物质价格低廉，显示出强劲的竞争力。相信它们在“十二五”期间将会得到大力支持，加快工程化研究，及早进入批量化生产技术开发，以满足急迫的规模蓄电需要。

我国规模蓄电技术发展之见解*

一、规模蓄电的两大新挑战

1. 可再生能源发电需要固定式蓄电装置。风力发电、太阳能发电、潮汐和波浪发电是无法恒定的，必需有大规模蓄电装置配套运行。

2. 电动车以电代油需要移动式蓄电装置。必要性已有广泛共识。要求高，难度大，蓄电池短期内难达完美。

新兴产业，发展路径尚在探索中，技术远未成熟，应该有规划地安排几种蓄电技术在竞争中发展，在发展中竞争，未来让市场作裁判。

二、规模蓄电技术的评价标准

1. 安全性；2. 成本与寿命；3. 能量转换效率；4. 易维护性；5. 比能量、比功率；6. 环境友好。

蓄电的直接经济效益——以指数 YCC 表示：

$$\mathrm{YCC}=\frac{\text{电价}_{\text{出}}-\dfrac{\text{电价}_{\text{进}}}{\text{能量转换效率}}}{\dfrac{\text{输出1kWh的初投资}}{\text{循环寿命}\times\text{充放深度}}+\text{输出1kWh的运营成本}}$$

三、可再生能源蓄电的对策

1. 充分发挥物理储能技术的作用；

2. 先进的铅酸蓄电池为当前的首选；

3. 锂离子电池演示规模应稳步扩大；

4. 钠硫电池要用国产品；

5. 液流电池发展要统筹安排；

（1）液流电池体系繁多，要精心选用；

（2）全钒液流电池要发展，但勿一窝风；

（3）要大力发展有自主知识产权的液流电池新技术——碱性溶液:锌/镍单液流电

---

* 本文为 2011 年 6 月 17 日首届中国储能产业发展峰会（北京）上的报告摘要。

池；酸性溶液:铜/铅单液流电池；已进入工程化研制；

6. 再生式燃料电池不宜采用；

7. 大力推行用户分布式蓄电。

四、电动车与规模蓄电——电动车发展路径对头，可以避害兴利

发展路径——蓄电和用电方式的选择；油-电混合动力车我国无优势；插电式混合动力车长途的节油少；纯电动公交车目前只能极少量演示；电动车做小，所有矛盾都易解决；大客车和中、高档乘用车主要用“增程式”纯电驱动车——增程式纯电驱动车有十大优点，是新一代电池投用前的最佳车种。

结束语

（1）规模蓄电应列入电力工程技术的组成部分，技术发展要有规划；

（2）正确理解蓄电技术先进性，不盲目追“高”，安全性为首，重视经济效益；

（3）铅酸、液流与锂离子电池均可能规模蓄电，要针对各自弱点进一步攻关；

（4）要有自主知识产权——中国的新电池技术，科技人员创新的大好时机。

能源问题与液流电池发展现状*

一、可再生能源发电对蓄电的挑战

风力发电、太阳能发电、潮汐和波浪发电是未来的主要能源。但它们无法恒定，必需有大规模蓄电装置配套运行。可再生能源发电需要固定式蓄电装置。要求规模大、寿命长，技术正在探索中。

此外，电动车必要性已有广泛共识。以电代油，需要移动式蓄电装置。要求高，难度大，蓄电池短期内难达完美。

大规模蓄电是新兴产业，发展路径尚在探索中，技术远未成熟，应该有规划地安排几种蓄电技术在竞争中发展，在发展中竞争，未来让市场作裁判。

二、规模蓄电技术的评价标准

1. 安全性；2. 成本与寿命；3. 能量转换效率；4. 易维护性；5. 比能量、比功率；6. 环境友好。

蓄电的直接经济效益——以指数 YCC 表示：

$$\mathrm{YCC}=\frac{\text{电价}_{\text{出}}-\dfrac{\text{电价}_{\text{进}}}{\text{能量转换效率}}}{\dfrac{\text{输出1kWh的初投资}}{\text{循环寿命}\times\text{充放深度}}+\text{输出1kWh的运营成本}}$$

遗憾的是，按照目前收集的参数代入上式计算，除长寿命的铅酸电池和超级电容器外，锂离子电池、钠硫电池等大部分的化学电源在规模蓄电中尚不能取得经济效益。

三、可再生能源蓄电的对策

1. 充分发挥物理储能技术的作用；
2. 先进的铅酸蓄电池为当前的首选；
3. 锂离子电池演示规模应稳步扩大；
4. 钠硫电池要用国产品；
5. 再生式燃料电池不宜采用；

---

* 本文为 2011 年 7 月 8 日新能源与电源产业军民两用技术交流研讨会（北京）上的发言摘要。

6. 液流电池发展要统筹安排；

四、液流电池发展现状

1. 液流电池体系繁多，要精心选用；

2. 全钒液流电池要发展，但勿一窝风；

3. 要大力发展有自主知识产权的液流电池新技术——碱性溶液:锌/镍单液流电池；酸性溶液:铜/铅单液流电池；已进入工程化研制；

五、大力推行分布式蓄电

结束语

1. 规模蓄电应列入电力工程技术的组成部分，技术发展要有规划；

2. 正确理解蓄电技术先进性，不盲目追“高”，安全性为首，重视经济效益；

3. 铅酸、液流与锂离子电池均可能规模蓄电，要针对各自弱点进一步攻关；

4. 要有自主知识产权——中国的新电池技术，科技人员创新的大好时机。

给北京市科委的信和建议

尊敬的北京市科委领导同志：

我建议将“先进化学蓄电材料与技术”列入 2011 年度北京市重点实验室。附上说明一份，请审阅。

防化研究院第一研究所军用化学电源研发中心积极参与了北京市的能源材料研究活动，获得过北京市科委的大力支持；承担了国家“973”、“863”、自然科学基金和军内多项课题；在适合规模蓄电的超级电池和超级电容器方面有较深的基础。2003 年，建立起液流电池研究实验室，提出了一系列创新的思路。已申请发明专利十余项；其中的锌-镍单液流电池，循环性能好、对环境友好、成本较低，在可再生能源的蓄电、电网调峰等方面应用要优于全钒液流电池体系，现已被美国城市大学能源研究所跟随研究。

我们热烈欢迎市科委领导同志来考察、指导。

此致

敬礼！

防化研究院　杨裕生

2011 年 9 月 5 日

建议将“先进规模蓄电技术与材料”列入北京市 2011 年度重点实验室建设计划

煤炭、石油、天然气等等化石能源在世界范围内日渐枯竭，我国已探明化石能源的可采量及可采年限远低于世界平均水平,而发展核能存在着一定的安全隐患。随着现代工业和经济的迅速发展，能源供需矛盾日益凸显，我国将面临严苛的能源资源和能源安全问题。化石能源的大量消耗又造成严重的环境污染。风能、太阳能等可再新能源发电实现大规模发展，已成为我国能源可持续发展战略的重要环节。

然而，风能、太阳能等可再生能源本身具有随机型的特点，发电时功率、电压不稳定，甚至频率和相位也有波动，如果大规模并网将严重影响电网供电质量。尤其是风电，已经被称为“垃圾电”，要限量上网，造成目前部分风电场设备“空置”，风场投资不能有效利用。解决这一矛盾的最有效途径，就是在电网中引入规模蓄电系统，通过规模蓄电-放电，保证可再生能源发电的稳定、平滑输出，甚至“削峰填谷”，提高可再生能源供电的电力质量和电能利用率，以促进可再生新能源的开发和利用。因此，规模蓄电技术的研发意义重大，而且非常迫切。

规模蓄电技术可分为物理蓄电和化学蓄电。扬水、压缩空气是物理蓄电方法的典型代表，具有规模大、寿命长的优点，但难以实时调整风能、太阳能等可再生能源发电瞬息万变的波动，且建造地点要求苛刻，投资大，建设周期长。超导蓄能是一种功率型蓄能技术，但能量密度低，成本高，维护工作量大。化学蓄电，主要通过各种蓄电池加以实现，设计灵活、不受地理条件的限制、适合于不同规模的蓄电场合，是性价比较高的潜在规模蓄电方式。但现有种类繁多的化学电源技术（锂离子电池、液流电池、钠硫电池、铅酸电池以及超级电容器等），在我国有的还处于传统的小型蓄电应用水平，有的是近几年开始跟随国外的做法进行摹仿研究，积累少，发展至今还没有一种化学蓄电系统能成熟地规模化应用。

锂离子电池能量密度和能量转化效率高，通过近二十年的发展，我国锂离子电池在信息产业应用中占有一席之地，但在大规模蓄电领域应用时，锂离子电池的安全性、一致性、可靠性、电池充放电状态监测技术等有待突破，大规模应用的可行性、耐久性有待通过应用示范加以验证，尤其是电动汽车中锂离子电池着火事件频发，引起对更大规模蓄电的担忧。钠硫电池是在约300℃充放电的高温型蓄电池，温度要求苛刻，成本高、安全隐患大；而且，对电池材料要求十分苛刻，生产工艺极其复杂，国外只有日本一家公司有产品，价格高昂；国内仅有上海一研究所做出了样品，近来进展不快。传统的铅酸电池具有技术成熟、安全可靠、初始投资较小等优点，但其循环寿命较短，电池组要频繁更换，经济效益欠佳，使之在大规模蓄电中的应用受限。目前，针对铅酸电池用于规模蓄电所存在的问题，国外正在研制长寿命的铅酸电池，使其在规模蓄电领域的应用前景看好。

液流电池以其寿命长、容量与功率可独立设计、安全、环保等独特的优势，可能成为规模蓄电的最佳选择。全钒液流电池是液流蓄电的典型代表，近年来受到我国多家公司和院校“跟风”，有的有些进展，已建有与风电场配套的百千瓦时液流电池储能系统，开始进行演示。然而，全钒液流电池存在需用价格昂贵的离子交换膜、不同价态钒离子间的渗透和自放电大难于避免、钒价居高不下、电堆结构复杂和旁路漏电电流较严重、能量转换效率不高等问题，根据美国电力研究院对全钒液流电池运营费用的深度剖析，其蓄电费用目前约合 0.9 元人民币／度（如计入 65%的能量转换效率，则经蓄电后每度电要加价 1.39 元人民币），这些问题是造成全钒液流电池难以走向大规模应用的重要原因。

为降低液流电池蓄电成本，无需采用离子交换膜的单液流电池应运而生。2004 年，英国有人提出了无膜、单一电解液的全铅液流电池，并开展了相关研究。在国内，总装防化研究院军用化学电源研发中心开展了多项创新的液流电池新体系研究，包括蓄电兼有机电合成的双功能液流电池，新电解液的全铅单液流电池，铜（镉）–氧化铅单液流电池，并于 2007 年提出了锌镍单液流电池的新思路，获总装的重金支持。从技术上，锌镍单液流电池汲取了现有液流电池和锌镍二次电池的优点，同时又克服了它们的缺点；从运营费用上，锌镍单液流电池的估算蓄电费用约合 0.3 元人民币／度甚至更低。因此，锌镍单液流电池是一种拥有自主知识产权的新型的规模蓄电装置。研究成果已证实，锌镍单液流电池是理论上和实践上可行的先进蓄电技术，具有高能效、低成本、长循环寿命的特性，值得进一步加强应用基础性研究，加快工程化的研发。今年美国纽约城市大学能源研究所报道了研究锌镍单液流电池的情况，这是美国人跟随中国人研究的极少数事例之一。

防化研究院军用化学电源研发中心是我国最早研究超级电容器的单位之一，其关键材料超级活性炭的工程化研究，曾获北京市科委的大力支持，现正与企业合作进行量产设备建设；在国内大力推进先进铅酸电池的研究和应用，特别是将活性碳用于铅酸电池负极的铅碳电池和超级电池、与企业合作研制用于正极的耐氧化陶瓷导电材料及轻型电极集流材料等新技术，目标将铅酸电池的比能量从 35Wh/kg 提高到 60Wh/kg，并大为延长循环寿命，以充分发挥其在规模蓄电中的安全优势，在军事上也有很大用途。

可再生能源和智能电网等战略性新兴产业中，规模蓄电已成为制约其发展的关键技术之一。现有的化学蓄电池还难以完全满足风能、太阳能等可再生新能源发电的需求，研发锌镍单液流电池、新型铅酸电池等先进的蓄电技术及其电池材料，对于推进可再生新能源发电的普及应用，缓解我国能源供应的紧张局面，具有重要的战略意义。

附　　录

杨裕生传略*

杨裕生(1932—)，江苏如皋人，分析化学与放射化学家。开创我国的蘑菇云取样和核武器化学诊断研究。1995 年当选为中国工程院院士。首次核试验中任取样队长，立二等功，领导建立无人穿云取样技术。提出裂变燃耗、中子剂量、锂燃耗、铀同位素、铀钚分威力的放化测试原理并指导研究成功。领导完成 20 余次试验取样分析任务，为验证和改进这些武器设计提供了重要依据；主持制定多次地下核试验的总体方案；指导镅锔和镧系化学研究。晚年，致力于蓄电技术研究，创建了中国人民解放军第一个化学电源研发中心，在国内率先开展高比能量锂-硫电池、高比功率电化学电容器和大规模蓄电液流电池新体系的研究。他带领团队，先后提出了硫-碳正极材料“主链导电，侧链储能”和“炭孔藏硫，多式储能”的结构设计新思路；得出了电化学电容器用多孔电极材料“六高”综合性能的理论体系和1纳米的孔具有良好储能特性和动力学特性的新结论；研制出了多种具有原创性的高性能关键材料；提出了有自主知识产权、不依赖进口关键材料、高性价比的单液流电池新体系。荣获国家发明二等奖 2 项，国家发明三等奖 1项，国家科技进步奖三等奖 2 项，部委级科技进步二等奖 4 项。

一、学生时代

1932 年 10 月 5 日，杨裕生出生于江苏省如皋县柴湾镇上一个小康之家。杨裕生的祖父用自种的除虫菊生产蚊香，远销海内外；他还经营酿酒等作坊和商店。他书法有些功底，常以训练孙子学写毛笔字为乐。然而，日本侵略者到苏北后，烧光了祖父的作坊和商店，家道陡然中落。杨裕生的父亲从南通纺织学院毕业后本在宁波的一家纺织厂工作，抗战开始后随纺织厂内迁四川，从此失去联系。像中国千千万万个母亲

* 本文由丁玉珍、曹高萍撰写，原载于《二十世纪中国知名科学家学术成就概览 · 能源与矿业工程卷 · 核科学技术与工程分册》。

一样，杨裕生的母亲勤劳而善良，为了不让孩子中断学业，她没日没夜地做手工活，以至积劳成疾。国耻家仇和窘迫的生活造就了杨裕生奋发图强、勤俭自律的精神。离小学毕业还差半年时，他转学跳级读初一下学期课程，为的是让母亲少花一年费用。

抗战胜利时，杨裕生初中毕业，投奔母舅到了上海，在育才中学复读初三，后因经济困难去免费的失学青年辅导所学习数月。此期间他父母先后来到上海，父亲在吴淞纺织厂工作，从此结束了他艰辛的童年生活。1946 年夏他考入肇和中学读高一，1947 年考入市立吴淞中学，插班读高二。班主任庄纯老师的化学课讲得很生动，实验课更是有趣。化学竞赛中，杨裕生获得了第一名。1949 年夏，他报考北京大学、大连工学院、大同大学等五所学校，全被录取，最终选择了久负盛名的浙江大学化工系，是与高中化学引起了他浓厚兴趣密切相关的。

在浙江大学这个“民主堡垒”里，进校不久他就加入了尚未公开的中国新民主主义青年团，在完成繁重学业的同时，积极参加了历次政治运动。1952 年，国家第一个五年建设计划即将开始，急需技术人员，确定他们这个年级提前一年毕业。于是第六学期增加课程，并利用暑假“补课”，在匆匆忙忙之中大学毕业了。他被留校任助教。

二、服从需要，改换专业

“化验是工业的眼睛”。为培养第一个五年计划急需的大批分析化学人才，国家安排浙江大学建立两年制的工业分析专业。而此前不久的“全国院系调整”却撤销了浙大理学院，调走了化学系的大部分老师。于是浙大紧急在化工系内重新组建分析化学教研室，杨裕生“很自然地”从“化学工程专业”改变成了“分析化学专业”，担任四年助教后于 1956 年夏升为讲师，后期还兼任化工系教学行政秘书。这四年里他担任过工业分析、定量分析、金属分析等课程的辅导和实验教学，独立编写新课“化验室技术与安全防护”的讲义并开出了实验课，指导生产实习和毕业设计，并在浙江大学学报创刊号上发表了论文，1956 年被评为浙大首批先进工作者。

该年秋工业分析专业停办，次年春杨裕生考入中国科学院化学研究所分析化学专业研究生，师从梁树权学部委员(后称院士)。一年后，正值国家决定发展原子能科学技术，杨裕生被派去北京俄语学院学习了半年俄语、哲学后留学苏联，在苏联科学院地球化学与分析化学研究所阿里马林院士等指导下进修放射化学两年，1960 年底归国。回化学所任助研的两年中，他带领三名年轻人根据原子能工业的需要分别在四氟化铀与二氧化铀成分分析、放射性同位素的反相分配色层、稀有元素的离子交换等方面进行研究，还提出了一种新的分离放射性物质的纸上沉淀带载留色层法，共发表论文 7 篇。这样，他又服从国家需要，第二次变换了专业。

三、从戎不投笔

首次核试验前的 1963 年年初，杨裕生被调到国防科委进入组建中的核试验基地研究所，负责筹备蘑菇云取样和放化分析诊断。所成立后任核物理与化学研究室副主任兼取样分析大组组长，授大尉军衔。在首次核试验前夕他加入了中国共产党，在试验场上出色地履行了取样队长的职责，荣立二等功。1973 年成立取样与分析研究室，任主管科技的副主任，两年后任主任。1981 年任研究所副所长，1983 年任所长。1987 年初调任核试验基地科技委主任，主持制定各次地下核试验的总体方案，组织论证重大测试项目和工程设计，并担任核试验指挥部技术领导小组的组长。1988 年国防科工委核试验技术专家组成立，被委任为两召集人之一，同年 9 月被授予少将军衔。

1. 核蘑菇云中取样品

核武器的研制是否成功，必须通过核试验加以检验，蘑菇云样品的放射化学分析正是核试验检验的首要手段，取得蘑菇云样品是先决条件。杨裕生本不懂原子弹和核试验，但是有了化工专业基础，经过 11 年分析化学和放射化学的教学科研锻炼，加上一颗赤诚的爱国心和强烈的民族自豪感，他勇敢地接受了紧迫而又艰难的光荣任务，为建立祖国的核盾牌贡献了他最宝贵的年华。

他开创了我国的核烟云取样技术研究，主持研究出以载人飞机为主体、辅以炮伞，火箭和布盘的系列取样方法，组织协作研制适应亚音速、超音速歼击机的取样器和过滤材料。

他研究建立烟云飘移–扩散的实用模型，利用此模型可相当准确地预测出不同风速下不同爆炸威力的烟云尺寸、放射性物质平均浓度和平均辐射场强，以及它们随时间的变化，为选择飞机最佳穿云方案、解决取样量与飞行员剂量安全及飞机续航能力之间的矛盾奠定了可靠基础。

低空核试验的样品成分随粒度而变化，对测准裂变威力有影响。他提出并解决了全粒谱的取样技术。氢弹试验中锂燃耗测定样品受环境锂本底干扰，他提出爆心下井中发射火箭、早期穿云的取样方案和研制低阻高强度无灰滤材，并组织实施，成功取得低本底的样品。

为免除飞行员驾机穿云受辐射，必须发展无人取样技术。为此，他总结出爆炸威力与烟云底高的关系，指导测量云中放射性物质的分布规律，提出无人机和火箭的最佳穿云方案和取样量的估算方法；指导论证运载工具和取样器的指标和数量要求并落实其协作研制。使用该技术圆满完成了后期大气层氢弹试验的无人穿云取样任务，该技术获国家科技进步三等奖。这样，他服从了国家任务的需要，专业有了第三次变换。

取样大组由于长期进行多项开创性研究，培养出艰苦奋斗的奉献精神，作为先进科技集体出席了 1978 年全国科学大会。

2. 诊断核武器爆炸

杨裕生是通过蘑菇云样品分析进行核试验诊断的主要领头人。他带领 20 余人参加首次核试验在原子能研究所（院）组建的“铀裂变燃耗测定”协作攻关组，并创造性地提出强裂变产物下样品中剩余铀–235的中子活化分析方案，成为消耗样品最少、准确度最高的方法。经过协作组全体人员大力协同，胜利地完成了最初两年多的几次原子弹裂变威力的诊断任务；连同以后在扩大应用中的改进研究内容，该项目获国家发明二等奖，基地研究所为第一获奖单位，杨裕生列第二获奖人。杨裕生还创造性地提出了多项测试方法的原理，其中由他直接领头完成的有：利用铀同位素的核诊断技术(国家级三等奖)、氢弹锂燃耗的测定方法(国家发明三等奖)、确定地下试验中子弹中子剂量的放化法(国家发明二等奖)、测定铀钚分威力的产额差异法(部委级科技进步二等奖)。

1965年起他受命在新疆筹建放射化学实验室。氢弹试验开始后，放化诊断工作即移向新疆进行；他主持研究出各类核武器、各种核装料的总威力和分威力，以及通过分析各种中子反应产物诊断各部件燃耗或动作过程的系统测试方法。他领导的这个研究室共研究制定近50个元素的百个不同寿命同位素的分离纯化流程和化学回收率测定方法，建立了α-谱、γ-谱、质谱、4πβ-γ符合谱等物理测量技术，在锕系元素、裂变产物和中子活化产物分离分析、放射性绝对测量和相对测量、同位素质谱分析和稀释法定量分析等方面的水平均达到国内先进水平。他十分重视科技干部的培养提高，善于提出课题放手让他们负责承担。在他的带领下这个研究室建成为一个多出成果、多出人才、科技作风良好、技术水平先进的战斗集体。优良的传统一直延续下来，至1998年该室累计获得国家级奖和部委级二等奖以上奖励20项和大量部委级三、四等奖。他在研究室任职18年中，组织全室百名科技人员运用上述科研成果圆满地完成了20多次核试验的取样和分析任务，经他负责提供的大量分析测试结果，是验证和改进核武器设计的最直接依据，对促进我国核武器发展起了十分关键的作用。

他长期兼任国防科工委核试验放化分析测试技术专业组组长，大力推动武器理论设计同测试工作的密切合作，共同开拓新的测试项目；组织有关单位进行样品分析比对和绝对测量比对，交流测试技术；推动核参数的测定和编评，为提高我国核武器诊断水平做了大量细致而卓有成效的工作。在离开室主任岗位后，他继续参与领导“过地下试验测试关”和审定分析结果；甚至在调离核试验基地之后，还积极发挥其重要的指导作用，而且在取得重大成果后主动放弃完成人的排名资格。

3. 基础性研究与放化诊断并重

1978年全国科学大会之后，杨裕生在室里发起利用核试验的间隙开展基础性研究，并直接领导稀土和镅锔化学研究，发表论文30余篇。在镧系或锕系组内元素分离的新萃取剂和新萃取色层体系研究方面，他率先将含官能端基的链状聚醚用作萃取剂，找到有严格倒序且萃取率高、轻稀土之间和镅锔之间分离因数大的三甘酰双–(二苯胺)；利用季铵-$LiNO_3$ 的倒序萃取与 α-羟基异丁酸的正序络合，以及两者相互抵消的正反向四分组效应，研究出一种相邻稀土之间的分离因数高而均匀的推拉色层体系。率先用双吡唑酮萃取稀土，镧与铈的分离因数高达 10^2。

杨裕生系统地研究了不同结构的 α-羟基羧酸与镅锔的络合物稳定性常数，发现位阻较高的配体对三价镅锔分离因数均明显高于惯用的 α-羟基异丁酸；得出 α-羟基羧酸及氨基多羧酸对镅-锔的分离因数与离子半径相近的镨-钕分离因数之间有粗略的线性关联，而不与电子结构相似的铕-钆相关联。据此关联，选用文献上镨-钕分离因数特大的吡啶-2,6-二羧酸及甲基异丙基甘醇酸，镅锔分离因数分别高达 1.99 及 2.50 的好结果，是目前所知的这两类取代羧酸中的两个最高值。

早在 1984 年于中国科学院兰州化学物理研究所讲学时，杨裕生就对“硬软酸碱”规则中“三价锕系镧系同是硬酸”的说法公开提出了他的补充见解，认为“三价锕系离子是比镧系离子软一些的硬酸”；1990 年又引用新的科研成果，在全国性学术会议上再次加以论述，获得学术界普遍认同。根据这个见解他领导研究了一系列“低硬度”配体和“软”萃取剂，甚有成效。近些年国内外也都注意用含硫的萃取剂研究这两组元素间的分离。

这些基础性研究，有力地改变了核试验科研人员的封闭状态，推动了人员水平的提高，促进了核试验放化诊断技术的进步。

四、老骥伏枥，壮志不已

1. 创建军用化学电源研发中心

在戈壁滩上奔波 27 年半之后，1990 年组织上照顾年满 58 岁的杨裕生调回北京，在防化研究院一所任研究员，同时在核试验基地研究所兼职，继续发挥对核试验放化分析的指导作用。但是，本职工作岗位在北京，他的主要精力和专业方向不得不逐渐转移。他提出了防毒面具增加防激光、防弹片功能的研究课题；为了促进我国陆军步兵装备的现代化建设，1996 年起他参与发起和推动“中国士兵系统”的研究，多次联合军内若干科研单位研讨发展我国士兵系统的必要性和关键技术，中央军委首长批示给予了肯定。

士兵系统论证结果中有一项关键技术——比能量 300 瓦时/千克的高比能量电池，因难度大、周期长而无人肯承担。1997~1998 年他在院、所领导的支持下筹建了我军第一个化学电源实验室，决心攻克这一世界性难题，并选定了研究锂-硫电池。这是他第四次改变专业方向了。2000 年士兵综合防护子系统课题立题，经费高达 500 万元，他却将课题负责人的位置让给了年轻人，自己集中精力于经费极少的高能电池研究。2002 年 10 月“防化研究院军用化学电源研究与发展中心”经批准成立，杨裕生任主任。2003 年 4 月挂牌，总装备部科技委朱光亚主任题词勉励，总装备部李继耐部长拨专款购买研究设备。

电池课题组 1998 年成立时，定下比能量 300 瓦时/千克的高比能量电池的目标，经过大家近 10 年的不懈努力，目标正在逼近。当时一些不看好锂–硫电池的人，后来自己也纷纷走上了这条路，而且有越来越多的人加入了此研究行列，公认这是最有希望的高能电池技术途径之一。在此过程中，他提出硫–碳正极材料“主链导电，侧链储能”结构设计思路，合成出系列的材料，总结出规律，得出了比能量和循环寿命都比较好的结构；为了进一步提高比能量和循环性能，他又提出“炭孔藏硫，多式储能”的新构想，指导合成出了大介孔炭材料，展现出了新的苗头。有人问杨裕生，当时选此途径是怎么想的？他说，十年前自己也并无十分的把握，只是从理论上比较后认为应该选锂–硫电池。他开玩笑说：“就算蒙对了吧!”谈何轻松，“蒙”好像是很容易的！

他是国内最早提倡研究电化学电容器的科学家之一。在总装备部科技委 2001 年年会上发表文章《电化学电容器技术的军民应用》，并在参与促成的一个电能源“973”项目中担任电化学电容器课题的负责人，带领同事和研究生研究出数种高性能的多孔电容炭材料和电容器，其中烧结法电极制备技术、纳米孔玻态炭、纳米氢氧化镍，活性炭的氢氧化钠活化技术，以及在大量实验基础上总结出电容器理想炭材料的“6 高”理论（高比表面、高中孔孔容、高电导率、高密度、高纯度、高性价比），都具有创新性。该课题获得全军科技进步奖二等奖。

鉴于边防、海岛和军事基地等规模用电的特殊需要，他在 2005 年总装备部科技委年会发表文章《大规模液流化学蓄电及其军用前景》，同时联合军外科技力量推动为风能、太阳能发电的蓄能而研究液流电池。一开始他就强调要创新，要发展有自主知识产权的液流电池新体系，不做外国人做了多年的全钒液流电池。2005 年他提出节能的有机电合成与蓄电双功能液流电池新构想，申请的国家自然科学基金项目已成功结题。2006 年他在内部组织液流电池新体系研讨会，会上他的学生程杰博士提出锌–镍单液流电池新体系，受到他的极力支持，并立即酝酿立题，得到总装科技委曹保榆委员的赞赏，当年成功申请总装创新基金 400 万元，他建议该项目的总工程师就由年轻的程杰博士承担，并任新成立的液流电池组组长。接下来，液流电池组联合两个高校的有关老师开展研究，又提出了几个新的体系，创新蔚然成风。

在杨裕生的带领下，“军用化学电源研究与发展中心”积极参与我军新装备所需电池的论证和研制，与多家电池企业建立了紧密合作关系，解决了许多特殊性能军用电池的难题，满足了新装备的用电需求，为国防建设做出了贡献，其中有一项已获得了全军科技进步奖二等奖。

2. 唯真求实，勤奋治学

在中国工程院，按核试验技术的专长杨裕生属于能源与矿业工程学部。他理解，院士称号是国家给的荣誉，不单要做好本单位的工作，还应关注国家的能源等重大问题。2000年他与石油大学赵永丰教授等一起联合多所高校和研究院所，申请到国家重大基础研究“973”项目“氢能的规模制备、储运和相关燃料电池的基础研究”，有力地推动我国氢能科技的前进。他看准了燃料电池的军用潜力，在总装备部科技委2000年年会发表文章《军用动力装置——质子交换膜燃料电池》，建议发展以燃料电池为动力的常规潜艇。但是，“9·11事件”后美国总统把氢能提高到了“人类终极能源”的位置，并提出建立“氢经济”的口号，制定了实现氢经济的路线图；“氢经济”在中国也受到追捧，燃料电池汽车研制一再升温，上海的“百、千、万辆计划”呼之欲出。杨裕生对此持有强烈的不同意见。2006年6月他与9位院士联名上书国务院总理，建议我国“氢能燃料电池的研究要作长期的打算，细水长流，切切实实地解决关键材料和关键科学技术问题，特别是要将提高环境适应性、提高可靠性、大幅度延长寿命和研究低成本材料及零部件作为重点，而不要急于“汽车换代”，更不要急于打算扩大批量生产。”同时，他在2006年10月6日《科学时报》的文章《“氢经济”论的降温与电动车的发展》中和该年11月的全国氢能大会上公开谈论这个问题，引起多数科技专家的共鸣。

杨裕生认为自己是“电能源的外行，是小学生”。小学生，意味着从头开始学。但是，一个年近七旬的老人改行，能行吗？很多人有疑惑，也不理解；更何况科研是创新，何从创新呢？

他认为，化学电源品种繁多，不能干一种就只懂一种，要融会贯通，既要深又要广，这是创新的必由之路。他是认真的，十年里他对化学电源的学习钻研真是不惜花费精力和时间，简直到了痴迷的程度。他虚心向别人请教，认真和他们讨论问题，渐渐地能够提出一些有见地的想法。例如，他提出研究双变价元素正极材料的新结构化合物，以图突破锂离子电池比能量提高的瓶颈，已申请到自然科学基金支持；他开展新结构含氧有机正极材料的研究，并与北京理工大学合作，为发展下一代少用矿产资源的高能电池准备条件；他指导博士生用新方法制备出大介孔炭，提出纳米活性物质“寄生”于孔中的复合材料新结构，大幅度提高了含硫、含氧等电极材料的有效比容量，并在哈尔滨工业大学的直接甲醇燃料电池催化剂中显示出良好的效果；他较早就看好磷酸亚铁锂的安全性和长寿命，指导博士生研究新的制备方法，在多个场合呼吁大力发展以此材料为正极的锂离子动力电池用于电动车；他极力主张我国应优先发展纯电动车（含增程式电动车），以有效缓解我国的石油紧缺和城市空气污染问题，并倡导夜间充电以利于平抑电网的峰谷差；他看好有150年历史的铅酸电池，从“十五”期间就开始呼吁要发展其新技术，2009年又在《科学时报》著文建议国家“863”计划给以支持，以适应可再生能源发电的蓄电和电动车发展的急迫需要；同时，他到铅酸电池厂考察，宣传新技术，并联合他们筹办铅酸电池新技术研讨会，得到了热烈响应，等等。这些都是他看书而又不迷信书，消化文献而又不跟随文献，反复思索的结果。“我现在是电化学的高中生了”，他说。

鉴于杨裕生在核试验和电能源两方面的贡献，经中国工程院能源与矿业工程学部的推荐，他被何梁何利基金授予2009年度科技进步奖——化学奖。

五、言传身教，诲人不倦

杨裕生十分重视年轻人的培养，他说：“人类要延续，科学也要延续，老师带学生，是科学技术的延续，就像父母对子女的要求和希望，不是老板和雇佣的关系。”无论是在核试验研究所还是在防化研究院第一研究所，他的治学方法和科研作风都得到了传播和发扬。在核试验基地研究所，他任主任的研究室出了10名将军、3名院士。军用化学电源研究与发展中心的人员，在他的培养下，上进心强，工作热情高，团结和谐，乐于助人；他们养成了参与竞争课题的勇气和能力，科研经费逐年增加；他们认真负责的工作态度和圆满完成任务的业绩，为防化研究院和一所赢得了荣誉；他们积极参与军内外的学术交流，谦虚谨慎，与兄弟单位建立了良好的协作互助关系。

自1985年开始招收培养研究生以来，他为人师表，言传身教，严把学生的培养质量。在防化研究院培养的5名博士生，1名获俊才奖，另有3名学生的论文分别评为全院、全军、全国优秀博士论文。工作中，他原则性强，克己奉公，处处严格要求自己，起到模范带头作用。在科学研究工作中，一如既往忘我地工作，孜孜不倦地求新探索，不断涉入新的研究领域，心系我国的国防科研事业和能源的发展。在生活上，关心同志，为人正直，具有虚怀若谷的胸襟，谦虚谨慎的品质和平易近人的态度。他渊博的学识，严谨的治学精神，勤奋的工作态度，雷厉风行的做事风格和光明磊落的为人之道，无时无刻不感染和教育着大家。

为了让学生得到各方面能力的训练，他制定了一系列的措施，如定期的学术报告会，经常性的科技漫谈等，为他们营造了良好、开明的学术氛围，使大家受益匪浅，成效卓著。从治学的态度和科研方法上，他严格要求，谆谆教诲，叮嘱、强调实验设计的重要性，既鼓励大胆创新，但又告诫要脚踏实地、戒急戒躁，特别是发表文章求精勿滥，强烈反对学术上的浮夸。工作和生活中，教育学生时刻注意勤俭节约。

课题组刚成立的时候，杨裕生为争取课题立项，总是身先士卒冲在最前面。中心的三大课题组有了一定的基础后，为了“电源中心”的长远发展，他着力考虑的是如何培养后继领军力量，帮助年轻科技人员申请科研项目和指导硕士生，鼓励他们尽快独立起来主持课题，摆脱依赖思想。他甘做人梯，在论文和重大成果署名上，他总是将自己的名字移到最后。在他的培养下，一批年轻人成长起来了。2006年春，杨裕生给所领导打了辞去电源中心主任职务的报告，十分放心地将接力棒交给了曹高萍博士。此后，他参加中国工程院的新能源咨询工作和我国电动车发展路线的调研，有较多时间考虑些难题的解决途径和学生的培养，并为加强我军装备的电源需求论证和电池选型积极奔忙，似乎并没有清闲下来。

六、杨裕生论著选

杨裕生，王秋华，丁玉珍. 1984. 季铵盐—α-羟基异丁酸体系中稀土元素的柱上萃取色层. 分析化学，12(5)：361

Y S Yang, Y Z Din, B Z Zhu. 1984. Extraction of Lanthanides(Ⅲ) and Actinides(Ⅲ) With N, N, N', N'-Tetraphenyl-3, 6-Dioxaoc tane-Diamide and Its Benzyl Substitution Derivatives. In: Proceedings of the International Conference on Nuclear and Radiochemistry. Lindau, FRG, October 8-12, 72

杨裕生，刘德敏. 1989. 4,4’癸二酰双(1-苯基-3-甲基-吡唑酮-5)对稀土的萃取研究. 核化学与放射化学，11(3)：129

杨裕生. 1990. 超钚元素分离方法的进展. 第三届全国核化学与放射化学学术讨论会大会报告论文摘要集，B7，(上海)

杨裕生，卢加春. 1991. 锎、锔与α-羟基羧酸的络合及其与镨、钕的相似性. 核化学与放射化学，13(2)：65

丁玉珍，杨裕生，常永福，等. 1994. 测定混合核燃料裂变数的多核素法. 核化学与放射化学，16(4)：240

杨裕生，李晓忠，丁玉珍，等. 1995. 三价锎-锔与镨-钕分离因数的关联及吡啶-2,6-二羧酸络合物稳定性. 核化学与放射化学，17(1)：13

杨吉纯，李伟亮，杨裕生，等. 1997. 空中取样用几种过滤材料阻力特性及过滤效率的测定. 原子能科学技术，31(6)：519

杨裕生. 1999. 现代化步兵装备——士兵系统的组成和支撑技术. 总装备部科学技术委员委年会论文集：184

杨裕生. 2000. 军用动力装置——质子交换膜燃料电池. 总装备部科学技术委员委年会论文集：410

杨裕生. 2001. 电化学电容器技术的军民应用. 总装备部科学技术委员委年会论文集：332

杨裕生. 2002. 发展军用电池技术——适应信息化战争的需求. 总装备部科学技术委员委年会论文集：210

杨裕生，王维坤，苑克国，曹高萍，王安邦. 2002. 锂电池正极材料有机多硫化物的展望. 电池，增刊：1

Y H Wen, C P Cao, Y S Yang. 2005. Studies on nanoporous glassy carbon as a new electrochemical capacitor material. Journal of Power Sources, 148:121-128

杨裕生. 2006. 再生式氢氧燃料电池研究之我见. 总装备部科学技术委员委年会论文集：493

杨裕生，蔡生民，林祖赓，等. 2006. 简述发展大规模蓄电的液流蓄电池. 科技导报，24(8)：63-66

J Cheng, L Zhang, Y S Yang, Y H Wen, C P Cao, X D Wang. 2007. Preliminary study of single flow zinc-nickel battery. Electrochemistry Communications, 9:2639-2642

杨裕生. 2008. 建立健全军用电池论证评价研究体制. 总装备部科学技术委员委年会论文集：615

Y H Wen, J Cheng, P H Ma, Y S Yang. 2008. Bifunctional redox flow battery-1 V(Ⅲ)/V(Ⅱ)-glyoxal (O_2) system, Electrochimica Acta, 53:3514-3522

H Zhang, G P Cao, Zh Y Wang, Y S Yang, Z J Shi, Zh N Gu. 2008. Growth of manganese oxide nanoflowers on vertically-aligned carbon nanotube arrays for high-rate electrochemical capacitive energy storage. Nano Letters, 8: 2664-2668